武汉大学
学术丛书

武汉大学学术丛书
自然科学类编审委员会

主任委员 刘经南

副主任委员 卓仁禧　李文鑫　周创兵

委员 （以姓氏笔画为序）

文习山　石　兢　宁津生　刘经南
江建勤　李文鑫　李德仁　吴庆鸣
何克清　杨弘远　陈　化　卓仁禧
易　帆　周云峰　周创兵　庞代文
谈广鸣　蒋昌忠　樊明文

武汉大学学术丛书
社会科学类编审委员会

主任委员 顾海良

副主任委员 胡德坤　黄　进　周茂荣

委员 （以姓氏笔画为序）

丁俊萍　马费成　邓大松　冯天瑜
江建勤　汪信砚　陈广胜　陈传夫
尚永亮　罗以澄　罗国祥　周茂荣
於可训　胡德坤　郭齐勇　顾海良
黄　进　曾令良　谭力文

秘书长 江建勤

余家荣 教授。1920年11月生，湖北武汉市人。1944年在重庆中央大学数学系获理学学士学位，1950年在巴黎获法国国家数学科学博士学位。1949~1951年任法国国家科学研究中心研究人员，1980~1994年负责武汉大学中法数学交流工作。曾于1988年获国家教委高校优秀教材一等奖及科技进步二等奖，1997年及2001年分别获国家级教学成果一等奖及二等奖，1990年获法国政府棕榈勋章（一级教育勋章）。

丁晓庆 教授。1958年10月生，陕西礼泉人。1985年在西北工业大学应用数学系获理学硕士学位，1999年在武汉大学数学系获理学博士学位。在本研究领域发表论文十余篇；编著教材《工科数学分析》一部。

田范基 副教授，硕士生导师。1962年12月生，湖北崇阳人。1988年获武汉大学数学系理学硕士学位，1998年获理学博士学位，并进入中国科学院武汉分院物理数学研究所从事博士后研究工作。

武汉大学学术丛书

Dirichlet 级数与随机 Dirichlet级数的值分布

余家荣 丁晓庆 田范基 著

武汉大学出版社

图书在版编目(CIP)数据

Dirichlet 级数与随机 Dirichlet 级数的值分布/余家荣,丁晓庆,田范基著. —武汉:武汉大学出版社,2004.5
武汉大学学术丛书
ISBN 7-307-04173-1

Ⅰ.D… Ⅱ.①余… ②丁… ③田… Ⅲ.级数—值分布论
Ⅳ.O17

中国版本图书馆 CIP 数据核字(2004)第 022701 号

责任编辑:顾素萍　　责任校对:王　建　　版式设计:支　笛

出版发行:武汉大学出版社　(430072　武昌　珞珈山)
　　　　　(电子邮件:wdp4@whu.edu.cn　网址:www.wdp.whu.edu.cn)
印刷:湖北省通山县印刷厂
开本:850×1168　1/32　印张:8　字数:204 千字　插页:3
版次:2004 年 5 月第 1 版　　2004 年 5 月第 1 次印刷
ISBN 7-307-04173-1/O・292　　定价:18.00 元

版权所有,不得翻印;凡购我社的图书,如有缺页、倒页、脱页等质量问题,请与当地图书销售部门联系调换。

序

  Dirichlet 级数所定义的整函数的值分布是由 S. Mandelbrojt, J. Gergen (1931 年)[13],[15]及 G. Valiron (1934 年)[80]首先研究的. 本书作者之一于 1948 年及 1949 年先后承 G. Valiron 先生及 S. Mandelbrojt 先生指导进行了有关研究, 并在 R. E. A. C. Paley 及 A. Zygmund 论文[57]的启发下对随机 Dirichlet 级数作了初步探讨. J. E. Littlewood 及 A. C. Offord[49]关于随机 Taylor 级数所定义的整函数的重要成果也是承 G. Valiron 先生于 1950 年亲切指出的.

  20 世纪 50 至 70 年代, 中外数学工作者在 Dirichlet 级数及有关方面, 在随机 Taylor 级数及随机 Dirichlet 级数方面, 取得了许多重要成果.

  20 世纪 70 年代, 开始了对 Dirichlet 级数在收敛半平面内值分布的研究, 并受到 J.-P. Kahane[10]及 L. Arnold[25]~[28]工作的启发, 对随机 Dirichlet 级数的值分布, 作了进一步的探讨. 从 20 世纪 80 年代起, 主要由我国数学工作者对有关问题进行了多方面研究, 取得了一系列成果. 虽然如此, 仍然有不少问题有待解决.

  本书对 Dirichlet 级数与随机 Dirichlet 级数的值分布作了初步介绍, 希望由此促进圆满解决已存在的问题, 并且由此促进引出新的问题, 进一步拓展有关研究领域.

  本书第一卷及第二卷 5.5, 6.1 与 7.3 节是余家荣撰写的; 第二卷 6.6, 6.7 与 7.4 节是田范基撰写的; 第二卷其余部分、附录以及补充说明的绝大部分是丁晓庆撰写的.

  本书作者深深感激 G. Valiron 先生和 S. Mandelbrojt 先生过去对有关研究的指导. 本书作者余家荣对先妻涂光重女士在教学、科学研究、行政和生活方面无微不至的关心和帮助, 另两位作者对涂女士的亲切关怀和大力支持, 永志不忘. 谨以本书作为对 G. Valiron 先生、S. Mandelbrojt 先生以及涂光重女士的纪念.

著 者

2004 年 3 月

目 录

引言 ··· 1

第一卷 Dirichlet 级数

第一章 收敛性 ··· 5
  1.1 收敛域 ·· 5
  1.2 各种收敛横坐标的计算 ·· 9

第二章 系数、最大项与最大模 ······································ 16
  2.1 系数与最大项及其用最大模的估计 ······························ 16
  2.2 用和函数在带形中的值估计级数的系数 ·························· 21
  2.3 用和函数在垂直线段上的值估计系数 ···························· 26

第三章 奇异点与增长性 ·· 33
  3.1 奇异点 ·· 33
  3.2 整函数的增长性 ·· 38
  3.3 半平面内全纯函数的增长性 ···································· 50

第四章 值分布 ·· 58
  4.1 整函数的值分布 ·· 58
  4.2 半平面内全纯函数的值分布 ···································· 70

第二卷　随机 Dirichlet 级数

第五章　收敛性 ··· 79
　5.1　收敛性（Ⅰ） ··· 79
　5.2　收敛性（Ⅱ） ··· 85
　5.3　收敛性（Ⅲ） ··· 90
　5.4　收敛性（Ⅳ） ··· 92
　5.5　收敛性（Ⅴ） ··· 95

第六章　增长性 ··· 98
　6.1　初步结果 ··· 98
　6.2　收敛半平面情形（Ⅰ） ································· 102
　6.3　收敛半平面情形（Ⅱ） ································· 104
　6.4　收敛半平面情形（Ⅲ） ································· 109
　6.5　收敛半平面情形（Ⅳ） ································· 119
　6.6　收敛全平面情形（Ⅰ） ································· 126
　6.7　收敛全平面情形（Ⅱ） ································· 134

第七章　值分布 ··· 147
　7.1　收敛半平面情形（Ⅰ） ································· 147
　7.2　收敛半平面情形（Ⅱ） ································· 154
　7.3　收敛半平面情形（Ⅲ） ································· 165
　7.4　收敛全平面情形 ··· 176

附　录 ·· 191
　§1　Nevanlinna 理论概要 ·································· 191
　§2　型函数 ·· 197

§3 水平带形到单位圆盘的映射及其性质 ………… 199
§4 概率空间　数学期望 ………………………………… 202
§5 条件数学期望 ………………………………………… 207
§6 鞅差序列 ……………………………………………… 210
§7 独立随机变量列的一致非退化性 …………………… 213
§8 测度论中的几个结论 ………………………………… 219

补充说明 ………………………………………………… 224
本书采用的一些符号 …………………………………… 236
参考文献 ………………………………………………… 238

引 言

Dirichlet 级数是下列形式的级数

$$\sum_{n=0}^{\infty} a_n e^{-\lambda_n s}, \qquad (0.1)$$

其中，$s = \sigma + it$ 表示复变量，$\{a_n\}$ 是一列复数，

$$0 = \lambda_0 < \lambda_1 < \lambda_2 < \cdots < \lambda_n \uparrow +\infty.$$

当级数 (0.1) 收敛时，用 $f(s)$ 表示它的和.

这种级数是 Dirichlet 在研究数论时引进的. 事实上，他引进的是级数

$$\sum_{n=1}^{\infty} \frac{a_n}{n^s}, \qquad (0.2)$$

即级数 (0.1) 在 $\lambda_n = \ln n$ 时的情形. 特别当所有 $a_n = 1$ 时，级数 (0.2) 成为 **Riemann ζ 函数**. 级数 (0.2) 在解析数论中有重要的应用.

另外，当 $\lambda_n = n$，$e^{-s} = z$ 时，级数 (0.1) 就变成了 **Taylor 级数**. 于是 Dirichlet 级数可以看成 Taylor 级数的推广，从而可研究它与 Taylor 级数相应的性质. 顺便指出，**Laplace-Stieltjes 变换**

$$\int_0^{+\infty} e^{-\lambda s} d\alpha(\lambda)$$

可以看成 Dirichlet 级数的推广，这里 $\alpha(\lambda)$ 是区间 $[0, +\infty)$ 上的测度.

我们还要考虑与级数 (0.1) 相应的**随机 Dirichlet 级数**

$$\sum_{n=0}^{\infty} a_n Z_n(\omega) e^{-\lambda_n s}, \qquad (0.3)$$

其中，$\{Z_n(\omega)\}$ 是定义在某个完备概率空间 $(\Omega, \mathscr{A}, P)$ 上的随机变量序列．当级数 (0.3) 收敛时，用 $f_\omega(s)$ 表示它的和．

  本书分两个部分，分别讲述 Dirichlet 级数和随机 Dirichlet 级数值分布理论的一些成果；为此，讲述了有关这些级数收敛性和增长性方面的成果．本书所需要的 Nevanlinna 值分布论和概率论的有关结果，列入本书附录．

第一卷
Dirichlet 级数

第一章 收敛性

1.1 收敛域

为了研究 Taylor 级数的收敛性,需要建立 Abel 定理. 为了研究 Dirichlet 级数的收敛性,也需要建立 Abel 型定理. 为此先引进两个引理.

引理 1.1.1 设 $\{a_n\}$ 和 $\{b_n\}$ 是两个复数列. 那么对于任意的自然数 k 和 n,

$$\sum_{j=0}^{k} a_{n+j} b_{n+j} = \sum_{j=0}^{k-1} A_{nj}(b_{n+j} - b_{n+j+1}) + A_{nk} b_{n+k},$$

其中,

$$A_{nj} = a_n + a_{n+1} + \cdots + a_{n+j}.$$

证 我们有

$$\begin{aligned}
\sum_{j=0}^{k} a_{n+j} b_{n+j} &= A_{n0} b_n + \sum_{j=1}^{k} (A_{nj} - A_{n,j-1}) b_{n+j} \\
&= A_{n0} b_n + \sum_{j=1}^{k} A_{nj} b_{n+j} - \sum_{j=0}^{k-1} A_{nj} b_{n+j+1}.
\end{aligned}$$

由此即可得到要证的结果. □

引理 1.1.2 如果 $\operatorname{Re} s = \sigma > 0$,那么

$$|e^{-\lambda_n s} - e^{-\lambda_{n+1} s}| \leqslant \frac{|s|}{\sigma}(e^{-\lambda_n \sigma} - e^{-\lambda_{n+1} \sigma}).$$

证 我们有
$$|e^{-\lambda_n s} - e^{-\lambda_{n+1} s}| = \left| \int_{\lambda_n}^{\lambda_{n+1}} s e^{-us} du \right| \leqslant |s| \int_{\lambda_n}^{\lambda_{n+1}} e^{-u\sigma} du$$
$$= \frac{|s|}{\sigma}(e^{-\lambda_n \sigma} - e^{-\lambda_{n+1}\sigma}). \qquad \Box$$

下述 **Abel-Stolz** 型定理是 Cahen 得到的:

定理 1.1.1 如果级数 (0.1) 在 $s_0 = \sigma_0 + it_0$ 处收敛, 那么

1) $\forall \alpha \in \left(0, \frac{\pi}{2}\right)$, 级数 (0.1) 在集合
$$E_\alpha = \{s: |\arg(s - s_0)| \leqslant \alpha\}$$
上一致收敛;

2) 级数 (0.1) 在半平面 $\operatorname{Re} s > \sigma_0$ 内收敛, 而且在其中的任何紧集上一致收敛.

证 先证 1). 把级数 (0.1) 改写为
$$\sum_{n=0}^{\infty} a_n e^{-\lambda_n s_0} e^{-\lambda_n (s-s_0)},$$
并且令
$$A_{nj} = a_n e^{-\lambda_n s_0} + a_{n+1} e^{-\lambda_{n+1} s_0} + \cdots + a_{n+j} e^{-\lambda_{n+j} s_0}.$$
根据引理 1.1.1, 对于任意的自然数 k 和 n,
$$\sum_{j=0}^{k} a_{n+j} e^{-\lambda_{n+j} s} = \sum_{j=0}^{k-1} A_{nj}(e^{-\lambda_{n+j}(s-s_0)} - e^{-\lambda_{n+j+1}(s-s_0)})$$
$$+ A_{nk} e^{-\lambda_{n+k}(s-s_0)}.$$
因此
$$\left| \sum_{j=0}^{k} a_{n+j} e^{-\lambda_{n+j} s} \right| \leqslant \sum_{j=0}^{k-1} |A_{nj}| |e^{-\lambda_{n+j}(s-s_0)} - e^{-\lambda_{n+j+1}(s-s_0)}|$$
$$+ |A_{nk}| e^{-\lambda_{n+k}(\sigma-\sigma_0)}. \qquad (1.1.1)$$

由引理 1.1.2, 当 $s \in E_\alpha$ 时,
$$|e^{-\lambda_{n+j}(s-s_0)} - e^{-\lambda_{n+j+1}(s-s_0)}|$$
$$\leqslant \frac{|s-s_0|}{\sigma - \sigma_0}(e^{-\lambda_{n+j}(\sigma-\sigma_0)} - e^{-\lambda_{n+j+1}(\sigma-\sigma_0)})$$

$$\leqslant \frac{1}{\cos\alpha}(e^{-\lambda_{n+j}(\sigma-\sigma_0)} - e^{-\lambda_{n+j+1}(\sigma-\sigma_0)}). \qquad (1.1.2)$$

因为级数 (0.1) 在 $s=s_0$ 处收敛,所以 $\forall \varepsilon>0, \exists N>0$,使得
$$|A_{nj}|<\varepsilon \quad (\forall n>N, \forall j\in \mathbf{N}).$$
于是由 (1.1.1) 和 (1.1.2), $\forall n>N, \forall k\in \mathbf{N}, \forall s\in E_\alpha$, 都有
$$\left|\sum_{j=0}^{k} a_{n+j} e^{-\lambda_{n+j}s}\right| \leqslant \varepsilon \left[\sum_{j=0}^{k-1}(e^{-\lambda_{n+j}(\sigma-\sigma_0)} - e^{-\lambda_{n+j+1}(\sigma-\sigma_0)}) \cdot \frac{1}{\cos\alpha} + 1\right]$$
$$\leqslant \left(1 + \frac{1}{\cos\alpha}\right)\varepsilon.$$
结论 1) 得证. 结论 2) 不难由 1) 得出. □

对于 Taylor 级数 $\sum_{n=0}^{\infty} a_n z^n$, 由 Abel 定理, 存在着收敛半径 $R\in[0,+\infty]$. 当 $R>0$ 时, 级数在收敛圆盘 $|z|<R$ 内收敛、绝对收敛, 并且在其中的任一紧集以及任一闭圆盘 $|z|\leqslant R_0(<R)$ 内一致收敛; 在集合 $\{z:|z|>R\}$ 内发散. 因此我们可以说, 对 Taylor 级数而言, 收敛半径就是"绝对收敛半径", 也是"一致收敛半径"; 收敛圆盘就是"绝对收敛圆盘", 也是"一致收敛圆盘". 可是对于 Dirichlet 级数, 却没有完全相仿的结果. 例如, 级数
$$\sum_{n=1}^{\infty} \frac{(-1)^{n-1}}{n^s}$$
在 $s=\sigma\in(0,1]$ 时收敛, 因此由引理 1.1.2, 这个级数在半平面 $\operatorname{Re} s>0$ 内收敛; 但当 $s=\sigma\in(0,1]$ 时, 这个级数并不绝对收敛.

为了研究 Dirichlet 级数的绝对收敛性及一致收敛性, 还需要下面 **Abel 型定理**:

定理 1.1.2 1) 如果级数 (0.1) 在 $s_0=\sigma_0+\mathrm{i}t_0$ 处绝对收敛, 那么它在闭半平面 $\operatorname{Re} s\geqslant \sigma_0$ 上绝对收敛.

2) 如果级数 (0.1) 在直线 $\operatorname{Re} s=\sigma_0$ 上一致收敛, 那么它在闭半平面 $\operatorname{Re} s\geqslant \sigma_0$ 上一致收敛.

证 1)是显然的. 现证 2). 由假设, 级数
$$\sum_{n=0}^{\infty} a_n e^{-\lambda_n(\sigma_0+it)}$$
对 $t \in \mathbf{R}$ 一致收敛. 现在令
$$A_{nj} = a_n e^{-\lambda_n(\sigma_0+it)} + a_{n+1} e^{-\lambda_{n+1}(\sigma_0+it)} + \cdots + a_{n+j} e^{-\lambda_{n+j}(\sigma_0+it)}.$$
那么 $\forall \varepsilon > 0$, $\exists N > 0$, 使得 $\forall n > N$, $\forall j \in \mathbf{N}$, $\forall t \in \mathbf{R}$, 都有
$$|A_{nj}| < \varepsilon. \tag{1.1.3}$$
由引理 1.1.1, $\forall \sigma_1 > \sigma_0$,
$$\sum_{j=0}^{k} a_{n+j} e^{-\lambda_{n+j}(\sigma_1+it)} = \sum_{j=0}^{k} a_{n+j} e^{-\lambda_{n+j}(\sigma_0+it)} e^{-\lambda_{n+j}(\sigma_1-\sigma_0)}$$
$$= \sum_{j=0}^{k-1} A_{nj} \left(e^{-\lambda_{n+j}(\sigma_1-\sigma_0)} - e^{-\lambda_{n+j+1}(\sigma_1-\sigma_0)} \right)$$
$$+ A_{nk} e^{-\lambda_{n+k}(\sigma_1-\sigma_0)}.$$
于是由 (1.1.3), $\forall n > N$, $\forall k \in \mathbf{N}$, $\forall t \in \mathbf{R}$,
$$\left| \sum_{j=0}^{k} a_{n+j} e^{-\lambda_{n+j}(\sigma_1+it)} \right|$$
$$< \varepsilon \left[\sum_{j=0}^{k-1} \left(e^{-\lambda_{n+j}(\sigma_1-\sigma_0)} - e^{-\lambda_{n+j+1}(\sigma_1-\sigma_0)} \right) + e^{-\lambda_{n+k}(\sigma_1-\sigma_0)} \right]$$
$$= \varepsilon e^{-\lambda_n(\sigma_1-\sigma_0)} < \varepsilon.$$
证毕. □

由定理 1.1.1 及定理 1.1.2, 可以定义级数 (0.1) 的**收敛横坐标** σ_c、**一致收敛横坐标** σ_u 及**绝对收敛横坐标** σ_a 如下:
$$\sigma_c = \inf\{\sigma_0 : \text{级数}(0.1)\text{在} \operatorname{Re} s > \sigma_0 \text{内收敛}, \sigma_0 \in \mathbf{R}\},$$
$$\sigma_u = \inf\{\sigma_1 : \text{级数}(0.1)\text{在} \operatorname{Re} s \geqslant \sigma_1 \text{上一致收敛}, \sigma_1 \in \mathbf{R}\},$$
$$\sigma_a = \inf\{\sigma_2 : \text{级数}(0.1)\text{在} \operatorname{Re} s \geqslant \sigma_2 \text{上绝对收敛}, \sigma_2 \in \mathbf{R}\}.$$

如果级数 (0.1) 在 $s_2 = \sigma_2 + it_2$ 处绝对收敛, 那么它显然在 $\operatorname{Re} s \geqslant \sigma_2$ 上绝对收敛并且一致收敛. 于是我们有
$$\sigma_c \leqslant \sigma_u \leqslant \sigma_a. \tag{1.1.4}$$

可以证明(参见定理 1.2.1): 对级数(0.1), 如果
$$\varlimsup_{n\to\infty}\frac{\ln n}{\lambda_n}=0,$$
那么 $\sigma_c = \sigma_u = \sigma_a$. 但一般说来, 这样的等式不成立.

σ_c, σ_u 和 σ_a 可以为有限实数, 也可以为 $\pm\infty$.

如果 σ_c, σ_a 或 $\sigma_u = +\infty$, 那么级数(0.1)在整个复平面上处处发散、处处不绝对收敛或在任何与横坐标轴垂直的直线上不一致收敛.

如果 σ_c, σ_a 或 $\sigma_u = -\infty$, 那么级数(0.1)在整个复平面上处处收敛、处处绝对收敛或在任何与横坐标轴垂直的直线上一致收敛.

如果 σ_c, σ_a 或 σ_u 为有限实数, 那么级数(0.1)在半平面 $\operatorname{Re} s > \sigma_c$ 内收敛, 但在半平面 $\operatorname{Re} s < \sigma_c$ 内发散; 在半平面 $\operatorname{Re} s > \sigma_a$ 内绝对收敛, 但在半平面 $\operatorname{Re} s < \sigma_a$ 内不绝对收敛; 或者 $\forall \sigma_2 > \sigma_u$, 级数在半平面 $\operatorname{Re} s \geqslant \sigma_2$ 上一致收敛, 但是 $\forall \sigma_2 < \sigma_u$, 级数在半平面 $\operatorname{Re} s \geqslant \sigma_2$ 上不一致收敛.

如果 σ_c 为有限实数, 那么半平面 $\operatorname{Re} s > \sigma_c$ 称为级数(0.1)的**收敛半平面**, 直线 $\operatorname{Re} s = \sigma_c$ 称为级数(0.1)的**收敛坐标轴**. 类似可以定义**绝对收敛半平面**、**绝对收敛坐标轴**以及**一致收敛半平面**、**一致收敛坐标轴**.

由定理 1.1.2 和 Weierstrass 定理, 当 $\sigma_c \in \mathbf{R}$ 时, 级数(0.1)的和 $f(s)$ 在收敛半平面 $\operatorname{Re} s > \sigma_c$ 内解析; 当 $\sigma_c = -\infty$ 时, $f(s)$ 是整函数.

1.2 各种收敛横坐标的计算

为了确定 Dirichlet 级数的各种收敛域, 需要计算各种收敛横坐标. 先讲述一种比较简单的 Valiron 公式[80].

定理 1.2.1 对于级数(0.1),

$$\varlimsup_{n\to\infty}\frac{\ln|a_n|}{\lambda_n} \leqslant \sigma_c \leqslant \sigma_u \leqslant \sigma_a \leqslant \varlimsup_{n\to\infty}\frac{\ln|a_n|}{\lambda_n} + \varlimsup_{n\to\infty}\frac{\ln n}{\lambda_n}.$$

$$(1.2.1)$$

证 由(1.1.4),只需证明(1.2.1)的第一个及最后一个不等式. 先证第一个不等式. 如果级数(0.1)在 $s_0 = \sigma_0 + it_0$ 处收敛,那么当 n 充分大时,$|a_n|e^{-\lambda_n\sigma_0} \leqslant 1$,即
$$\ln|a_n| - \lambda_n\sigma_0 \leqslant 0.$$
于是
$$\varlimsup_{n\to\infty}\frac{\ln|a_n|}{\lambda_n} \leqslant \sigma_0.$$
(1.2.1)的第一个不等式得证.

现证明(1.2.1)的最后一个不等式. 分别用 l 和 D 表示(1.2.1)中最后两个上极限,假设它们都是有限实数. 只需证明级数(0.1)在半平面 $\mathrm{Re}\, s > l + D$ 内绝对收敛. 设 $s_1 = \sigma_1 + it_1$ 是这个半平面内的任意一点. 根据 l 和 D 的定义,$\forall \varepsilon \in \left(0, \frac{\sigma_1 - l - D}{4}\right)$,$\exists N > 0$,使得 $\forall n > N$,
$$|a_n| < e^{\lambda_n(l+2\varepsilon)}, \quad \ln n < (D+\varepsilon)\lambda_n.$$
这时
$$|a_n e^{-\lambda_n s_1}| = |a_n| e^{-\lambda_n \sigma_1} < e^{\lambda_n(l+2\varepsilon)} e^{-\lambda_n(l+D+4\varepsilon)\lambda_n}$$
$$= e^{-\lambda_n(D+2\varepsilon)} < p_n = \exp\left\{-\frac{D+2\varepsilon}{D+\varepsilon}\ln n\right\}.$$
由于级数 $\sum_{n=1}^{\infty} p_n$ 是收敛的,所以级数(0.1)在 $s = s_1$ 时绝对收敛. 因为 s_1 是半平面 $\mathrm{Re}\, s > l + D$ 上任意一点,所以级数(0.1)在这个半平面内是绝对收敛的.

不难看出,当 $l = +\infty$ 时,以及当 $l = -\infty$ 且 $D < +\infty$ 时,不等式(1.2.1)仍然成立. □

不等式(1.2.1)是 Cauchy-Hadamard 公式的推广,在 $D = 0$ 或

$D < +\infty$ 且 $l = -\infty$ 等情况下,可以给出各种收敛横坐标的确切值. 由于它比较简单,是研究中常用的公式.

为了在一般情况下给出各种收敛横坐标的确切值,可用下面的 Knopp-Kojima 公式[48].

考虑级数(0.1). $\forall k \in \mathbf{N}$, 如果
$$[k, k+1) \cap \{\lambda_n\} = \{\lambda_{n_k}, \lambda_{n_k+1}, \cdots, \lambda_{n_k+p_k}\} \neq \varnothing,$$
令
$$A_k = \max_{0 \leqslant p \leqslant p_k} \Big| \sum_{j=0}^{p} a_{n_k+j} \Big|, \quad A_k^* = \sum_{j=0}^{p_k} |a_{n_k+j}|,$$
$$\overline{A}_k = \sup_{0 \leqslant p \leqslant p_k, \, t \in \mathbf{R}} \Big| \sum_{j=0}^{p} a_{n_k+j} e^{-it\lambda_{n_k+j}} \Big|.$$
如果 $[k, k+1) \cap \{\lambda_n\} = \varnothing$,那么令
$$\ln A_k = \ln A_k^* = \ln \overline{A}_k = -\infty.$$

定理 1.2.2 对于级数(0.1),
$$\sigma_c = \varlimsup_{k \to \infty} \frac{\ln A_k}{k}, \tag{1.2.2}$$
$$\sigma_u = \varlimsup_{k \to \infty} \frac{\ln \overline{A}_k}{k}, \tag{1.2.3}$$
$$\sigma_a = \varlimsup_{k \to \infty} \frac{\ln A_k^*}{k}. \tag{1.2.4}$$

证 现证(1.2.2). 把其中的上极限记为 α, 并设 α 是有限数. 我们来证明 $\sigma_c \leqslant \alpha$. 根据收敛横坐标的定义,下面只需证明:对于任意的 $\sigma_1 > \alpha$, 级数(0.1)在 $s = \sigma_1$ 时收敛. 为此任取 $\sigma_2 \in (\alpha, \sigma_1)$. 那么当 k 充分大时, $A_k < e^{k\sigma_2}$; 从而 $\exists K > 0$, 使得 $\forall k \in \mathbf{N}$, 都有 $A_k < K e^{k\sigma_2}$. 如果 $[k, k+1) \cap \{\lambda_n\} \neq \varnothing$, 那么 $\forall p \in \{0, 1, 2, \cdots, p_k\}$,
$$\Big| \sum_{j=0}^{p} a_{n_k+j} \Big| < K e^{k\sigma_2}.$$

然而由引理 1.1.1,
$$\sum_{j=0}^{p} a_{n_k+j} e^{-\sigma_1 \lambda_{n_k+j}} = \sum_{q=0}^{p-1} \Big(\sum_{j=0}^{q} a_{n_k+j}\Big)(e^{-\sigma_1 \lambda_{n_k+q}} - e^{-\sigma_1 \lambda_{n_k+q+1}})$$
$$+ \Big(\sum_{j=0}^{p} a_{n_k+j}\Big) e^{-\sigma_1 \lambda_{n_k+p}}.$$

因此当 $\sigma_1 \geqslant 0$ 时,
$$\Big|\sum_{j=0}^{p} a_{n_k+j} e^{-\sigma_1 \lambda_{n_k+j}}\Big| \leqslant K e^{k\sigma_2} e^{-\sigma_1 \lambda_{n_k}} + K e^{k\sigma_2} e^{-\sigma_1 \lambda_{n_k+p}}$$
$$< 2K e^{k\sigma_2} e^{-k\sigma_1} = 2K e^{-k(\sigma_1 - \sigma_2)}.$$

当 $\sigma_1 < 0$ 时,
$$\Big|\sum_{j=0}^{p} a_{n_k+j} e^{-\sigma_1 \lambda_{n_k+j}}\Big| < 2K e^{-\sigma_1} e^{-k(\sigma_1 - \sigma_2)}.$$

其次,由于级数 $\sum_{k} e^{-k(\sigma_1 - \sigma_2)}$ 收敛,所以 $\forall \varepsilon > 0$,$\exists N > 0$,使得 $\forall n > N$,$\forall m \in \mathbf{N}$,都有
$$\Big|\sum_{j=n}^{n+m} a_j e^{-\lambda_j \sigma_1}\Big| < \varepsilon.$$

于是级数 (0.1) 在 $s = \sigma_1$ 处收敛. 这样就证明了 $\sigma_c \leqslant \alpha$.

下面证明 $\sigma_c \geqslant \alpha$. 根据收敛横坐标的定义,我们只需证明:如果级数 (0.1) 在 $s = \sigma_0$ 时收敛,那么 $\sigma_0 \geqslant \alpha$. 实际上,根据假设,$\exists M > 0$,使得 $\forall n, m \in \mathbf{N}$,
$$\Big|\sum_{j=n}^{n+m} a_j e^{-\lambda_j \sigma_0}\Big| \leqslant M.$$

由引理 1.1.1,如果 $[k, k+1) \cap \{\lambda_n\} \neq \emptyset$,则 $\forall p \in \{0, 1, 2, \cdots, p_k\}$,
$$\sum_{j=0}^{p} a_{n_k+j} = \sum_{j=0}^{p} a_{n_k+j} e^{-\sigma_0 \lambda_{n_k+j}} e^{\sigma_0 \lambda_{n_k+j}}$$
$$= \sum_{q=0}^{p-1} \Big[\Big(\sum_{j=0}^{q} a_{n_k+j} e^{-\sigma_0 \lambda_{n_k+j}}\Big)(e^{\sigma_0 \lambda_{n_k+q}} - e^{\sigma_0 \lambda_{n_k+q+1}})\Big]$$
$$+ \Big(\sum_{j=0}^{p} a_{n_k+j} e^{-\sigma_0 \lambda_{n_k+j}}\Big) e^{\sigma_0 \lambda_{n_k+p}}.$$

1.2 各种收敛横坐标的计算

于是当 $\sigma_0 \geqslant 0$ 时,
$$\Big|\sum_{j=0}^{p} a_{n_k+j}\Big| \leqslant M \sum_{q=0}^{p-1} \big|e^{\sigma_0 \lambda_{n_k+q}} - e^{\sigma_0 \lambda_{n_k+q+1}}\big| + Me^{\sigma_0 \lambda_{n_k+p}}$$
$$\leqslant 2Me^{\sigma_0 \lambda_{n_k+p}} \leqslant 2Me^{\sigma_0(k+1)}.$$

当 $\sigma_0 < 0$ 时,
$$\Big|\sum_{j=0}^{p} a_{n_k+j}\Big| \leqslant 2Me^{\sigma_0 \lambda_{n_k}} \leqslant 2Me^{\sigma_0 k}.$$

于是不管 σ_0 是什么样的数值, 总有
$$A_k \leqslant 2Me^{\sigma_0(k+1)} + 2Me^{\sigma_0 k}.$$

因此 $\alpha \leqslant \sigma_0$. 这样就证明了 $\alpha \leqslant \sigma_c$.

以上分析说明: 当 α 是有限数时, 等式(1.2.2)成立. 仿照以上方法可以证明: 当 $\alpha = \pm \infty$ 时, 等式(1.2.2)也成立.

现证明等式(1.2.3). 把(1.2.3)中的上极限记为 β, 并设 β 是有限数.

我们来证明 $\sigma_u \leqslant \beta$. 根据一致收敛横坐标的定义, 下面只需证明: 对于任意的 $\sigma_1' > \beta$, 级数(0.1)在直线 $\mathrm{Re}\, s = \sigma_1'$ 上一致收敛. 为此任取 $\sigma_2' \in (\beta, \sigma_1')$. 那么与前面的证明相仿, $\exists K' > 0$, 使得 $\forall k \in \mathbf{N}$, 都有 $\overline{A}_k < K'e^{k\sigma_2'}$. 如果 $[k, k+1) \cap \{\lambda_n\} \neq \emptyset$, 那么 $\forall p \in \{0,1,2,\cdots,p_k\}$, $\forall t \in \mathbf{R}$, 总有
$$\Big|\sum_{j=0}^{p} a_{n_k+j} e^{-it\lambda_{n_k+j}}\Big| < K'e^{k\sigma_2'}.$$

然而由引理 1.1.1,
$$\sum_{j=0}^{p} a_{n_k+j} e^{-(\sigma_1'+it)\lambda_{n_k+j}}$$
$$= \sum_{q=0}^{p-1} \Big(\sum_{j=0}^{q} a_{n_k+j} e^{-it\lambda_{n_k+j}}\Big)\big(e^{-\sigma_1' \lambda_{n_k+q}} - e^{-\sigma_1' \lambda_{n_k+q+1}}\big)$$
$$+ \Big(\sum_{j=0}^{p} a_{n_k+j} e^{-it\lambda_{n_k+j}}\Big) e^{-\sigma_1' \lambda_{n_k+p}}.$$

因此当 $\sigma_1' \geqslant 0$ 时,

$$\Big|\sum_{j=0}^{p}a_{n_k+j}\mathrm{e}^{-(\sigma_1'+\mathrm{i}t)\lambda_{n_k+j}}\Big|\leqslant K'\mathrm{e}^{k\sigma_2'}\mathrm{e}^{-\sigma_1'\lambda_{n_k+q}}+K'\mathrm{e}^{k\sigma_2'}\mathrm{e}^{-\sigma_1'\lambda_{n_k+p}}$$
$$\leqslant 2K'\mathrm{e}^{-k(\sigma_1'-\sigma_2')}.$$

当 $\sigma_1'<0$ 时,
$$\Big|\sum_{j=0}^{p}a_{n_k+j}\mathrm{e}^{-(\sigma_1'+\mathrm{i}t)\lambda_{n_k+j}}\Big|\leqslant 2K'\mathrm{e}^{-\sigma_1'}\mathrm{e}^{-k(\sigma_1'-\sigma_2')}.$$

其次,由于级数 $\sum_{k}\mathrm{e}^{-k(\sigma_1'-\sigma_2')}$ 收敛,所以 $\forall\varepsilon>0$, $\exists N>0$,使得 $\forall n>N$, $\forall m\in\mathbf{N}$, $\forall t\in\mathbf{R}$,都有
$$\Big|\sum_{j=n}^{n+m}a_j\mathrm{e}^{-(\sigma_1'+\mathrm{i}t)\lambda_j}\Big|<\varepsilon.$$

于是级数(0.1)在直线 $\operatorname{Re}s=\sigma_1'$ 上一致收敛.从而 $\sigma_u\leqslant\beta$.

下面证明 $\sigma_u\geqslant\beta$. 根据一致收敛横坐标的定义,我们只需证明:如果级数(0.1)在直线 $\operatorname{Re}s=\sigma_0'$ 上一致收敛,那么 $\sigma_0'\geqslant\beta$. 实际上,根据假设, $\exists M'>0$,使得 $\forall n,m\in\mathbf{N}$, $\forall t\in\mathbf{R}$,
$$\Big|\sum_{j=n}^{n+m}a_j\mathrm{e}^{-(\sigma_0'+\mathrm{i}t)\lambda_j}\Big|\leqslant M'.$$

由引理 1.1.1,如果 $[k,k+1)\cap\{\lambda_n\}\neq\varnothing$,则 $\forall p\in\{0,1,2,\cdots,p_k\}$,

$$\sum_{j=0}^{p}a_{n_k+j}\mathrm{e}^{-\mathrm{i}t\lambda_{n_k+j}}=\sum_{j=0}^{p}a_{n_k+j}\mathrm{e}^{-(\sigma_0'+\mathrm{i}t)\lambda_{n_k+j}}\mathrm{e}^{\sigma_0'\lambda_{n_k+j}}$$
$$=\sum_{q=0}^{p-1}\Big(\Big(\sum_{j=0}^{q}a_{n_k+j}\mathrm{e}^{-(\sigma_0'+\mathrm{i}t)\lambda_{n_k+j}}\Big)(\mathrm{e}^{\sigma_0'\lambda_{n_k+q}}-\mathrm{e}^{\sigma_0'\lambda_{n_k+q+1}})\Big)$$
$$+\Big(\sum_{j=0}^{p}a_{n_k+j}\mathrm{e}^{-(\sigma_0'+\mathrm{i}t)\lambda_{n_k+j}}\Big)\mathrm{e}^{\sigma_0'\lambda_{n_k+p}}.$$

于是当 $\sigma_0'\geqslant 0$ 时,
$$\Big|\sum_{j=0}^{p}a_{n_k+j}\mathrm{e}^{-\mathrm{i}t\lambda_{n_k+j}}\Big|\leqslant M'\sum_{q=0}^{p-1}|\mathrm{e}^{\sigma_0'\lambda_{n_k+q}}-\mathrm{e}^{\sigma_0'\lambda_{n_k+q+1}}|+M'\mathrm{e}^{\sigma_0'\lambda_{n_k+p}}$$
$$\leqslant 2M'\mathrm{e}^{\sigma_0'\lambda_{n_k+p}}\leqslant 2M'\mathrm{e}^{\sigma_0'(k+1)}.$$

当 $\sigma_0'<0$ 时,

$$\left|\sum_{j=0}^{p} a_{n_k+j} \mathrm{e}^{-\mathrm{i}t\lambda_{n_k+j}}\right| \leqslant 2M'\mathrm{e}^{\sigma_0'\lambda_{n_k}} \leqslant 2M\mathrm{e}^{\sigma_0'k}.$$

于是不管 σ_0' 是什么样的数值，总有

$$\overline{A}_k \leqslant 2M'\mathrm{e}^{\sigma_0'(k+1)} + 2M'\mathrm{e}^{\sigma_0'k}.$$

因此 $\beta \leqslant \sigma_0'$. 这样就证明了 $\beta \leqslant \sigma_u$.

以上分析说明：当 β 是有限数时，等式(1.2.3)成立. 仿照以上方法可以证明：当 $\beta = \pm\infty$ 时，等式(1.2.3)也成立.

根据绝对收敛的概念，等式(1.2.4)可由(1.2.2)直接推出.

□

最后指出：关于 Dirichlet 级数收敛性的结果，可以推广到 Laplace 变换[87].

第二章 系数、最大项与最大模

考虑收敛域不是空集的 Dirichlet 级数 (0.1),用 $f(s)$ 表示它的和函数. 这个函数在级数的收敛域内是解析的. 本章讲述级数 (0.1) 的系数、最大项与最大模及其估计.

2.1 系数与最大项及其用最大模的估计

与 Taylor 级数的 Cauchy 公式相似,通过 Dirichlet 级数在一致收敛半平面内垂直直线上的值,可以表示级数的系数.

定理 2.1.1 对于级数 (0.1),如果一致收敛横坐标 $\sigma_u < +\infty$,那么 $\forall \sigma > \sigma_u$, $\forall n \in \mathbf{N}$,

$$a_n e^{-\lambda_n \sigma} = \lim_{T \to +\infty} \frac{1}{T} \int_{t_0}^{T} f(\sigma + it) e^{\lambda_n it} dt, \qquad (2.1.1)$$

其中,t_0 是任意给定的一点.

证 容易验证:如果 $m \neq n$,那么

$$\lim_{T \to +\infty} \frac{1}{T} \int_{t_0}^{T} e^{(\lambda_n - \lambda_m)it} dt = 0.$$

现在任取 $\sigma > \sigma_u$,记 $s = \sigma + it$. 那么

$$\frac{1}{T} \int_{t_0}^{T} f(s) e^{\lambda_n s} dt = \frac{1}{T} \int_{t_0}^{T} \sum_{m=0}^{\infty} a_m e^{(\lambda_n - \lambda_m)s} dt$$

$$= \frac{1}{T} \int_{t_0}^{T} \sum_{m=0}^{n-1} a_m e^{(\lambda_n - \lambda_m)s} dt + \frac{1}{T} \int_{t_0}^{T} a_n dt$$

$$+ \frac{1}{T}\int_{t_0}^{T} \sum_{m=n+1}^{\infty} a_m e^{(\lambda_n - \lambda_m)s} dt.$$

在上面最后的三个积分中，第一个积分的被积函数是有限项的和；第三个积分的被积函数关于 t 是一致收敛的，从而其和的模数小于某个与 σ 有关的数值. 因此当 $T \to +\infty$ 时，最后三项的前后两项都趋近于零. 由此可见，等式(2.1.1)成立. □

由定理 2.1.1，可把 Taylor 级数的 Cauchy 不等式推广到 Dirichlet 级数.

系 2.1.1 对于级数(0.1)，如果一致收敛横坐标 $\sigma_u < +\infty$，那么 $\forall \sigma > \sigma_u$，$\forall n \in \mathbf{N}$,

$$|a_n| \leqslant M(\sigma) e^{\lambda_n \sigma}, \tag{2.1.2}$$

其中，$M(\sigma) = \sup\limits_{t \in \mathbf{R}} |f(\sigma + it)|$.

$M(\sigma)$ 称为函数 $f(s)$ 的**最大模**. 通过(2.1.2)，可以用函数 $f(s)$ 的最大模估计级数的系数.

系 2.1.2 对于级数(0.1)，设

$$\varlimsup_{n \to \infty} \frac{\ln n}{\lambda_n} = E < +\infty. \tag{2.1.3}$$

那么和函数 $f(s)$ 是整函数，而不是指数多项式（或称 **Dirichlet 多项式**）的必要与充分条件是

$$\varlimsup_{n \to \infty} \frac{\ln |a_n|}{\lambda_n} = -\infty, \quad \lim_{\sigma \to -\infty} \frac{\ln M(\sigma)}{-\sigma} = +\infty. \tag{2.1.4}$$

证 (2.1.4)中第一个条件是 $f(s)$ 为整函数的必要与充分条件. 现在这条件下证明：第二个条件是 $f(s)$ 不为指数多项式的必要与充分条件.

先证充分性. 假设 $f(s)$ 是指数多项式

$$f(s) = \sum_{n=0}^{N} a_n e^{-\lambda_n s}.$$

那么存在常数 $K = \max\limits_{0 \leqslant n \leqslant N} |a_n| > 0$，使得 $\forall \sigma \leqslant 0$，
$$|f(s)| \leqslant (N+1)K e^{-\lambda_N \sigma}.$$
于是
$$\varlimsup_{\sigma \to -\infty} \frac{\ln M(\sigma)}{-\sigma} \leqslant \lambda_N < +\infty.$$
从而(2.1.3)中的第二个条件不成立．充分性得证．

现在证明必要性．假设(2.1.3)中的第二个条件不成立，即
$$\varlimsup_{\sigma \to -\infty} \frac{\ln M(\sigma)}{-\sigma} < +\infty.$$
那么 $\exists K_1 \in (0, +\infty)$，$\exists \sigma_k \downarrow -\infty$ $(k \to \infty)$，使得
$$M(\sigma_k) \leqslant e^{-K_1 \sigma_k} \quad (\forall k \geqslant 1).$$
因此由系 2.1.2，$\forall n \geqslant 0$，$\forall k \geqslant 1$，
$$|a_n| \leqslant M(\sigma_k) e^{\lambda_n \sigma} \leqslant e^{(\lambda_n - K_1)\sigma_k}.$$
由此可见，当 $\sigma_n > K_1$ 时，令 $k \to +\infty$ 就得到 $a_n = 0$．于是 $f(s)$ 是一个指数多项式． □

对级数(0.1)，假定收敛横坐标 $\sigma_c < +\infty$．当 $\sigma > \sigma_c$ 时，
$$m(\sigma) = \max_{n \in \mathbf{N}} |a_n| e^{-\lambda_n \sigma}$$
称为级数(0.1)的**最大项**．根据系 2.1.1，通过最大模可以估计最大项．假设序列 $\{\lambda_n\}$ 满足条件(2.1.3)，我们也可以用最大项估计最大模．

定理 2.1.2 对于级数(0.1)，

(i) 如果 $\sigma_u < +\infty$，那么
$$m(\sigma) \leqslant M(\sigma) \quad (\sigma > \sigma_u);$$

(ii) 如果 $\sigma_a < +\infty$，并且条件(2.1.3)成立，那么 $\forall \varepsilon > 0$，$\exists K > 0$，使得
$$M(\sigma) \leqslant K m(\sigma - E - \varepsilon) \quad (\sigma > \sigma_a + D),$$
其中 K 是依赖于 ε 的正的常数．

证 根据系 2.1.1 立即得到结论(i)．现证结论(ii)．对于任

意给定的 $\varepsilon \in (0, \sigma - E - \sigma_a)$，存在自然数 N，使得 $n \geqslant N$ 时，
$$\ln n < \lambda_n \left(E + \frac{\varepsilon}{2} \right).$$
于是
$$\begin{aligned}
\left| \sum_{n=0}^{\infty} a_n e^{-\lambda_n s} \right| &\leqslant \sum_{n=0}^{\infty} |a_n| e^{-\lambda_n \sigma} \\
&= \sum_{n=0}^{N-1} |a_n| e^{-\lambda_n \sigma} + \sum_{n=N}^{\infty} |a_n| e^{-\lambda_n \sigma} \\
&= \sum_{n=0}^{N-1} |a_n| e^{-\lambda_n \sigma} + \sum_{n=N}^{\infty} |a_n| e^{-\lambda_n(\sigma - E - \varepsilon) - \lambda_n(E + \varepsilon)} \\
&< Nm(\sigma) + m(\sigma - E - \varepsilon) \sum_{n=N}^{\infty} n^{-\frac{E+\varepsilon}{E+\varepsilon/2}} \\
&< Km(\sigma - E - \varepsilon).
\end{aligned}$$
由此即得结论(ii). □

采用 Knopp-Kojima 的方法，不在条件(2.1.4)下，也可以得到与定理 2.1.2 相似的结果. 对级数(0.1)，假定 $\sigma_u < +\infty$，当 $\sigma > \sigma_u$ 时，定义
$$\overline{M}_u(\sigma) = \sup \left\{ \left| \sum_{j=0}^{n} a_j e^{-\lambda_j(\sigma + it)} \right| : n \in \mathbf{N}, t \in \mathbf{R} \right\},$$
$$\overline{m}(\sigma) = \max \{ \overline{A}_n e^{-n\sigma} : n \in \mathbf{N} \},$$
其中的记号 $\overline{A}_n$ 见定理 1.2.2.

定理 2.1.3 对于级数(0.1)，

(i) 如果 $\sigma_u < +\infty$，那么
$$\frac{1}{4} \overline{m}(\sigma) \leqslant e^{|\sigma|} \overline{M}_u(\sigma) \quad (\sigma > \sigma_u);$$

(ii) 如果 $\sigma_a < +\infty$，那么 $\forall \varepsilon > 0$，$\exists K > 0$，使得
$$\overline{M}_u(\sigma) \leqslant K e^{|\sigma|} \overline{m}(\sigma - \varepsilon) \quad (\sigma > \sigma_a).$$

证 采用 1.2 节中的记号. 现证结论(i). 任取 $p \in \mathbf{N}$，使

$n_k + p < k+1$. 那么根据引理 1.1.1,

$$\sum_{j=n_k}^{n_k+p} a_j e^{-it\lambda_j} = \sum_{j=n_k}^{n_k+p} a_j e^{-(\sigma+it)\lambda_j} e^{\sigma\lambda_j}$$
$$= \sum_{j=n_k}^{n_k+p-1} \Big(\sum_{q=n_k}^{j} a_q e^{-(\sigma+it)\lambda_q}\Big)(e^{\sigma\lambda_j} - e^{\sigma\lambda_{j+1}})$$
$$+ \Big(\sum_{q=n_k}^{n_k+p} a_q e^{-(\sigma+it)\lambda_q}\Big) e^{\sigma\lambda_{n_k+p}}.$$

于是

$$\overline{A}_k \leqslant 2\overline{M}_u(\sigma)|e^{\sigma\lambda_{n_k}} - e^{\sigma\lambda_{n_k+p}}| + e^{\sigma\lambda_{n_k+p}}\overline{M}_u(\sigma)$$
$$\leqslant 4\overline{M}_u(\sigma) e^{(k+\mathrm{sgn}\sigma)\sigma}.$$

由此即得结论(i).

现证结论(ii). 设 $n_k + p < k+1$. 那么根据引理 1.1.1,

$$\sum_{j=n_k}^{n_k+p} a_j e^{-(\sigma+it)\lambda_j} = \sum_{j=n_k}^{n_k+p} a_j e^{-it\lambda_j} e^{-\sigma\lambda_j}$$
$$= \sum_{j=n_k}^{n_k+p-1} \Big(\sum_{q=n_k}^{j} a_q e^{-it\lambda_q}\Big)(e^{-\sigma\lambda_j} - e^{-\sigma\lambda_{j+1}})$$
$$+ \Big(\sum_{q=n_k}^{n_k+p} a_q e^{-it\lambda_q}\Big) e^{-\sigma\lambda_{n_k+p}}.$$

由此可见,当 $\sigma > 0$ 时,

$$\Big|\sum_{j=n_k}^{n_k+p} a_j e^{-(\sigma+it)\lambda_j}\Big| \leqslant \overline{A}_k \sum_{j=n_k}^{n_k+p-1}(e^{-\sigma\lambda_j} - e^{-\sigma\lambda_{j+1}}) + \overline{A}_k e^{-\sigma\lambda_{n_k+p}}$$
$$\leqslant \overline{A}_k e^{-\sigma\lambda_{n_k}} \leqslant \overline{A}_k e^{-\sigma k}.$$

当 $\sigma \leqslant 0$ 时,

$$\Big|\sum_{j=n_k}^{n_k+p} a_j e^{-(\sigma+it)\lambda_j}\Big| \leqslant \overline{A}_k \sum_{j=n_k}^{n_k+p-1}(e^{-\sigma\lambda_{j+1}} - e^{-\sigma\lambda_j}) + \overline{A}_k e^{-\sigma\lambda_{n_k+p}}$$
$$\leqslant 2\overline{A}_k e^{-\sigma(k+1)}.$$

于是不管 σ 的符号如何,总有

$$\Big|\sum_{j=n_k}^{n_k+p} a_j e^{-(\sigma+it)\lambda_j}\Big| \leqslant 2\overline{A}_k e^{|\sigma|} e^{-k\sigma}.$$

因此

$$\Big|\sum_{j=0}^{n_k+p} a_j e^{-(\sigma+it)\lambda_j}\Big| \leqslant 2e^{|\sigma|}\sum_{j=0}^{k}\overline{A}_j e^{-(j-\varepsilon)\sigma} e^{-j\varepsilon}.$$

从而

$$\overline{M}_u(\sigma) \leqslant 2e^{|\sigma|}\,\overline{m}(\sigma-\varepsilon)\sum_{j=0}^{\infty} e^{-j\varepsilon}.$$

由此即得结论(ii). □

2.2 用和函数在带形中的值估计级数的系数

上节中把 Cauchy 不等式推广到 Dirichlet 级数, 即用级数 (0.1) 的和函数 $f(s)$ 的最大模估计级数的系数. 本节要用 $f(s)$ 在水平带形中的值估计级数的系数. Mandelbrojt[13],[14],[15] 曾把这样的结果推广到附着级数, 即一种渐近 Dirichlet 级数, 并且由此解决了一系列分析中的问题. 本节将用类似的方法进行论证. 下面先介绍两个引理.

引理 2.2.1 设序列 $\{\lambda_n\}$ 满足 $0<\lambda_n\uparrow+\infty$, 并且

$$\varlimsup_{n\to\infty}\frac{n}{\lambda_n}=D<+\infty. \tag{2.2.1}$$

那么对于任意的自然数 k, 下面的结论成立:

1) 函数

$$\Lambda_k(z)=\prod_{\substack{n=1,\\n\neq k}}^{\infty}\Big(1-\frac{z^2}{\lambda_n^2}\Big)=\sum_{m=0}^{\infty}(-1)^m c_m^{(k)} z^{2m}\quad(c_m^{(k)}>0)$$

是整函数, 并且满足条件

$$\varlimsup_{r\to+\infty}\frac{\ln M_k(r)}{r}\leqslant\pi D,$$

其中,

$$M_k(r) = \max_{|z|=r} |\Lambda_k(z)| = \Lambda_k(\mathrm{i}r).$$

2) 函数 $\Lambda_k(\mathrm{i}r)$ 的 Laplace 变换

$$L_k(s) = \int_0^{+\infty} \mathrm{e}^{-sr} \Lambda_k(\mathrm{i}r) \mathrm{d}r$$

当 $s = \pi(D+u)$ $(u>0)$ 时收敛，并且

$$L_k(\pi(D+u)) = \sum_{m=0}^{\infty} \frac{(2m)! c_m^{(k)}}{[\pi(D+u)]^{2m+1}}.$$

3) 如果令

$$L(s) = \int_0^{+\infty} \mathrm{e}^{-sr} \prod_{n=1}^{\infty} \left(1 + \frac{r^2}{\lambda_n^2}\right) \mathrm{d}r,$$

那么 $\forall k \geq 1$,

$$L_k(s) \leq L(s) \quad (s>0).$$

证 1) 由 (2.2.1)，级数 $\sum_{n=1}^{\infty} \frac{1}{\lambda_n^2}$ 是收敛的．因此表示函数 $\Lambda_k(z)$ 的无穷乘积在复平面的任何紧集上都一致收敛，从而 $\Lambda_k(z)$ 是整函数．

对于 $x>0$，令

$$N_k(x) = \sup\{n: \lambda_n \leq x\},$$

于是

$$\begin{aligned}
\ln \Lambda_k(\mathrm{i}r) &= \sum_{n=1, n\neq k}^{\infty} \ln\left(1 + \frac{r^2}{\lambda_n^2}\right) \\
&= \int_0^{+\infty} \ln\left(1 + \frac{r^2}{x^2}\right) \mathrm{d}N_k(x) \\
&= 2r^2 \int_0^{+\infty} \frac{N_k(x)}{x(x^2+r^2)} \mathrm{d}x.
\end{aligned}$$

由 (2.2.1)，$\varlimsup_{x\to+\infty} \frac{N_k(x)}{x} = D$. 因此对于任意给定的 $\varepsilon>0$，当 x 充分大时，$N_k(x) < (D+\varepsilon)x$. 由此不难完成结论 1) 的证明．

2) 由 1) 可见，函数 $\Lambda_k(\mathrm{i}r)$ 的 Laplace 变换在

2.2 用和函数在带形中的值估计级数的系数

$$s = \pi(D+u) \quad (u>0)$$

时收敛. 又 $\forall u>0$, 因 $c_m^{(k)}>0$, 所以对积分

$$L_k(\pi(D+u)) = \int_0^{+\infty} e^{-\pi(D+u)r} \sum_{m=0}^{\infty} c_m^{(k)} r^{2m} dr,$$

可以交换积分与求和的次序, 由此立即得到结论 2).

3) 是显然的. □

从引理 2.2.1 出发, 作一类算子, 可作用于某些有任意阶导数的函数上.

设函数 $F(s)$ 有任意阶导数, 定义算子 $\Lambda_k\left(\dfrac{d}{ds}\right)$ 如下:

$$\Lambda_k\left(\frac{d}{ds}\right) F(s) = \left[\sum_{m=0}^{\infty} (-1)^m c_m^{(k)} \frac{d^{2m}}{ds^{2m}}\right] F(s)$$
$$= \sum_{m=0}^{\infty} (-1)^m c_m^{(k)} F^{(2m)}(s).$$

我们有下述引理.

引理 2.2.2 1)

$$\Lambda_k\left(\frac{d}{ds}\right) e^{-\lambda_n s} = \begin{cases} \Lambda_k(\lambda_k) e^{-\lambda_k s}, & \text{若 } n=k; \\ 0, & \text{若 } n \neq k. \end{cases}$$

2) 设函数 $\Phi(s)$ 在圆盘 $|s-s_0|<\pi R$ ($R>D$) 内全纯, 并且在这个圆盘内 $|\Phi(s)|<M<+\infty$. 那么 $\forall \rho \in (0, R-D)$, 在闭圆盘 $|s-s_0| \leqslant \pi\rho$ 上, 级数

$$\Lambda_k\left(\frac{d}{ds}\right)\Phi(s) = \sum_{m=0}^{\infty} (-1)^m c_m^{(k)} \Phi^{(2m)}(s)$$

一致收敛于一个全纯函数 $\Phi_k(s)$, 并且

$$|\Phi_k(s)| < \pi(R-\rho) L_k(\pi(R-\rho)) M,$$

特别有

$$|\Phi_k(s_0)| < \pi R L_k(\pi R) M.$$

证 1) 由于

$$\frac{\mathrm{d}^{2m}}{\mathrm{d}s^{2m}}\mathrm{e}^{-\lambda_n s} = \lambda_n^{2m}\mathrm{e}^{-\lambda_n s},$$

我们有

$$\Lambda_k\left(\frac{\mathrm{d}}{\mathrm{d}s}\right)\mathrm{e}^{-\lambda_n s} = \sum_{m=0}^{\infty}(-1)^m c_m^{(k)}\lambda_n^{2m}\mathrm{e}^{-\lambda_n s} = \Lambda_k(\lambda_n)\mathrm{e}^{-\lambda_n s}.$$

1)得证.

2) 任取 s', 使得 $|s'-s_0| \leqslant \pi\rho$, 则闭圆盘 $|s'-s_0| \leqslant \pi(R-\rho)$ 在圆盘 $|s-s_0|<\pi\rho$ 内. 由 Cauchy 不等式, 当 s 在上述闭圆盘上时,

$$|\Phi^{(2m)}(s)| \leqslant \frac{M(2m)!}{(\pi(R-\rho))^{2m}}.$$

因此

$$\left|\sum_{m=0}^{\infty}(-1)^m c_m^{(k)}\Phi^{(2m)}(s)\right| \leqslant \sum_{m=0}^{\infty} c_m^{(k)}\frac{M(2m)!}{(\pi(R-\rho))^{2m}}.$$

于是由引理 2.2.1, 在闭圆盘 $|s'-s_0| \leqslant \pi(R-\rho)$ 上, 级数

$$\sum_{m=0}^{\infty}(-1)^m c_m^{(k)}\Phi^{(2m)}(s)$$

一致收敛于一全纯函数 $\Phi_k(s)$, 并且

$$|\Phi_k(s)| < \pi(R-\rho)L_k(\pi(R-\rho))M.$$

在这个不等式中令 $\rho \to 0$, 就得到结论 2)中最后一个不等式. □

现可导出级数(0.1)的系数估计定理如下:

定理 2.2.1 对于级数(0.1), 设数列 $\{\lambda_n\}$ 满足条件(2.2.1), 并且收敛横坐标 $\sigma_c < +\infty$. 设和函数 $f(s)$ 可以从收敛半平面沿带形 $\{s: |\mathrm{Im}\, s - t_0| < \pi R\}$ 解析开拓到圆盘 $|s-s_0|<\pi R$, 其中 $R > D$, $s_0 = \sigma_0 + \mathrm{i}t_0$. 那么对于任意的正整数 k,

$$|a_k| < \pi R L_k(\pi R)\Lambda_k^{-1}(\lambda_k)M(s_0,\pi R)\mathrm{e}^{\lambda_k\sigma_0},$$

其中,

$$M(s_0,\pi R) = \sup\{|f(s)|: |s-s_0|<\pi R\}.$$

证 由定理 1.2.1, $\sigma_c = \sigma_a$. 不妨设 $t_0 = 0$. 由假设, 函数

2.2 用和函数在带形中的值估计级数的系数 25

$f(s)$ 在集合

$$\{s: |\operatorname{Im} s| < \pi R, \operatorname{Re} s > \sigma_0\} \cup \{s: |s - s_0| < \pi R\}$$

内全纯. 由引理 2.2.2, 函数 $F_k(s) = \Lambda_k\left(\dfrac{\mathrm{d}}{\mathrm{d}s}\right) f(s)$ 在集合

$$B_\rho = \{s: |\operatorname{Im} s| < \pi \rho, \operatorname{Re} s > \sigma_0\} \cup \{s: |s - s_0| < \pi \rho\}$$

内全纯, 并且

$$|F_k(s_0)| < \pi R L_k(\pi R) M(s_0, \pi R). \qquad (2.2.2)$$

令

$$f_1(s) = \sum_{n=0}^{\infty} |a_n| \mathrm{e}^{-s\lambda_n}, \quad F_k^*(s) = \sum_{m=0}^{\infty} c_m^{(2k)} f_1^{(2m)}(s),$$

可得到与上述类似的结果. 对于充分大的正数 $\sigma \in B_\rho$,

$$F_k^*(\sigma) = \sum_{m=0}^{\infty} c_m^{(2k)} f_1^{(2m)}(\sigma) = \sum_{m=0}^{\infty} c_m^{(2k)} \sum_{n=0}^{\infty} |a_n| \lambda_n^{2m} \mathrm{e}^{-\lambda_n \sigma}.$$

这个二重级数的各项都不是负数, 从而可以交换求和次序. 因此当 $s \in B_\rho$, 并且 $\operatorname{Re} s$ 充分大时, 下列二重级数的求和次序也可以交换:

$$\begin{aligned} F_k(s) &= \sum_{m=0}^{\infty} (-1)^m c_m^{(k)} f^{(2m)}(s) \\ &= \sum_{m=0}^{\infty} (-1)^m c_m^{(2k)} \sum_{n=0}^{\infty} a_n \lambda_n^{2m} \mathrm{e}^{-\lambda_n s} \\ &= \sum_{n=0}^{\infty} a_n \mathrm{e}^{-\lambda_n s} \sum_{m=0}^{\infty} (-1)^m c_m^{(2k)} \lambda_n^{2m} \\ &= \sum_{n=0}^{\infty} a_n \Lambda_k(\lambda_n) \mathrm{e}^{-\lambda_n s}. \end{aligned}$$

由引理 2.2.1,

$$F_k(s) = a_k \Lambda_k(\lambda_k) \mathrm{e}^{-\lambda_k s}.$$

与不等式 (2.2.2) 结合, 并注意到引理 2.2.1 的结论 3), 就得到定理的结论. □

本节中所引用的算子, 是由 Ritt 以及 Carlson 与 Landau[30] 引进的.

2.3 用和函数在垂直线段上的值估计系数

要用和函数 $f(s)$ 在垂直线段上的值估计级数(0.1)的系数,需要引进另一种类型的算子.

引理 2.3.1 设序列 $\{\lambda_n\}$ 满足 $0 < \lambda_n \uparrow +\infty$,并且存在着正整数 N 与 N' ($N < N'$) 以及正数 r,使得
$$\lambda_{n+1} - \lambda_n \geqslant r \quad (N \leqslant n, n+1 \leqslant N'). \quad (2.3.1)$$
那么对于任意的正整数 $k \in [N, N']$,存在函数 $u(t) \in L(-\infty, +\infty)$,使得

1) $u(t) = 0 \left(|t| \geqslant \dfrac{\pi}{r} \right)$;

2) $\hat{u}(\lambda_k - \lambda_j) = 0$ ($j \neq k$, $N \leqslant j, k \leqslant N'$),其中,
$$\hat{u}(x) = \int_{-\infty}^{+\infty} e^{ixt} u(t) dt;$$

3) $\sup\left\{ |u(t)| : |t| \leqslant \dfrac{\pi}{r} \right\} \leqslant \dfrac{r\hat{u}(0)}{\pi}$;

4) $\displaystyle\int_{-\infty}^{+\infty} |u(t)| dt \leqslant 2\hat{u}(0) \neq 0$.

证 不妨设 $r = 1$,否则可作一简单变换归到这种情形. 取定 λ_k,考虑集合
$$S = \{\lambda_n - \lambda_k : N \leqslant n \leqslant N'\},$$
并取自然数 M,使得 $S \subset (-M, M)$. 把 $(-M, M)$ 分成 $2M-1$ 个区间:

$(-m-1, -m]$,$[m, m+1)$ ($m = 1, 2, \cdots, M-1$),$(-1, 1)$.

区间 $(-1, 1)$ 含有集合 S 的点 $\mu_0 = 0$. 在其他区间 $(-m-1, -m]$ 或 $[m, m+1)$ 中,每一个至多含有集合 S 的一点;如确含 S 的点,就记为 μ_{-m} 或 μ_m;否则在 S 中任取一点作为 μ_{-m} 或 μ_m. 作 $2(M-1)$ 次及 $2M+1$ 次多项式

2.3 用和函数在垂直线段上的值估计系数

$$P(x) = -\prod_{\substack{m=-M+1\\m\neq 0}}^{M-1}(x-\mu_m), \quad Q(x) = -\prod_{m=-M}^{M}(x-m).$$

作部分分式

$$\frac{P(x)}{Q(x)} = \sum_{m=-M}^{M}\frac{\alpha_m}{x-m}.$$

不难得到

$$\alpha_m = \lim_{x\to m}\frac{P(x)}{Q(x)}(x-m) = \lim_{x\to m}\frac{P(x)}{Q(x)/(x-m)} = \frac{P(m)}{Q'(m)},$$

$$\sum_{m=-M}^{M}\alpha_m = \lim_{x\to +\infty}\frac{xP(x)}{Q(x)} = 0.$$

令

$$u(t) = \begin{cases}\sum_{m=-M}^{M}(-1)^m\alpha_m e^{-imt}, & \text{若}\ |t|<\pi; \\ 0, & \text{若}\ |t|\geqslant\pi.\end{cases}$$

这个函数具有引理中的性质 1) ($r=1$). 现证明它也具有其他性质. 我们有

$$\hat{u}(x) = \int_{-\infty}^{+\infty}e^{ixt}u(t)dt = \sum_{m=-M}^{M}(-1)^m\alpha_m\int_{-\pi}^{+\pi}e^{i(x-m)t}dt$$

$$= \sum_{m=-M}^{M}(-1)^m\alpha_m\frac{2\sin\pi(x-m)}{x-m}$$

$$= 2\sin\pi x\cdot\frac{P(x)}{Q(x)}.$$

于是当 $m\neq 0$ 时, $\hat{u}(\mu_m)=0$, 这就是性质 2). 另外,

$$\hat{u}(\mu_0) = \hat{u}(0) = \lim_{x\to 0}\left(\frac{\sin\pi x}{x}\cdot 2\cdot\frac{P(x)}{Q(x)/x}\right)$$

$$= 2\pi\frac{P(0)}{Q'(0)} = 2\pi\alpha_0\neq 0.$$

由于 $Q(x)$ 和 $P(x)$ 都是多项式, 当 m 依次取值 M, $M-1,\cdots,-M$ 时, $Q'(m)$ 交替取正号和负号; 又由于在集合 $(-m-1,-m]$, $[m,m+1)$ ($m=1,2,\cdots,M-1$)

中, $P(x)$ 各有且仅有一个零点, 而在区间 $(-1,1)$ 中没有零点, 可见 $-P(m)$ 的符号变化与 $Q'(m)$ 相似. 因此

$$\alpha_0 > 0, \quad \alpha_m \leqslant 0 \ (m = \pm 1, \pm 2, \cdots, \pm M).$$

于是

$$\sup\{|u(t)| : |t| \leqslant \pi\}$$
$$\leqslant \sum_{m=-M}^{M} |\alpha_m| = \alpha_0 - \sum_{m=-M, m\neq 0}^{M} |\alpha_m| = 2\alpha_0.$$

由此可导出性质 3) 和 4). □

现继续作出适当的算子. 设 $0 < \lambda_n \uparrow +\infty$, 并且 k 和 N 都是正整数, $\xi > 0$. 令

$$\delta(t, \xi) = \begin{cases} \dfrac{1}{2\xi}, & \text{若 } |t| \leqslant \xi; \\ 0, & \text{若 } |t| > \xi, \end{cases}$$

$$f_j(t, \xi) = e^{it\lambda_j}\left[\delta\left(t + \frac{\pi}{2\lambda_k}, \xi\right) + \delta\left(t - \frac{\pi}{2\lambda_k}, \xi\right)\right] \quad (j < k),$$

$$g_j(t, \xi) = e^{-it\lambda_k}\left[\delta\left(t + \frac{\pi}{2\lambda_j}, \xi\right) + \delta\left(t - \frac{\pi}{2\lambda_j}, \xi\right)\right] \quad (j > k).$$

这些函数的 Fourier 变换是

$$\hat{\delta}(x, \xi) = \int_{-\infty}^{+\infty} e^{ixt} \delta(t, \xi) dt = \frac{\sin \xi x}{\xi x},$$

$$\hat{f}_j(x, \xi) = \int_{-\infty}^{+\infty} e^{ixt} f_j(t, \xi) dt$$
$$= \hat{\delta}(x + \lambda_j, \xi) \cos \frac{\pi(x + \lambda_j)}{2\lambda_k} \quad (j < k),$$

$$\hat{g}_j(x, \xi) = \int_{-\infty}^{+\infty} e^{ixt} g_j(t, \xi) dt$$
$$= \hat{\delta}(x - \lambda_k, \xi) \cos \frac{\pi(x - \lambda_k)}{2\lambda_j} \quad (j > k).$$

我们有下列引理:

引理 2.3.2 设 $0 < \lambda_n \uparrow +\infty$, 并且 k 和 N 都是正整数,

$\xi > 0$. 设
$$h(t,\xi) = \begin{cases} f_1(t,\xi) * f_2(t,\xi) * \cdots * f_N(t,\xi), & \text{若 } k > N; \\ f_1(t,\xi) * \cdots * f_{k-1}(t,\xi) * g_{k+1}(t,\xi) * \cdots * g_N(t,\xi), & \text{若 } k < N. \end{cases}$$
那么 $h(t,\xi) \in L(-\infty, +\infty)$, 并且

1) $h(t,\xi) = 0 \ (|t| \geqslant \tau_k + N\xi)$, 其中,
$$\tau_k = \begin{cases} N\dfrac{\pi}{2\lambda_k}, & \text{若 } k > N; \\ (k-1)\dfrac{\pi}{2\lambda_k} + \sum\limits_{j=k+1}^{N}\dfrac{\pi}{2\lambda_j}, & \text{若 } k < N; \end{cases}$$

2) $\hat{h}(\lambda_k - \lambda_j, \xi) = 0 \ (j = 1, 2, \cdots, N; j \neq k)$, 其中,
$$\hat{h}(x,\xi) = \int_{-\infty}^{+\infty} e^{ixt} h(t,\xi) dt;$$

3) $\lim\limits_{\xi \to 0^+} \hat{h}(x,\xi) = \begin{cases} \prod\limits_{j=1}^{N} \cos\dfrac{\pi\lambda_j}{2\lambda_k}, & \text{若 } k > N; \\ \prod\limits_{j=1}^{k+1} \cos\dfrac{\pi\lambda_j}{2\lambda_k} \cdot \prod\limits_{j=k+1}^{N} \cos\dfrac{\pi\lambda_k}{2\lambda_j}, & \text{若 } k < N; \end{cases}$

4) $\int_{-\infty}^{+\infty} |h(t,\xi)| dt \leqslant 1.$

证 由卷积的性质和函数 f_j 及 g_j 的定义, 可得 1). 其次, 函数 $h(t,\xi)$ 的 Fourier 变换是
$$\hat{h}(x,\xi) = \prod_{j=1}^{N} \hat{\delta}(x + \lambda_j, \xi) \cos\frac{\pi(x+\lambda_j)}{2\lambda_k} \quad (k > N),$$
$$\hat{h}(x,\xi) = \prod_{j=1}^{k-1} \hat{\delta}(x + \lambda_j, \xi) \cos\frac{\pi(x+\lambda_j)}{2\lambda_k} \cdot$$
$$\cdot \prod_{j=k+1}^{N} \hat{\delta}(x - \lambda_k, \xi) \cos\frac{\pi(x-\lambda_k)}{2\lambda_j} \quad (k < N).$$
由此导出 2). 又因
$$\lim_{\xi \to 0} \hat{\delta}(x,\xi) = \lim_{\xi \to 0} \frac{\sin \xi x}{\xi x} = 1$$

及

$$\int_{-\infty}^{+\infty} |h(t,\xi)| \mathrm{d}t$$

$$\begin{cases} \leqslant \prod_{j=1}^{N} \int_{-\infty}^{+\infty} |f_j(t,\xi)| \mathrm{d}t, & \text{若 } k > N; \\ \leqslant \prod_{j=1}^{k-1} \int_{-\infty}^{+\infty} |f_j(t,\xi)| \mathrm{d}t \cdot \prod_{j=k+1}^{N} \int_{-\infty}^{+\infty} |g_j(t,\xi)| \mathrm{d}t, & \text{若 } k < N, \end{cases}$$

性质 3)和 4)不难得证. □

现应用引理 2.3.1 和引理 2.3.2 来证明:

定理 2.3.1 对级数(0.1), 如果 $\sigma_c < +\infty$, 并且

$$\lim_{n \to \infty} (\lambda_{n+1} - \lambda_n) = r > 0, \tag{2.3.2}$$

那么 $\forall \varepsilon > 0, \exists A > 0$, 使得 $\forall k \in \mathbf{N}, \forall \sigma > \sigma_c, \forall t_0 \in \mathbf{R}$,

$$|a_k| \leqslant A M_I(\sigma) \mathrm{e}^{\lambda_k \sigma}, \tag{2.3.3}$$

其中,

$$M_I(\sigma) = \max\left\{|f(\sigma + \mathrm{i}t)| : |t - t_0| \leqslant \frac{\pi}{r} + \varepsilon\right\}.$$

证 由(2.3.1), $\forall \eta > 0, \exists N > 0$, 使得当 $n > N$, r 换成 $r - \eta$ 时, (2.3.1)成立. 令

$$f_{N'}(\sigma + \mathrm{i}(t + t_0)) = \sum_{n=1}^{N} a_n \mathrm{e}^{-(\sigma + \mathrm{i}t_0)\lambda_n} \mathrm{e}^{-\mathrm{i}t\lambda_n},$$

其中, $N' > N$, $\sigma > \sigma_c$, $t_0 \in \mathbf{R}$. 对于任意的正整数 $k \leqslant N'$, 对于任意的 $\xi > 0$, 作卷积

$$\varphi(t, \xi) = u(t) * h(t, \xi),$$

其中, $u(t)$ 和 $h(t, \xi)$ 是在引理 2.3.1 (把 r 换成 $r - \eta$)和引理 3.3.2 中给出的函数. 不难看出,

$$\varphi(t, \xi) = 0 \quad \left(|t| \geqslant \beta = \frac{\pi}{r - \eta} + \tau_k + N\xi\right),$$
$$\hat{\varphi}(x, \xi) = \hat{u}(x) \cdot \hat{h}(x, \xi).$$

于是

2.3 用和函数在垂直线段上的值估计系数

$$\left|\int_{-\infty}^{+\infty} f_N(\sigma + \mathrm{i}(t+t_0))\varphi(t,\xi)\mathrm{e}^{\mathrm{i}t\lambda_k}\mathrm{d}t\right|$$

$$\leqslant \max_{|t|\leqslant \beta}|f_N(\sigma+\mathrm{i}(t+t_0))|\int_{-\infty}^{+\infty}|u(t)|\mathrm{d}t\int_{-\infty}^{+\infty}|h(t,\xi)|\mathrm{d}t$$

$$\leqslant \max_{|t-t_0|\leqslant \beta}|f_{N'}(\sigma+\mathrm{i}t)|\cdot 2\hat{u}(0).$$

另一方面，

$$\int_{-\infty}^{+\infty}\mathrm{e}^{\mathrm{i}t\lambda_k}f_{N'}(\sigma+\mathrm{i}(t+t_0))\varphi(t,\xi)\mathrm{d}t$$

$$=\sum_{n=1}^{N'}a_n\mathrm{e}^{-(\sigma+\mathrm{i}t)\lambda_n}\int_{-\infty}^{+\infty}\mathrm{e}^{\mathrm{i}t(\lambda_k-\lambda_n)}\varphi(t,\xi)\mathrm{d}t$$

$$=\sum_{n=1}^{N'}a_n\mathrm{e}^{-(\sigma+\mathrm{i}t)\lambda_n}\hat{u}(\lambda_k-\lambda_n)\hat{h}(\lambda_k-\lambda_n,\xi)$$

$$=a_k\hat{u}(0)\hat{h}(0,\xi)\mathrm{e}^{(\sigma+\mathrm{i}t_0)\lambda_k}.$$

因此

$$|a_k|\leqslant \frac{2}{h(0,\xi)}\leqslant \max_{|t-t_0|\leqslant \beta}|f_{N'}(\sigma+\mathrm{i}t)|\mathrm{e}^{\lambda_k\sigma}. \quad (2.3.4)$$

当 $\theta\in\left(0,\frac{\pi}{2}\right)$ 时，$\frac{\sin\theta}{\theta}\geqslant\frac{2}{\pi}$. 于是当 $x\in(0,1)$ 时，

$$\frac{\sin\frac{\pi}{2}(1-x)}{1-x}\geqslant 1,\ \text{即}\ \cos\frac{\pi}{2}x\geqslant 1-x.$$

因此由引理 2.3.2 中的性质 3) 可得

$$\lim_{\varepsilon\to 0^+}\hat{h}(0,\xi)\geqslant\begin{cases}\prod_{j=1}^{N}\dfrac{\lambda_k-\lambda_j}{\lambda_k}, & \text{若}\ k>N;\\ \prod_{j=1}^{k-1}\dfrac{\lambda_k-\lambda_j}{\lambda_k}\prod_{j=k+1}^{N}\dfrac{\lambda_j-\lambda_k}{\lambda_j}, & \text{若}\ k<N.\end{cases}$$

考察 (2.3.4). $\forall\varepsilon>0$，当 η 及 ε 充分小、k 充分大时，$\beta<\dfrac{\pi}{r}$. 令 $\xi\to 0$，$N'\to+\infty$，可见当 k 是充分大的正整数时，

$$|a_k|\leqslant 4M_l(\sigma)\mathrm{e}^{\lambda_k\sigma}\quad (\sigma>\sigma_c).$$

适当选取正数 A，即得(2.3.3). □

引理 2.3.1 及引理 2.3.2 是 Ingham[45]和 Binmore 分别得到的. 请参阅 Anderson 与 Binmore [25]以及余家荣[90]. 只用引理 2.3.1 而不用引理 2.3.2，可以导出与(2.3.3)类似的不等式. 虽然这不等式没有(2.3.3)精确，但应用到下章以后的若干结果已经够了.

第三章 奇异点与增长性

本章应用 Dirichlet 级数的系数估计，研究 Dirichlet 级数的奇异点以及 Dirichlet 级数定义的整函数或半平面内解析函数的增长性.

3.1 奇 异 点

关于 Dirichlet 级数的奇异点，曾经有广泛的结果. 这里只用定理 2.2.1 来证明关于"缺项"级数的结果.

引理 3.1.1 设序列 $\{\lambda_n\}$ 满足 $0 < \lambda_n \uparrow + \infty$，并且
$$\lim_{n \to \infty}(\lambda_{n+1} - \lambda_n) = h > 0. \tag{3.1.1}$$
那么
$$\varlimsup_{n \to \infty} \frac{n}{\lambda_n} = \varlimsup_{x \to +\infty} \frac{N(x)}{x} = D < +\infty, \tag{3.1.2}$$
并且 $Dh \leqslant 1$，其中，
$$N(x) = \sup\{n : \lambda_n \leqslant x\}.$$

在本节中，用 D 表示 (3.1.2) 中出现的常数.

证 由 (3.1.1)，$\forall \varepsilon \in (0, h)$，$\exists n_\varepsilon \in \mathbf{N}$，使得 $\forall n \geqslant n_\varepsilon$，有 $\lambda_{n+1} - \lambda_n > h - \varepsilon$. 因此对于任意的正整数 p，
$$\lambda_{n_\varepsilon + p} - \lambda_{n_\varepsilon} > p(h - \varepsilon).$$
于是

$$\frac{p+n_\varepsilon}{\lambda_{n_\varepsilon+p}} < \left(1+\frac{\lambda_{n_\varepsilon}}{\lambda_{n_\varepsilon+p}}\right)\frac{1}{h-\varepsilon} + \frac{n_\varepsilon}{\lambda_{n_\varepsilon+p}}.$$

从而

$$\varlimsup_{n\to\infty}\frac{n}{\lambda_n} = \varlimsup_{p\to\infty}\frac{p+n_\varepsilon}{\lambda_{n_\varepsilon+p}} \leqslant \frac{1}{h-\varepsilon}.$$

注意到 ε 的任意性，我们有

$$D = \varlimsup_{n\to\infty}\frac{n}{\lambda_n} \leqslant \frac{1}{h} < +\infty.$$

其次，$\forall x \in [\lambda_n, \lambda_{n+1})$,

$$\frac{n}{\lambda_{n+1}} \leqslant \frac{N(x)}{x} \leqslant \frac{n}{\lambda_n}.$$

由此可得不等式(3.1.2). □

由求导数可证明：

引理 3.1.2 当 $x \in (0, e^{-1}]$ 时，函数 $x \ln x$ 是递减的.

引理 3.1.3 在引理 3.1.1 的条件下，

$$\varlimsup_{n\to\infty}\frac{\ln \Lambda_n^{-1}(\lambda_n)}{\lambda_n} \leqslant \begin{cases} [9 - 3\ln hD]D, & \text{若 } D > 0; \\ 0, & \text{若 } D = 0, \end{cases} \quad (3.1.3)$$

其中 D 的意义见(3.1.2),

$$\Lambda_n(\lambda_k) = \prod_{m=1,\,m\neq n}^{+\infty}\left|1 - \frac{\lambda_n^2}{\lambda_m^2}\right|.$$

证 取 $h' \in (0, h)$，$\exists p \in \mathbf{N}$，使得 $\forall n \geqslant p$，有 $\lambda_{n+1} - \lambda_n > h'$. 记 $h' = h_p$. 令

$$\mu_n = \lambda_{p+n}, \quad N_p(x) = \max\{N(x) - p, 0\}.$$

取 $a > 1$ 及正整数 $m > p$. 用 N 表示 $N_p(a\mu_m)$. 令

$$\begin{aligned}
M_m(z) &= \prod_{q=1,\,q\neq m}^{\infty}\left|1 - \frac{z^2}{\mu_q^2}\right| \\
&= \prod_{q=1,\,q\neq m}^{N}\left|1 - \frac{z^2}{\mu_q^2}\right| \prod_{q=N+1}^{\infty}\left|1 - \frac{z^2}{\mu_q^2}\right| \\
&= A_m(z)B_m(z).
\end{aligned}$$

显然
$$\varlimsup_{m\to\infty}\frac{\ln M_m^{-1}(\mu_m)}{\mu_m}=\varlimsup_{n\to\infty}\frac{\ln \Lambda_n^{-1}(\lambda_n)}{\lambda_n}. \tag{3.1.4}$$

为证(3.1.3),先估计 $M_m(\mu)$ 的两个因子 $A_m(\mu)$ 和 $B_m(\mu)$. 为简单计,用 μ 表示 μ_m. 我们有

$$\begin{aligned}\ln A_m(\mu) &= \sum_{q=1,\,q\neq m}^{N}\ln\left|1-\frac{\mu^2}{[\mu+(\mu_q-\mu)]^2}\right| \\ &\geqslant \sum_{k=1-n}^{-1}\ln\left(\left(\frac{\mu}{\mu+kh_p}\right)^2-1\right) \\ &\quad + \sum_{k=1}^{N-m}\ln\left(1-\left(\frac{\mu}{\mu+kh_p}\right)^2\right).\end{aligned}$$

由于函数 $1-\left(\frac{\mu}{\mu+xh_p}\right)^2$ 在 $x>-\frac{\mu}{h_p}$ 时是递增的,

$$\begin{aligned}\ln A_m(\mu) &\geqslant \int_{-m+1}^{0}\ln\left(\left(\frac{\mu}{\mu+xh_p}\right)^2-1\right)\mathrm{d}x \\ &\quad + \int_{0}^{N-m}\ln\left(1-\left(\frac{\mu}{\mu+xh_p}\right)^2\right)\mathrm{d}x \\ &\geqslant \int_{-m+1}^{N-m}\ln\left(h_p|x|\frac{2\mu+h_px}{(\mu+h_px)^2}\right)\mathrm{d}x \\ &= \frac{1}{h_p}\int_{h_p(1-m)}^{h_p(N-m)}\ln\frac{|t|}{\mu+t}\,\mathrm{d}t \\ &= \frac{1}{h_p}\int_{h_p(1-m)}^{h_p(N-m)}\ln\frac{\mu}{\mu+t}\,\mathrm{d}t + \frac{1}{h_p}\int_{h_p(1-m)}^{h_p(N-m)}\ln\frac{|t|}{\mu}\,\mathrm{d}t \\ &\geqslant (N-1)\ln\frac{\mu}{\mu+(N-m)h_p} \\ &\quad + \frac{1}{h_p}\int_{h_p(1-m)}^{h_p(N-m)}\ln\frac{|t|}{\mu}\,\mathrm{d}t.\end{aligned}$$

因为 $Nh_p=N(a\mu)h_p\leqslant a\mu$,所以当 $|t|\leqslant Nh_p$ 时,$|t|\leqslant a\mu$. 又

$$\ln\left(1+\frac{(N-m)h_p}{\mu}\right)\leqslant\frac{(N-m)h_p}{\mu},$$

于是当 m 充分大时,

$$\ln A_m(\mu) \geqslant -(N-1)(N-m)\frac{h_p}{\mu}$$
$$+ \frac{1}{h_p}\int_{h_p(1-m)}^{h_p(N-m)}\left(\ln\frac{|t|}{a\mu} + \ln a\right)dt$$
$$\geqslant -N(N-m)\frac{h_p}{\mu} + (N-1)\ln a + \frac{2}{h_p}\int_0^{h_p N}\ln\frac{t}{a\mu}dt$$
$$\geqslant -(N-m)a + (N-1)\ln a + \frac{2a\mu}{h_p}\int_0^{\frac{h_p N}{a\mu}}\ln\tau\,d\tau$$
$$\geqslant 2N\ln\frac{h_p N}{a\mu} - (2+a-\ln a)N + ma - \ln a.$$

现在估计 $2N\ln\dfrac{h_p N}{a\mu}$. 设 $D>0$. $\forall\varepsilon>0$, 当 m 充分大时,
$$\frac{N}{a\mu} = \frac{N_p(a\mu_m)}{a\mu_m} < (1+\varepsilon)D.$$

从而
$$\frac{h_p N}{a\mu\mathrm{e}(1+\varepsilon)} \leqslant \frac{h_p D}{\mathrm{e}} \leqslant \frac{1}{\mathrm{e}}.$$

由引理 3.1.2,
$$2N\ln\frac{h_p N}{a\mu} = 2\,\frac{h_p N}{a\mu(1+\varepsilon)\mathrm{e}}\ln\frac{h_p N}{a\mu(1+\varepsilon)\mathrm{e}}\cdot\frac{a\mu(1+\varepsilon)\mathrm{e}}{h_p}$$
$$+ 2N\ln(1+\varepsilon)\mathrm{e}$$
$$\geqslant 2\left(\frac{h_p D}{\mathrm{e}}\ln\frac{h_p D}{\mathrm{e}}\right)\cdot\frac{a\mu(1+\varepsilon)\mathrm{e}}{h_p} + 2N\ln(1+\varepsilon)\mathrm{e}$$
$$= 2a(1+\varepsilon)\mu D\ln h_p D - 2a(1+\varepsilon)\mu D$$
$$+ 2N\ln(1+\varepsilon)\mathrm{e}.$$

另一方面, 由 $\lim\limits_{x\to+\infty}\dfrac{N_p(x)}{x} = D < +\infty$ 可推得
$$\lim_{x\to+\infty}N_p(x)\ln\left(1-\frac{\mu^2}{x^2}\right) = 0.$$

于是由分部积分法可导出: 当 m 充分大时,

$$\ln B_m(\mu) \geqslant \int_{a\mu}^{+\infty} \ln\left(1 - \frac{\mu^2}{x^2}\right) dN_p(x)$$

$$= -N_p(a\mu)\ln(1-a^{-2}) - 2\mu^2 \int_{a\mu}^{+\infty} \frac{N_p(x)}{x(x^2-\mu^2)} dx$$

$$\geqslant -N\ln(1-a^{-2}) - 2\mu^2(D+\varepsilon)\int_{a\mu}^{+\infty} \frac{1}{x^2-\mu^2} dx$$

$$= -N\ln(1-a^{-2}) + \mu(D+\varepsilon)\ln\frac{a-1}{a+1}.$$

由(3.1.4),我们有

$$\varlimsup_{n\to\infty}\frac{\ln \Lambda_n^{-1}(\lambda_n)}{\lambda_n} \leqslant \varlimsup_{m\to\infty}\frac{\ln A_m^{-1}(\mu_m)}{\mu_m} + \varlimsup_{m\to\infty}\frac{\ln B_m^{-1}(\mu_m)}{\mu_m}$$

$$\leqslant 2a(1+\varepsilon)D + (2+a-\ln a)aD$$

$$- 2a(1+\varepsilon)D\ln h_p D - 2aD\ln(1+\varepsilon)e$$

$$+ aD\ln(1-a^{-2}) + (D+\varepsilon)\ln\frac{a+1}{a-1}.$$

在上式中令 $\varepsilon \to 0$, $p \to \infty$, 就得到

$$\varlimsup_{n\to\infty}\frac{\ln \Lambda_n^{-1}(\lambda_n)}{\lambda_n} \leqslant G(a)D - 2aD\ln hD,$$

其中,

$$G(a) = a\left(4 + a + \ln\frac{a^2-1}{a^3} + \frac{1}{a}\ln\frac{a+1}{a-1}\right).$$

令 $a = \frac{3}{2}$, 就得到引理 3.1.3 中 $D>0$ 时的结论. $D=0$ 时的证明可以在检验以上证明时得到. □

由 Mandelbrojt 不等式[13]或定理 2.2.1 以及引理 3.1.3, 可证明下列定理. 它包含了 Ostrowski 定理($D>0$ 的情形)及 Carlson-Landau 定理($D=0$ 的情形).

定理 3.1.1 设 Dirichlet 级数

$$f(s) = \sum_{n=1}^{\infty} a_n e^{-\lambda_n s} \quad (0 < \lambda_n \uparrow +\infty) \qquad (3.1.5)$$

的收敛横坐标 $\sigma_c \in \mathbf{R}$, 并且满足条件(3.1.1). 那么 $\forall t \in \mathbf{R}$, 函数

$f(s)$ 在闭圆盘

$$|s - \sigma_c - \mathrm{i}t| \leqslant 3D\left(3 + \frac{\pi}{3} - \ln hD\right)$$

上至少有一个奇异点；当 $D = 0$ 时，收敛轴 $\mathrm{Re}\,s = \sigma_c$ 是函数 $f(s)$ 的自然边界.

证 设函数 $f(s)$ 可以从收敛半平面沿带形 $|\mathrm{Im}\,s - t_0| < \pi R$ 解析开拓到圆盘 $|s - s_0| < \pi R$，其中，$R > D$，$s_0 = \sigma_0 + \mathrm{i}t_0$. 由定理 2.2.1，对于任意的正整数 k，

$$|a_k| < \pi R L_k(\pi R) \Lambda_k^{-1}(\lambda_k) M(s_0, \pi R) \mathrm{e}^{\lambda_k \sigma_0},$$

其中的 $L_k(\pi R)$ 及 $M(s_0, \pi R)$ 的意义见定理 2.2.1. 于是由引理 3.1.3，

$$\sigma_c = \varlimsup_{k \to \infty} \frac{\ln |a_k|}{\lambda_k} \leqslant \varlimsup_{k \to \infty} \frac{\ln \Lambda_k^{-1}(\lambda_k)}{\lambda_k} + \sigma_0$$

$$\leqslant \sigma_0 + 3(3 - \ln hD)D.$$

当 $D > 0$ 时，就有

$$|s - \sigma_c - \mathrm{i}t_0| \leqslant |\sigma_c - \sigma_0| + |s - \sigma_0 - \mathrm{i}t_0|$$

$$\leqslant 3(3 - \ln hD)D + \pi R.$$

令 $R \to D$，可见 $f(s)$ 在闭圆盘

$$|s - \sigma_c - \mathrm{i}t_0| \leqslant 3\left(3 + \frac{\pi}{3} - \ln hD\right)D$$

上至少有一个奇异点.

当 $D = 0$ 时，收敛轴 $\mathrm{Re}\,s = \sigma_c$ 是函数 $f(s)$ 的自然边界. □

关于 $f(s)$ 的奇异点，曾经有大量的研究成果，请参阅 [2]，[3]，[14]，[15].

3.2 整函数的增长性

在本节中，先在条件

$$\varlimsup_{n \to \infty} \frac{\ln n}{\lambda_n} = E < +\infty \tag{3.2.1}$$

3.2 整函数的增长性

及条件
$$\varlimsup_{n\to\infty}\frac{\ln|a_n|}{\lambda_n}=-\infty \qquad (3.2.2)$$

下研究不是 Dirichlet 多项式的级数(3.1.5). 由定理 1.2.1, 对于级数(3.1.5),
$$\sigma_c=\sigma_u=\sigma_a=-\infty.$$

于是级数(3.1.5)的和 $f(s)$ 是整函数. 为了描述这个函数的增长性, 可以按照 Ritt 的想法, 定义它的**级**
$$\varlimsup_{\sigma\to-\infty}\frac{\ln\ln M(\sigma)}{-\sigma}=\rho$$

及**下级**
$$\varliminf_{\sigma\to-\infty}\frac{\ln\ln M(\sigma)}{-\sigma}=\tau,$$

也可以称它们分别为(R)-**级**和(R)-**下级**, 这里
$$M(\sigma)=\sup_{t\in\mathbf{R}}|f(\sigma+it)|.$$

现在要导出函数 $f(s)$ 的级和下级与级数的指数、系数的关系. 先证几个引理.

引理 3.2.1 对于级数(3.1.5), 在条件(3.2.1)及(3.2.2)下, $\forall \varepsilon>0$, $\forall \sigma\in\mathbf{R}$, 有
$$m(\sigma)\leqslant M(\sigma)\leqslant K(\varepsilon)m(\sigma-E-\varepsilon), \qquad (3.2.3)$$

其中,
$$m(\sigma)=\max_{n\in\mathbf{N}}|a_n|e^{-\lambda_n\sigma},$$

$K(\varepsilon)$ 是一个与 $f(s)$ 和 ε 有关的正数.

证 $\forall \varepsilon>0$, 存在正整数 $n_0=n_0(\varepsilon)$, 使得
$$\ln n<\left(E+\frac{\varepsilon}{2}\right)\lambda_n \quad (n>n_0).$$

因此

$$M(\sigma) \leqslant \sum_{n=1}^{n_0} |a_n| e^{-\lambda_n \sigma} + \sum_{n=n_0+1}^{\infty} |a_n| e^{-\lambda_n(\sigma - E - \varepsilon)} e^{-\lambda_n(E+\varepsilon)}$$

$$\leqslant n_0 m(\sigma) + m(\sigma - E - \varepsilon) \sum_{n=n_0+1}^{\infty} n^{-\frac{E+\varepsilon}{E+\varepsilon/2}}$$

$$\leqslant K(\varepsilon) m(\sigma - E - \varepsilon).$$

(3.2.3)的后一半得证. 前一半可由系 2.1.1 导出. □

由上述引理立即得到

引理 3.2.2 在引理 3.2.1 的条件下,
$$\varlimsup_{\sigma \to -\infty} \frac{\ln \ln m(\sigma)}{-\sigma} = \rho, \quad \varliminf_{\sigma \to -\infty} \frac{\ln \ln m(\sigma)}{-\sigma} = \tau.$$

由此可见,要研究 $f(s)$ 的增长性,只要研究 $m(\sigma)$ 的增长性即可.

引理 3.2.3 设 b 是一正的常数,σ 是任一实数. 那么函数
$$\varphi(x) = -bx \ln x - x\sigma \quad (x > 0)$$
在 $x = x_0 = e^{-\frac{\sigma}{b}-1}$ 时达到最大值 $b e^{-\frac{\sigma}{b}-1}$.

实际上,$\varphi(x)$ 是区间 $(0, +\infty)$ 上的凹函数,并且 $x = x_0$ 是它的驻点.

引理 3.2.4 设 c 是一正的常数,x 是任一正实数. 那么函数
$$\psi(\sigma) = e^{-c\sigma} + x\sigma \quad (-\infty < \sigma < +\infty)$$
在 $\sigma = \sigma_0 = \frac{\ln c - \ln x}{c}$ 时达到最小值 $\frac{x}{c}(\ln ce - \ln x)$.

实际上,$\psi(\sigma)$ 是区间 $(-\infty, +\infty)$ 上的凸函数,并且 $\sigma = \sigma_0$ 是它的驻点.

定理 3.2.1 设级数 (3.1.5) 满足条件 (3.2.1) 和 (3.2.2). 那么

3.2 整函数的增长性

函数 $f(s)$ 有级 $\rho \Leftrightarrow \varlimsup_{n\to\infty} \dfrac{\ln|a_n|}{\lambda_n \ln\lambda_n} = \begin{cases} -\infty, & \text{若 } \rho=0; \\ -\dfrac{1}{\rho}, & \text{若 } 0<\rho<+\infty; \\ 0, & \text{若 } \rho=+\infty. \end{cases}$

证 先在 ρ 为正有限数的情形下证明必要性. 由引理3.2.2, $\forall \varepsilon>0$, 当 $-\sigma$ 充分大时, 对于任意的正整数 n,
$$|a_n|\mathrm{e}^{-\lambda_n\sigma} \leqslant m(\sigma) < \exp\{\mathrm{e}^{-(\rho+\varepsilon)\sigma}\}.$$
于是
$$\ln|a_n| < \mathrm{e}^{-(\rho+\varepsilon)\sigma} + \lambda_n\sigma.$$
由此可见, 对于充分大的 n, 取
$$\sigma = -\frac{\ln\lambda_n - \ln(\rho+\varepsilon)}{\rho+\varepsilon},$$
那么 $-\sigma$ 充分大; 由引理 3.2.4,
$$\ln|a_n| < \frac{\lambda_n}{\rho+\varepsilon} - \frac{\lambda_n}{\rho+\varepsilon}[\ln\lambda_n - \ln(\rho+\varepsilon)].$$
于是
$$\varlimsup_{n\to\infty} \frac{\ln|a_n|}{\lambda_n \ln\lambda_n} \leqslant -\frac{1}{\rho+\varepsilon}.$$
再由 ε 的任意性, 就有
$$\varlimsup_{n\to\infty} \frac{\ln|a_n|}{\lambda_n \ln\lambda_n} \leqslant -\frac{1}{\rho}.$$

假设上式中不等号成立. 那么 $\exists \delta \in (0,\rho)$, 使得
$$\varlimsup_{n\to\infty} \frac{\ln|a_n|}{\lambda_n \ln\lambda_n} < -\frac{1}{\rho-\delta}.$$
因此当 n 充分大时,
$$\ln|a_n|\mathrm{e}^{-\lambda_n\sigma} < -\frac{\lambda_n \ln\lambda_n}{\rho-\delta} - \lambda_n\sigma.$$
由此可见, 对于充分大的 $-\sigma$, 由引理 3.2.3,
$$\ln m(\sigma) < \frac{1}{\rho-\delta}\exp\{-(\rho-\delta)\sigma-1\}.$$

于是
$$\varlimsup_{\sigma\to-\infty}\frac{\ln\ln m(\sigma)}{-\sigma}\leqslant\rho-\delta.$$

这与证明必要性时所作的假设矛盾. 因此
$$\varlimsup_{n\to\infty}\frac{\ln|a_n|}{\lambda_n\ln\lambda_n}=-\frac{1}{\rho} \tag{3.2.4}$$

是 $f(s)$ 有级 ρ 的必要条件. 下面证明它也是充分条件.

设条件(3.2.4)成立. 那么 $\forall \varepsilon>0$, 当 n 充分大时,
$$\ln|a_n|<-\frac{1}{\rho+\varepsilon}\lambda_n\ln\lambda_n.$$

于是对于任意的 σ,
$$\ln|a_n|e^{-\lambda_n\sigma}\leqslant-\frac{1}{\rho+\varepsilon}\lambda_n\ln\lambda_n-\lambda_n\sigma.$$

对于充分大的 $-\sigma$, 由引理 3.2.3,
$$\ln m(\sigma)\leqslant\frac{1}{\rho+\varepsilon}e^{-(\rho+\varepsilon)\sigma-1}.$$

从而有
$$\varlimsup_{\sigma\to-\infty}\frac{\ln\ln m(\sigma)}{-\sigma}\leqslant\rho+\varepsilon,$$

因此
$$\varlimsup_{\sigma\to-\infty}\frac{\ln\ln m(\sigma)}{-\sigma}\leqslant\rho.$$

假设上式中不等号成立. 那么 $\exists\eta\in(0,\rho)$, 使得
$$\varlimsup_{\sigma\to-\infty}\frac{\ln\ln m(\sigma)}{-\sigma}<\rho-\eta.$$

因此对于充分大的 $-\sigma$, 对于任意的正整数 n,
$$\ln|a_n|e^{-\lambda_n\sigma}<e^{-(\rho-\eta)\sigma}.$$

从而
$$\ln|a_n|<e^{-(\rho-\eta)\sigma}+\lambda_n\sigma.$$

由此可见, 对充分大的 n, 由引理 3.2.4,

$$\ln|a_n| < \frac{\lambda_n}{\rho - \eta}\{\ln(\rho - \eta)\mathrm{e} - \ln\lambda_n\}.$$

于是

$$\varlimsup_{n\to\infty} \frac{\ln|a_n|}{\lambda_n \ln\lambda_n} \leqslant -\frac{1}{\rho - \eta}.$$

这与(3.2.4)矛盾. 因此(3.2.4)是 $f(s)$ 有级 ρ 的充分条件.

以上在 ρ 为正有限数的情形下证明了定理. 对 $\rho = 0$ 或 $+\infty$ 的情形, 证明可类似作出. □

现仍然在条件(3.2.1)和(3.2.2)下, 研究函数 $f(s)$ 的下级. 先作出与 $f(s)$ 相应的 Newton 多边形. 在 xOy 平面上作点列

$$\{A_n\} = \{\lambda_n, -\ln|a_n|\}.$$

从这个点列出发作一向下凸的 Newton 多边形 $\pi(f)$, 其顶点是点列 $\{A_n\}$ 中的点, $\{A_n\}$ 中的其他各点或在 $\pi(f)$ 的边上, 或在 $\pi(f)$ 的上方(如图 3-1).

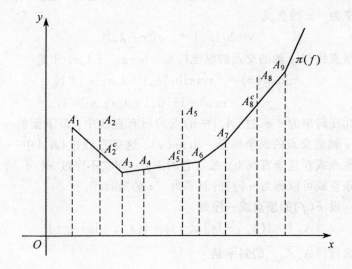

图 3-1

这种多边形的作法如下：从点 A_1 出发，垂直向下作一条射线．让这条射线按反时针方向旋转，一旦遇到点列 $\{A_n\}$ 中其他点就停止转动．考察在射线新位置上 $\{A_n\}$ 中的点，设其中距点 A_1 最远的是 A_3，取线段 $\overline{A_1A_3}$ 作为多边形 $\pi(f)$ 的一边，如图 3-1. 然后延长线段 $\overline{A_1A_3}$，得到从 A_3 出发的一条射线．使其按反时针方向旋转，遇到 $\{A_n\}$ 中其他点就停止转动．考察在射线新位置上 $\{A_n\}$ 中的点，设其中距 A_3 最远的是 A_6，如图 3-1. 取线段 $\overline{A_3A_6}$ 作为 $\pi(f)$ 的一边．依次类推，就可以作出 Newton 多边形 $\pi(f)$．作出多边形 $\pi(f)$ 后，过点 A_n 作 x 轴的垂线，假设垂线与 $\pi(f)$ 的交点是

$$A_n^c = (\lambda_n, -\ln|a_n^c|).$$

这时，如果 A_n 是 $\pi(f)$ 的顶点或在 $\pi(f)$ 的边上，那么 A_n 就与 A_n^c 重合．

现在通过多边形 $\pi(f)$ 考察 $m(\sigma)$ 的几何意义．过点 A_n，作斜率为 $-\sigma$ 的直线

$$y + \ln|a_n| = -\sigma(x - \lambda_n).$$

这条直线与 y 轴的交点的纵坐标是 $-\ln|a_n| + \lambda_n\sigma$．于是

$$-\ln m(\sigma) = -\max\{\ln|a_n| - \lambda_n\sigma : n \geq 1\}$$
$$= \min\{-\ln|a_n| + \lambda_n\sigma : n \geq 1\}.$$

因此在斜率为 $-\sigma$、过 $\{A_n\}$ 中的点的所有直线中，最下面的一条与 y 轴的交点的纵坐标是 $-\ln m(\sigma)$．这条直线过 $\{A_n\}$ 中一点，其他点或在这条直线上，或在它的上方，即它不穿过 $\pi(f)$．于是这条直线可以称为 $\pi(f)$ 的斜率为 $-\sigma$ 的"切线"．

设 $\pi(f)$ 的顶点成一序列

$$\{A_{n_k}\} = \{(\lambda_{n_k}, -\ln|a_{n_k}^c|)\} = \{(\lambda_{n_k}, -\ln|a_{n_k}|)\}.$$

那么线段 $\overline{A_{n_k}A_{n_{k+1}}}$ 的斜率是

$$\sigma_k = \frac{-\ln|a_{n_{k+1}}| + \ln|a_{n_k}|}{\lambda_{n_{k+1}} - \lambda_{n_k}} \uparrow +\infty.$$

3.2 整函数的增长性

当 $\sigma \in (\sigma_{k-1}, \sigma_k)$ 时,
$$m(\sigma) = |a_{n(\sigma)}| e^{-\lambda_{n(\sigma)}\sigma},$$
这里 $n(\sigma) = n_k$. 当 $\sigma = \sigma_k$ 时,
$$m(\sigma) = |a_n^c| e^{-\lambda_n \sigma},$$
这里 $n = n_k, n_k+1, n_k+2, \cdots$ 或 $n = n_{k+1}-1$. 取 $n(\sigma_k) = n_{k+1}$. 那么
$$m(\sigma_k) = |a_{n(\sigma_k)}| e^{-\lambda_{n(\sigma_k)}\sigma_k} = |a_{n_{k+1}}| e^{-\lambda_{n_{k+1}}\sigma_k}.$$

这样,$\forall \sigma > 0$,$\exists n(\sigma) \in \mathbf{N}$,使得
$$m(\sigma) = |a_{n(\sigma)}| e^{-\lambda_{n(\sigma)}\sigma}.$$
反之,$\forall n(>0) \in \mathbf{N}$,$\exists \sigma'_n \in \mathbf{R}$,使得
$$m(\sigma'_n) = |a_n^c| e^{-\lambda_n \sigma'_n},$$
其中 $\{\sigma'_n\}$ 是趋于 $-\infty$ 的递减序列,但不一定是严格递减的. 我们把
$$\{n(\sigma): \sigma \in \mathbf{R}\} = \{n_k\}$$
称为序列 $\{A_n\}$ 的**主要指标序列**.

由上述可知,已给两个形如(3.1.5)的整函数,如果它们的 Newton 多边形相同,那么相应的 $m(\sigma)$ 也相同,从而相应的级、下级也分别相同.

例如,与级数(3.1.5)对应,级数
$$f_1(s) = \sum_{n=1}^{\infty} |a_n^c| e^{-\lambda_n s} \qquad (3.1.5)_1$$
与
$$f_2(s) = \sum_{k=1}^{\infty} a_{n_k} e^{-\lambda_{n_k} s} \qquad (3.1.5)_2$$
都和级数(3.1.5)有相同的 Newton 多边形,于是它们所决定的整函数有相同的级与下级.

关于 $m(\sigma)$ 与 $|a_n^c|$ 及 λ_n 的关系,还有下面的引理:

引理 3.2.5
$$\ln m(\sigma) = \sup\{\ln|a_n^c| - \lambda_n\sigma : n \geq 1\},$$
$$\ln|a_n^c| = \inf\{\ln m(\sigma) + \lambda_n\sigma : \sigma \in \mathbf{R}\}.$$

证 第一个等式的证明见前. 现证明第二个等式. $\forall n \in \mathbf{N}$ ($n \geq 1$), $\exists \sigma_n \in \mathbf{R}$, 使得
$$\ln m(\sigma_n) = \ln|a_n^c| - \lambda_n\sigma_n.$$
于是
$$\inf\{\ln m(\sigma) + \lambda_n\sigma : \sigma \in \mathbf{R}\} \leq \ln m(\sigma_n) + \lambda_n\sigma_n = \ln|a_n^c|.$$
另一方面, $\forall \sigma_0 \in \mathbf{R}$, 设 $\pi(f)$ 的斜率为 $-\sigma_0$ 的"切线"是
$$y + \ln|a_{k_0}^c| = -\sigma_0(x - \lambda_{k_0}).$$
于是点 $(\lambda_n, -\ln|a_n^c|)$ 或在这"切线"上, 或在它的上方, 即
$$\ln|a_n^c| \leq \ln|a_{k_0}^c| - \lambda_{k_0}\sigma_0 + \lambda_n\sigma_0.$$
由于 σ_0 的任意性,
$$\ln|a_n^c| \leq \inf\{\ln m(\sigma) + \lambda_n\sigma : \sigma \in \mathbf{R}\}. \qquad \Box$$

关于下级的定理如下:

定理 3.2.2 设级数 (3.1.5) 满足条件 (3.2.1) 和 (3.2.2), 并且
$$\lim_{n \to \infty} \frac{\ln \lambda_{n+1}}{\ln \lambda_n} = 1. \tag{3.2.5}$$
那么

函数 $f(s)$ 有下级 τ
$$\Leftrightarrow \varliminf_{n \to \infty} \frac{\ln|a_n^c|}{\lambda_n \ln \lambda_n} = \begin{cases} -\infty, & \text{若 } \tau = 0; \\ -\dfrac{1}{\tau}, & \text{若 } 0 < \tau < +\infty; \\ 0, & \text{若 } \tau = +\infty. \end{cases}$$

证 先在 τ 为正有限数的情形下证明必要性. 假设 $f(s)$ 有下级 τ. 那么根据引理 3.2.2, $\forall \varepsilon > 0$, 当 $-\sigma$ 充分大时,
$$m(\sigma) > \exp\{e^{-(\tau-\varepsilon)\sigma}\}.$$

对充分大的 n,取 σ_n' 使
$$|a_n^c|e^{-\lambda_n \sigma_n'} = m(\sigma_n') > \exp\{e^{-(\tau-\varepsilon)\sigma_n'}\}.$$
于是
$$\ln|a_n^c| > e^{-(\tau-\varepsilon)\sigma_n'} + \lambda_n \sigma_n'.$$
由引理 3.2.4,
$$\ln|a_n^c| > \frac{\lambda_n}{\tau-\varepsilon}(\ln(\tau-\varepsilon)e - \ln\lambda_n).$$
于是得
$$\varlimsup_{n\to\infty} \frac{\ln|a_n^c|}{\lambda_n \ln \lambda_n} \geqslant -\frac{1}{\tau-\varepsilon}$$
及
$$\varlimsup_{n\to\infty} \frac{\ln|a_n^c|}{\lambda_n \ln \lambda_n} \geqslant -\frac{1}{\tau}.$$
假设上式中不等号成立. 那么 $\exists \delta \in (0,\tau)$, 使得
$$\varlimsup_{n\to\infty} \frac{\ln|a_n^c|}{\lambda_n \ln \lambda_n} > -\frac{1}{\tau+\delta}.$$
于是当 n 充分大时,
$$\ln|a_n^c| > -\frac{\lambda_n \ln \lambda_n}{\tau+\delta}.$$
从而
$$\ln m(\sigma) \geqslant \ln|a_n^c|e^{-\lambda_n \sigma} > -\frac{\lambda_n \ln \lambda_n}{\tau+\delta} - \lambda_n \sigma.$$

由引理 3.2.3, 变量 x 的函数 $-\dfrac{x \ln x}{\tau+\delta} - x\sigma$ 在
$$x = \exp\{-(\tau+\delta)\sigma - 1\} \tag{3.2.6}$$
时达到最大值 $\dfrac{1}{\tau+\delta}\exp\{-(\tau+\delta)\sigma-1\}$.

在 (3.2.6) 中取 $-\sigma$ 充分大. 那么相应的 x 必然充分大. 设 $x \in [\lambda_n, \lambda_{n+1}]$. 于是存在 σ_n'' 使得
$$\lambda_n = \exp\{-(\tau+\delta)\sigma_n'' - 1\},$$

从而
$$\frac{\ln \lambda_{n+1}}{\ln \lambda_n} \geqslant \frac{\ln x}{\ln \lambda_n} \geqslant \frac{-(\tau+\delta)\sigma - 1}{-(\tau+\delta)\sigma_n'' - 1} \geqslant 1.$$

由(3.2.5),
$$\lim_{n\to\infty} \frac{\sigma}{\sigma_n''} = 1.$$

又
$$\ln m(\sigma) \geqslant \ln m(\sigma_n'') \geqslant \frac{1}{\tau+\delta} \exp\{-(\tau+\delta)\sigma_n'' - 1\}.$$

由此得
$$\varliminf_{\sigma\to-\infty} \frac{\ln\ln m(\sigma)}{-\sigma} \geqslant \varliminf_{n\to\infty} \frac{\ln\ln m(\sigma_n'')}{-\sigma_n''} \geqslant \tau+\delta.$$

这与所设的 $f(s)$ 有下级 τ 的条件相矛盾. 于是在 τ 为正有限数的情形下证明了函数 $f(s)$ 有下级 τ 的必要条件,类似地可证明充分条件.

对 $\tau = 0$ 或 $+\infty$ 的情形,证明可类似作出. □

从对 Newton 多边形所作的说明,可以得到与定理 3.2.2 相近的结论:

系 3.2.1 设级数(3.1.5)满足条件(3.2.1)和(3.2.2),并且
$$\lim_{k\to\infty} \frac{\ln \lambda_{n_k+1}}{\ln \lambda_{n_k}} = 1. \qquad (3.2.5)'$$

那么

函数 $f(s)$ 有下级 τ

$$\Leftrightarrow \varliminf_{k\to\infty} \frac{\ln|a_{n_k}|}{\lambda_{n_k}\ln\lambda_{n_k}} = \begin{cases} -\infty, & \text{若 } \tau = 0; \\ -\dfrac{1}{\tau}, & \text{若 } 0 < \tau < +\infty; \\ 0, & \text{若 } \tau = +\infty. \end{cases}$$

结合定理 3.2.1 及定理 3.2.2 得

系 3.2.2 设级数(3.1.5)满足条件(3.2.1),(3.2.2)及

(3.2.5). 那么

$$\lim_{\sigma \to -\infty} \frac{\ln \ln M(\sigma)}{-\sigma} = \rho$$

$$\Leftrightarrow \lim_{n \to \infty} \frac{\ln |a_n|}{\lambda_n \ln \lambda_n} = \begin{cases} -\infty, & \text{若 } \rho = 0; \\ -\dfrac{1}{\rho}, & \text{若 } 0 < \rho < +\infty; \\ 0, & \text{若 } \rho = +\infty. \end{cases}$$

现考察函数 $f(s)$ 在水平带形中的增长性. 设 $B_{t_0, a}$ 是一水平带形:

$$B_{t_0, a} = \{\sigma + it : \sigma \in \mathbf{R}, |t - t_0| < \pi a\},$$

其中, $t_0 \in \mathbf{R}$, $a > 0$.

把 $B_{t_0, a}$ 简记为 B. $\forall \sigma \in \mathbf{R}$, 令

$$M_B(\sigma) = \sup\{|f(\sigma + it)| : |t - t_0| < \pi a\}.$$

在函数 $f(s)$ 的级和下级的定义中, 用 $M_B(\sigma)$ 代替 $M(\sigma)$, 就得到 $f(s)$ 在带形 B 中的**级** ρ_B 和**下级** τ_B 的定义. 我们有

定理 3.2.3 设 (3.1.5) 定义的整函数 $f(s)$ 满足条件 (3.1.1) 及 (3.1.2). 设 B 是宽度大于 πD 的任何带形. 那么

1) $\rho_B = \rho$;
2) 如果条件 (3.2.5) 成立, 那么 $\tau_B = \tau$.

证 $\forall t_1 \in \mathbf{R}$, 取 $R > D$. 设

$$B = \{\sigma + it : \sigma \in \mathbf{R}, |t - t_1| < \pi R\}.$$

设 $s_0 = \sigma_0 + it_0$. 由定理 2.2.1, 对于任意的正整数 k,

$$|a_k| < \pi R L_k(\pi R) \Lambda_k^{-1}(\lambda_k) M(s_0, \pi R) e^{\lambda_k \sigma_0}$$

$$\leqslant \pi R L(\pi R) \Lambda_k^{-1}(\lambda_k) M_B(\sigma^*) e^{\lambda_k \sigma^*} e^{\lambda_k (\sigma_0 - \sigma^*)},$$

其中, $|\sigma - \sigma^*| \leqslant \pi R$, 符号 $L_k(\pi R)$, $L(\pi R)$ 等的意义见 2.2 节. 由引理 3.1.3, 当 k 充分大时,

$$|a_k| < \pi R L(\pi R) e^{cR\lambda_k} M_B(\sigma^*) e^{\lambda_k \sigma^*},$$

其中 c 是一常数. 于是由引理 3.2.1, $\forall \varepsilon > 0$, 当 k 及 $-\sigma^*$ 都充分大时,
$$|a_k'|e^{-\lambda_k \sigma^*} \leqslant M_B(\sigma^*) \leqslant M(\sigma^*) \leqslant m(\sigma^* - \varepsilon),$$
其中,
$$a_k' = [\pi R L(\pi R)]^{-1} e^{-cR\lambda_k} a_k.$$
由此可见, 要证明这定理, 只要证明函数
$$F(s) = \sum_{k=1}^{\infty} a_k' e^{-\lambda_k s}$$
和函数 $f(s)$ 有相同的级和下级.

对于级, 显然有
$$\varlimsup_{k \to \infty} \frac{\ln|a_k^c|}{\lambda_k \ln \lambda_k} = \varlimsup_{k \to \infty} \frac{\ln|a_k|}{\lambda_k \ln \lambda_k} = \rho_B = \rho.$$

对于下级, 由引理 3.2.5,
$$\ln|a_k'^c| = \ln|a_k^c| - cR\lambda_k - \ln(\pi R \ln \pi R).$$
于是
$$\varliminf_{k \to \infty} \frac{\ln|a_k'^c|}{\lambda_k \ln \lambda_k} = \varliminf_{k \to \infty} \frac{\ln|a_k^c|}{\lambda_k \ln \lambda_k} = \tau_B = \tau. \qquad \square$$

对于其他描述 $f(s)$ 增长性的型及下型、准确级及下级、(p,q) 级及下级, 等等, 也可类似地进行讨论[96].

3.3 半平面内全纯函数的增长性

现在条件 (3.1.2) 及条件
$$\varlimsup_{n \to \infty} \frac{\ln|a_n|}{\lambda_n} = 0 \tag{3.3.1}$$
下考察级数 (3.1.5) 的增长性. 由定理 1.2.1, 对于级数 (3.1.5),
$$\sigma_c = \sigma_u = \sigma_a = 0.$$
因此级数的和 $f(s)$ 是在右半平面 $\operatorname{Re} s > 0$ 内全纯的函数. 可以仿照 Ritt 的方式, 定义 $f(s)$ 在右半平面 $\operatorname{Re} s > 0$ 内的**级**

3.3 半平面内全纯函数的增长性

$$\varlimsup_{\sigma \to 0^+} \frac{\ln^+ \ln^+ M(\sigma)}{-\ln \sigma} = \rho'$$

和下级

$$\varliminf_{\sigma \to 0^+} \frac{\ln^+ \ln^+ M(\sigma)}{-\ln \sigma} = \tau',$$

以描述它的增长性,这里的 $M(\sigma)$ 的定义同前,但 $\sigma > 0$. 另外

$$\ln^+ x = \begin{cases} \ln x, & \text{若 } x > 1; \\ 0, & \text{若 } x \in [0,1]. \end{cases}$$

为了考察 ρ' 和 τ' 与级数的系数及指数的关系,和上节相仿,先证几个引理.

引理 3.3.1 对于级数 (3.1.5),在条件 (3.1.2) 及 (3.3.1) 下,$\forall \varepsilon \in (0,1)$,当 $\sigma > 0$ 时,

$$m(\sigma) \leqslant M(\sigma) \leqslant K_1(\varepsilon) \frac{m((1-\varepsilon)\sigma)}{\sigma}, \tag{3.3.2}$$

其中 $m(\sigma)$ 的定义与上节相同,但 $\sigma > 0$;$K_1(\varepsilon)$ 是一个与 ε 和 $f(s)$ 有关的正数.

证 (3.3.2) 中前一个不等式的证明同前. 现证后一个不等式. 由 (3.1.2),$\forall \varepsilon > 0$,存在正整数 $n_0 = n_0(\varepsilon)$,使得

$$n < (D + \varepsilon) \lambda_n \quad (n > n_0).$$

取 $\sigma > 0$,$\varepsilon \in (0, \sigma)$,就有

$$M(\sigma) \leqslant \sum_{n=1}^{n_0} |a_n| e^{-\lambda_n \sigma} + \sum_{n=n_0+1}^{\infty} |a_n| e^{-\lambda_n(1-\varepsilon)\sigma} e^{-\lambda_n \varepsilon \sigma}$$

$$\leqslant n_0 m(\sigma) + m((1-\varepsilon)\sigma) \sum_{n=n_0+1}^{\infty} e^{-n\varepsilon\sigma/(D+\varepsilon)}$$

$$< n_0 m(\sigma) + \frac{m((1-\varepsilon)\sigma)}{1 - e^{-\varepsilon\sigma/(D+\varepsilon)}}.$$

由此可得 (3.3.2) 及下列引理. □

引理 3.3.2 在引理 3.3.1 的条件下,

$$\varlimsup_{\sigma\to 0^+}\frac{\ln^+\ln^+ m(\sigma)}{-\ln\sigma}=\rho',\quad \varlimsup_{\sigma\to 0^+}\frac{\ln^+\ln^+ m(\sigma)}{-\ln\sigma}=\tau'.$$

引理 3.3.3 设 $c\in(0,1)$ 和 $\sigma>0$ 都是常数. 那么函数
$$\varphi(x)=x^c-x\sigma\quad(x>0)$$
在 $x=\left(\dfrac{c}{\sigma}\right)^{\frac{1}{1-c}}$ 时达到最大值 $(1-c)\left(\dfrac{c}{\sigma}\right)^{\frac{c}{1-c}}$.

引理 3.3.4 设 c 及 x 都是正的常数. 那么函数
$$\psi(\sigma)=\sigma^{-c}+x\sigma\quad(\sigma>0)$$
在 $\sigma=\left(\dfrac{c}{x}\right)^{\frac{1}{c+1}}$ 时达到最小值 $(c+1)\left(\dfrac{x}{c}\right)^{\frac{c}{c+1}}$.

以上两个引理都可用求导数法得证.

定理 3.3.1 设级数 (3.1.5) 满足条件 (3.1.2) 和 (3.3.1). 那么在 $\mathrm{Re}\,s>0$ 内,
$$f(s)\text{有级 }\rho'\Leftrightarrow \varlimsup_{n\to\infty}\frac{\ln^+\ln^+|a_n|}{\ln\lambda_n}=\begin{cases}\dfrac{\rho'}{1+\rho'},&\text{若 }\rho'<+\infty;\\ 1,&\text{若 }\rho'=+\infty.\end{cases}$$

证 为方便计, 在此证明中, 记 $\rho=\rho'$. 考虑 $\rho<+\infty$ 的情形. 先证上式右端是函数 $f(s)$ 在右半平面 $\mathrm{Re}\,s>0$ 内有级 ρ 的必要条件. 由引理 3.3.2, $\forall\varepsilon>0$, 当 $\sigma>0$ 充分小时, 对于任意的正整数 n,
$$|a_n|e^{-\lambda_n\sigma}\leqslant m(\sigma)<\exp\{\sigma^{-(\rho+\varepsilon)}\}.$$
于是
$$\ln|a_n|<\sigma^{-(\rho+\varepsilon)}+\lambda_n\sigma.$$
由此可见, 对于充分大的 n, 如果取
$$\sigma=\left(\frac{\rho+\varepsilon}{\lambda_n}\right)^{\frac{1}{\rho+1+\varepsilon}},$$
那么由引理 3.3.4,

3.3 半平面内全纯函数的增长性

$$\ln|a_n| < (\rho+\varepsilon+1)\left(\frac{\lambda_n}{\rho+\varepsilon}\right)^{\frac{\rho+\varepsilon}{\rho+\varepsilon+1}}.$$

于是

$$\varlimsup_{n\to\infty}\frac{\ln^+\ln^+|a_n|}{\ln\lambda_n}\leqslant\frac{\rho+\varepsilon}{\rho+\varepsilon+1}.$$

再由 ε 的任意性,就有

$$\varlimsup_{n\to\infty}\frac{\ln^+\ln^+|a_n|}{\ln\lambda_n}\leqslant\frac{\rho}{\rho+1}.$$

假设上式中不等号成立. 那么 $\rho>0$,并且 $\exists\delta\in(0,\rho)$,使得

$$\varlimsup_{n\to\infty}\frac{\ln^+\ln^+|a_n|}{\ln\lambda_n}\leqslant\frac{\rho-\delta}{\rho-\delta+1}.$$

因此当 n 充分大时,

$$\ln|a_n|\mathrm{e}^{-\lambda_n\sigma}<\lambda_n^{(\rho-\delta)/(\rho-\delta+1)}-\lambda_n\sigma.$$

由此可见,对于充分小的 $\sigma>0$,由引理 3.3.3,

$$\ln m(\sigma)<\frac{1}{\rho+1-\delta}\left(\frac{\rho-\delta}{\rho+1-\delta}\frac{1}{\sigma}\right)^{\rho-\delta}.$$

于是

$$\varlimsup_{\sigma\to 0^+}\frac{\ln^+\ln^+m(\sigma)}{-\ln\sigma}\leqslant\rho-\delta<\rho.$$

这与所设矛盾. 因此在 $\rho<+\infty$ 的情形,等式

$$\varlimsup_{n\to\infty}\frac{\ln^+\ln^+|a_n|}{\ln\lambda_n}=\frac{\rho}{\rho+1}$$

是 $f(s)$ 在 $\operatorname{Re}s>0$ 内有级 ρ 的必要条件. 应用引理 3.3.3 和引理 3.3.4,可证明它也是充分条件.

在 $\rho=+\infty$ 的情形可类似作出证明. □

现在条件(3.1.2)及(3.3.1)下,研究函数 $f(s)$ 在 $\operatorname{Re}s>0$ 内的下级. 与上节一样,从 xOy 平面上的点列

$$\{A_n\}=\{(\lambda_n,-\ln|a_n|)\}$$

出发,作出 Newton 多边形 $\pi(f)$. 于是得到与 $\{A_n\}$ 相应的点列

$$\{A_n^c\} = \{(\lambda_n, -\ln|a_n^c|)\}$$

及主要指标序列$\{n_k\}$. 前节中列举的 $\pi(f)$ 一系列性质及引理 3.2.5 仍然成立. 级数$(3.1.5)_1$ 和$(3.1.5)_2$ 与级数(3.1.5)有相同的 Newton 多边形, 于是它们所决定的全纯函数在 $\operatorname{Re} s > 0$ 内有相同的级与下级. 可是这里 Newton 多边形的形状与上节不同(如图 3-2).

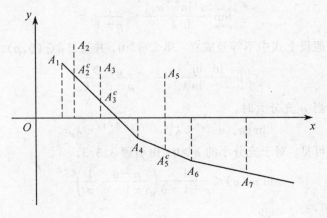

图 3-2

定理 3.3.2 设级数(3.1.5)满足条件(3.1.2), (3.3.1)以及 (3.2.5). 那么在 $\operatorname{Re} s > 0$ 内,

$$f(s)\text{有下级 }\tau' \Leftrightarrow \lim_{n \to \infty} \frac{\ln^+ \ln^+ |a_n^c|}{\ln \lambda_n} = \begin{cases} \dfrac{\tau'}{\tau'+1}, & \text{若 } \tau' < +\infty; \\ 1, & \text{若 } \tau' = +\infty. \end{cases}$$

证 为方便计, 在此证明中, 记 $\tau = \tau'$. 先在 τ 为正有限数的情形下证明必要性. 设 $f(s)$ 在 $\operatorname{Re} s > 0$ 内有下级 τ. 那么根据引理 3.3.2, $\forall \varepsilon \in (0, \tau)$, 当 $\sigma > 0$ 充分小时,

$$m(\sigma) > \exp\{\sigma^{-\tau+\varepsilon}\}.$$

对充分大的 n, 取充分小 $\sigma_n' > 0$, 使得

3.3 半平面内全纯函数的增长性

$$|a_n^c|e^{-\lambda_n \sigma_n'} = m(\sigma_n') > \exp\{(\sigma_n')^{-\tau+\varepsilon}\}.$$

于是

$$\ln|a_n^c| > (\sigma_n')^{-\tau+\varepsilon} + \lambda_n \sigma_n'.$$

由引理 3.3.4,

$$\ln|a_n^c| > (\tau - \varepsilon + 1)\left(\frac{\lambda_n}{\tau - \varepsilon}\right)^{\frac{\tau-\varepsilon}{\tau-\varepsilon+1}}.$$

因此

$$\varliminf_{n\to\infty} \frac{\ln^+\ln^+|a_n^c|}{\ln\lambda_n} \geqslant \frac{\tau-\varepsilon}{\tau-\varepsilon+1},$$

并且由 ε 的任意性,

$$\varliminf_{n\to\infty} \frac{\ln^+\ln^+|a_n^c|}{\ln\lambda_n} \geqslant \frac{\tau}{\tau+1}.$$

假设上式确为严格不等式. 那么 $\exists \delta > 0$, 使得

$$\varliminf_{n\to\infty} \frac{\ln^+\ln^+|a_n^c|}{\ln\lambda_n} > \frac{\tau+\delta}{\tau+\delta+1}.$$

于是当 n 充分大时,

$$\frac{\ln^+\ln^+|a_n^c|}{\ln\lambda_n} > \frac{\tau+\delta}{\tau+\delta+1}.$$

因而

$$\ln m(\sigma) \geqslant \ln|a_n^c|e^{-\lambda_n\sigma} > \lambda_n^{(\tau+\varepsilon)/(\tau+\varepsilon+1)} - \lambda_n\sigma.$$

由引理 3.3.3, 变量 λ 的函数 $\lambda^{(\tau+\varepsilon)/(\tau+\varepsilon+1)} - \lambda\sigma$ 在

$$\lambda = \frac{\tau+\delta}{\tau+\delta+1}\frac{1}{\sigma}$$

时达到最大值. 设 $\lambda \in [\lambda_n, \lambda_{n+1}]$, 并设 σ_n'' 满足

$$\lambda_n = \frac{\tau+\delta}{\tau+\delta+1}\frac{1}{\sigma_n''}.$$

于是

$$\frac{\ln\lambda_{n+1}}{\ln\lambda_n} \geqslant \frac{\ln\lambda}{\ln\lambda_n} \geqslant \frac{A(\delta)-(\tau+1+\delta)\ln\sigma}{A(\delta)-(\tau+\delta+1)\ln\sigma_n''} \geqslant 1,$$

其中 $A(\delta)$ 是与 δ 有关的一常数. 由 (3.2.5),
$$\lim_{n\to\infty}\frac{\ln\sigma}{\ln\sigma_n''}=1.$$
因此
$$\ln m(\sigma)\geqslant \ln m(\sigma_n'')\geqslant B(\delta)-(\tau+\delta)\ln\sigma_n'',$$
其中 $B(\delta)$ 是与 δ 有关的一常数. 取下极限, 得
$$\varliminf_{\sigma\to 0^+}\frac{\ln^+\ln^+ m(\sigma)}{-\ln\sigma}\geqslant \varliminf_{n\to\infty}\frac{\ln^+\ln^+ m(\sigma_n'')}{-\ln\sigma_n''}\geqslant \tau+\delta.$$
这与所设相矛盾. 因此等式
$$\varliminf_{n\to\infty}\frac{\ln^+\ln^+|a_n^c|}{\ln\lambda_n}=\frac{\tau}{\tau+1}$$
是 $f(s)$ 在 $\mathrm{Re}\,s>0$ 内有下级 τ 的必要条件. 由引理 3.3.3 和引理 3.3.4 可证明: 它也是充分条件.

对 $\tau=0$ 或 $+\infty$ 的情形, 证明可类似作出. □

系 3.3.1 设级数 (3.1.5) 满足条件 (3.1.2), (3.3.1) 和 (3.2.5)′. 那么在 $\mathrm{Re}\,s>0$ 内,
$$f(s)\text{有下级 }\tau' \Leftrightarrow \varliminf_{k\to\infty}\frac{\ln|a_{n_k}|}{\lambda_{n_k}\ln\lambda_{n_k}}=\begin{cases}\dfrac{\tau'}{1+\tau'}, & \text{若 }\tau'<+\infty;\\ 1, & \text{若 }\tau'=+\infty.\end{cases}$$

结合定理 3.3.1 及定理 3.3.2 得

系 3.3.2 设级数 (3.1.5) 满足条件 (3.1.2), (3.3.1) 和 (3.2.5). 那么
$$\varliminf_{\sigma\to 0^+}\frac{\ln^+\ln^+ M(\sigma)}{-\ln\sigma}=\tau'$$
$$\Leftrightarrow \varliminf_{n\to\infty}\frac{\ln^+\ln^+|a_n^c|}{\ln\lambda_n}=\begin{cases}\dfrac{\tau'}{\tau'+1}, & \text{若 }\tau'<+\infty;\\ 1, & \text{若 }\tau'=+\infty.\end{cases}$$

现考察 $\mathrm{Re}\,s>0$ 内函数 $f(s)$ 在水平半带形中的增长性. 设

$t_0 \in \mathbf{R}$, $a > 0$,
$$B_{t_0,a}^* = \{\sigma + \mathrm{i}t : \sigma > 0, |t - t_0| < \pi a\}$$
是一水平半带形. 把 $B_{t_0,a}^*$ 简记为 B^*. $\forall \sigma > 0$, 令
$$M_{B^*}(\sigma) = \sup\{|f(\sigma + \mathrm{i}t)| : |t - t_0| < \pi a\}.$$
在函数 $f(s)$ 在 $\mathrm{Re}\, s > 0$ 的级和下级的定义中, 用 $M_{B^*}(\sigma)$ 代替 $M(\sigma)$, 就得到 $f(s)$ 在半带形 B^* 中的**级** ρ_{B^*}' 和**下级** τ_{B^*}' 的定义.

定理 3.3.3 设级数 (3.1.5) 定义的函数 $f(s)$ 满足条件 (3.1.1) 及 (3.3.1). 设 B^* 是 $\mathrm{Re}\, s > 0$ 内宽度大于 $\dfrac{2\pi}{h}$ 的任何水平半带形. 那么

1) $\rho_{B^*}' = \rho'$;
2) 如果条件 (3.2.5) 成立, 那么 $\tau_{B^*}' = \tau'$.

证明需应用定理 2.3.1.

第四章 值 分 布

在本章中,讲述 Dirichlet 级数所定义的整函数或在其收敛半平面内所定义的解析函数的值分布,得到的结果包含了 Taylor 级数的相应结论. 本章分别研究 Julia 线、Borel 线、Picard 点和 Borel 点的存在性,在证明中引用了 Schottky, Nevanlinna, Valiron, Mandelbrojt, Tsuji 以及 Hayman 的一些结果.

4.1 整函数的值分布

考虑 Dirichlet 级数

$$f(s) = \sum_{n=1}^{\infty} a_n e^{-\lambda_n s} \quad (0 < \lambda_n \uparrow +\infty, s = \sigma + it), \quad (4.1.1)$$

其中 $\{a_n\}$ 是一列复数,并且

$$\varlimsup_{n \to \infty} \frac{\ln n}{\lambda_n} < +\infty, \quad (4.1.2)$$

$$\varlimsup_{n \to \infty} \frac{\ln |a_n|}{\lambda_n} = -\infty. \quad (4.1.3)$$

这时,级数(4.1.1)在整个复平面上收敛,和函数 $f(s)$ 是一整函数.

关于整函数 $f(s)$ 的值分布,先证明下列定理:

定理 4.1.1 设级数(4.1.1)不是指数多项式,并且满足条件(4.1.3)以及

4.1 整函数的值分布

$$\overline{\lim_{n \to \infty}} \frac{n}{\lambda_n} = D < +\infty, \quad (4.1.4)$$

$$\varliminf_{n \to \infty}(\lambda_{n+1} - \lambda_n) = h > 0. \quad (4.1.5)$$

那么在宽度为 $2\pi D$ 的任何闭水平带形

$$S = \{s : |\operatorname{Im} s - t_0| \leqslant \pi D\}$$

中,函数 $f(s)$ 一定具有下列性质之一:

1) 对于 $s \in S$,

$$\lim_{\sigma \to -\infty} \frac{\ln|f(s)|}{-\sigma} = +\infty;$$

2) $f(s)$ 在 S 中有一条 Julia 线 $\operatorname{Im} s = t_1$ ($|t_1 - t_0| \leqslant \pi D$),这就是说,$\forall a \in C$,至多有一个例外值,$\forall \varepsilon > 0$,

$$\lim_{\sigma \to -\infty} n(\sigma, f = a, |\operatorname{Im} s - t_1| < \varepsilon) = +\infty,$$

这里 $n(\sigma, f = a, |\operatorname{Im} s - t_1| < \varepsilon)$ 表示函数 $f(s)$ 在半带形

$$\{s : \operatorname{Re} s \geqslant \sigma, |\operatorname{Im} s - t_1| < \varepsilon\}$$

中取值为 a 的点的个数.

证 由系 2.1.2,

$$\lim_{\sigma \to -\infty} \frac{\ln M(\sigma)}{-\sigma} = +\infty.$$

$\forall \varepsilon > 0$,令

$$S_\varepsilon = \{s : |\operatorname{Im} s - t_0| \leqslant \pi(D + \varepsilon)\}.$$

由定理 2.2.1,对 $s_0 = \sigma_0 + it_0 \in S_\varepsilon$,对于任意的正整数 k,

$$|a_k| e^{-\lambda_k \sigma_0} < \pi(D + \varepsilon) L_k(\pi(D + \varepsilon)) \Lambda_k^{-1}(\lambda_k) M(s_0, \pi(D + \varepsilon)),$$

这里 $L_k, \Lambda, M(s_0, \pi(D + \varepsilon))$ 的意义与第二章中相同. 引用引理 3.1.3,仿照定理 3.2.3 及系 2.1.2 的证明,可得

$$\lim_{\sigma \to -\infty} \frac{\ln M(\sigma + it_0, \pi(D + \varepsilon))}{-\sigma} = +\infty. \quad (4.1.6)$$

假设定理中性质 1) 不成立. 那么 $\exists \{s_n = \sigma_n + it_n\} \subset S \subset S_\varepsilon$ ($\sigma_n \to -\infty$),使得

$$\lim_{n\to\infty} \frac{\ln f(s_n)}{-\sigma_n} < +\infty.$$

因此 $\exists K \in (0, +\infty)$，当 n 充分大时，
$$\ln|f(s_n)| < -K\sigma_n.$$

令
$$M_n = M(\sigma_n + \mathrm{i}t_0, \pi(D+\varepsilon)),$$

并且选择 s_n^*，使得
$$|s_n^* - (\sigma_n + \mathrm{i}t_0)| \leqslant \pi(D+\varepsilon), \quad f(s_n^*) = M_n.$$

由 (4.1.6)，
$$\lim_{\sigma\to-\infty} \frac{\ln M_n}{-\sigma_n} = +\infty. \tag{4.1.7}$$

用线段 L_n 连接 s_n 及 s_n^* (其长度不超过 $2\pi(D+\varepsilon)$)，并且选取 $\eta_k \in (0, \varepsilon)$. 假设存在值
$$a, b \in \mathbf{C}, \ |a| < \mathrm{e}^{-\sigma_n}, \ |b| < \mathrm{e}^{-\sigma_n}, \ |a-b| > \mathrm{e}^{\sigma_n},$$

使得
$$f(\{s: |s-s_n| < \eta_k\} \cap \{a, b\}) = \varphi.$$

那么由 Schottky 定理(见[21])，当 $|s-s_n| < \frac{\eta_k}{2}$ 时，
$$\ln|f(s)| < \alpha(-K\sigma_n) + \beta(-\sigma_n) + \gamma$$
$$< (\alpha K + \beta + \gamma)(-\sigma_n),$$

其中 α, β 及 γ 是正的常数.

设 L_n 与 $|s-s_n| = \frac{\eta_k}{2}$ 的交点是 s_n'，并假设存在值
$$a', b' \in \mathbf{C}, \ |a'| < \mathrm{e}^{-\sigma_n}, \ |b'| < \mathrm{e}^{-\sigma_n}, \ |a'-b'| > \mathrm{e}^{\sigma_n}$$

使得
$$f(\{s: |s-s_n'| < \eta_k\} \cap \{a', b'\}) = \varphi.$$

那么由 Schottky 定理，当 $|s-s_n'| < \frac{\eta_k}{2}$ 时，

4.1 整函数的值分布

$$\ln|f(s)| < \alpha(\alpha K + \beta + \gamma)(-\sigma_n) + \beta(-\sigma_n) + \gamma$$
$$< (\alpha K + \beta + \gamma)^2(-\sigma_n).$$

设 s_n'' 是 L_n 与 $|s - s_n'| = \dfrac{\eta_k}{2}$ 在 s_n' 与 s_n^* 之间的交点. 对 $|s - s_n'| < \dfrac{\eta_k}{2}$ 与以上同样进行讨论.

如果我们能继续这样进行 m 次,最后达到包含 s_n^* 的一个半径为 $\dfrac{\eta_k}{2}$ 的闭圆盘. 于是由 Schottky 定理,应有

$$\ln M_n = \ln|f(s_n^*)| < (\alpha K + \beta + \gamma)^m(-\sigma_n),$$

其中,

$$m \leqslant \frac{2\pi(D+\varepsilon)}{\eta_k/2} = \frac{4\pi(D+\varepsilon)}{\eta_k}.$$

由 (4.1.7),当 n 充分大时,上式不可能成立. 设 $n = n_k$ 时上式不成立. 于是存在

$$\mathscr{D}_k = \{s: |s - \bar{s}_{n_k}| < \eta_k\} \subset \{s: |s - s_{n_k}| < \pi(D+\varepsilon)\},$$

使得存在 ζ_k 满足 $|\zeta_k| < \mathrm{e}^{-\sigma_n}$,并且

$$f(\mathscr{D}_k) \supset \{z \in \mathbb{C}: |z| < \mathrm{e}^{-\sigma_n}, |z - \zeta_k| > \mathrm{e}^{\sigma_{n_k}}\}.$$

考虑数列 $\{\eta_k\}$ $(0 < \eta_k < \varepsilon, \eta_k \downarrow 0)$. 存在 $n_k \uparrow +\infty$、一个序列 $\{\mathscr{D}_k\} \subset \{s: |\mathrm{Im}\, s - t_0| < \pi(D+\varepsilon)\}$ 以及一个序列 $\{\zeta_k\}$ 如上. 设 τ_ε 是 $\{\mathrm{Im}\, \bar{s}_{n_k}\}$ 的一个极限点. 那么在以 $J_\varepsilon = \{s: \mathrm{Im}\, s = \tau_\varepsilon\}$ 为中线的任何水平带形 B 中,有无限个 $\mathscr{D}_k$. 如果当 k 充分大时,ζ_k 等于同一个复数 ζ,那么 $f(s)$ 在 B 内取任何复数值无穷多次,可能除去 ζ 外. 否则 $f(s)$ 在 B 内取任何复数值无穷多次. 因此 J_ε 是 $f(s)$ 在 S_ε 中的一条 Julia 线.

考虑严格单调趋于 0 的数列 $\{\varepsilon_j\}$,就可以完成定理 4.1.1 的证明. □

定理 4.1.1 改进了 Mandelbrojt[14] 的一个定理,其证明采用了 Valiron 的一种方法[20],[97].

研究 Dirichlet 级数所定义整函数的 Borel 线，要应用关于角形中解析函数的 Borel 方向的结果．

设 $g(z)$ 在角形 $\Delta = \{z: |\arg z| \leqslant \alpha\}$ $(0 < \alpha < \pi)$ 中全纯． $g(z)$ 在角形 Δ 中有级 ρ 的意义是

$$\varlimsup_{r \to \infty} \frac{\ln \ln M(r, g, \Delta)}{\ln r} = \rho,$$

其中，

$$M(r, g, \Delta) = \max\{|g(z)|: |z| \leqslant r, z \in \Delta\}.$$

Valiron 得到了下列结果[19]：

引理 4.1.1 设 $g(z)$ 在

$$\Delta = \{z: |\arg z| \leqslant \beta\} \quad \left(\frac{\pi}{2} < \beta < \pi\right)$$

中全纯，并且在 Δ 及 $\Delta_0 = \left\{z: |\arg z| \leqslant \dfrac{\pi}{2}\right\}$ 中有级 $\rho \in (1, +\infty)$．那么在 Δ_0 中，$g(z)$ 有一条至少 ρ 级的 Borel 方向

$$L = \left\{z: \arg z = \theta \in \left[-\frac{\pi}{2}, \frac{\pi}{2}\right]\right\},$$

这就是说，$\forall a \in C$，至多有一个例外，$\forall \varepsilon > 0$，

$$\varlimsup_{r \to \infty} \frac{\ln n(r, \theta_0, \varepsilon, g = a)}{\ln r} = \rho,$$

其中 $n(r, \theta_0, \varepsilon, g = a)$ 表示函数 $g(z)$ 在集

$$\{z: |z| \leqslant r, |\arg z - \theta_0| < \varepsilon\}$$

中取值 a 的点的个数．

现在用下述 Nevanlinna[16] 及 Valiron[79] 分别关于圆盘及角形中解析函数的结果，以及若干简单保形映射来证明引理 4.1.1．

引理 4.1.2 设 $h(z)$ 在单位圆盘 $\{z: |z| < 1\}$ 内全纯．那么

1) $\varlimsup\limits_{r \uparrow 1} \dfrac{\ln^+ \ln^+ M(r, h)}{-\ln(1-r)} \geqslant \varlimsup\limits_{r \uparrow 1} \dfrac{\ln^+ T(r, h)}{-\ln(1-r)}$

$\geqslant \varlimsup\limits_{r \uparrow 1} \dfrac{\ln^+ \ln^+ M(r, h)}{-\ln(1-r)} - 1,$

其中,
$$M(r,h) = \max\{|h(z)| : |z| \leqslant r\},$$
$$T(r,h) = \frac{1}{2\pi}\int_0^{2\pi} \ln^+|h(re^{i\theta})|\,d\theta.$$

2) 如果
$$\varlimsup_{r\uparrow 1}\frac{\ln^+ T(r,h)}{-\ln(1-r)} = \rho,$$

那么 $\forall a \in C$,至多有一个例外值,使得
$$\varlimsup_{r\uparrow 1}\frac{\ln n(r, h=a)}{-\ln(1-r)} = \rho+1,$$

其中 $n(r, h=a)$ 表示函数 $h(z)$ 在圆盘 $\{z:|z|\leqslant r\}$ 中取值 a 的点的个数.

设 $g(z)$ 在 $\Delta = \{z:|\arg z|\leqslant \beta\}$ $(0<\beta<\pi)$ 中解析,令
$$S(r,g,\Delta) = \frac{1}{\pi}\iint_\Delta \left(\frac{|g'(z)|}{1+|g(z)|^2}\right)^2 r\,dr\,d\theta \quad (z=re^{i\theta}),$$
$$T_0(r,f,\Delta) = \int_0^r \frac{S(r,g,\Delta)}{r}dr.$$

Tsuji 得到了下列结果[17]:

引理 4.1.3 设 $g(z)$ 在上述 Δ 中全纯,记
$$\Delta_0 = \{z:|\arg z|\leqslant \beta_0\} \quad (\beta_0<\beta).$$
那么

1) $T_0(r,g,\Delta_0) \leqslant 3\sum_{j=1}^{2} N(2r, g=a_j, \Delta) + O((\ln r)^2),$

这里 a_1,a_2 是任意两个不相等的复数,
$$N(r, g=a, \Delta_0) = \int_1^r \frac{n(r, g=a, \Delta_0)}{r}dr,$$
而 $n(r, g=a, \Delta_0)$ 表示函数 $g(z)$ 在集合 $\{z:|z|\leqslant r, z\in\Delta\}$ 中取值 a 的点的个数.

2) $\int_1^r \frac{N(r, g=a, \Delta_0)}{r^{k+1}}dr \leqslant C_1\int_1^{\lambda r} \frac{T_0(r,g,\Delta)}{r^{k+1}}dr + C_2,$

其中,
$$a\in\mathbf{C},\ C_1 及 C_2\in(0,+\infty),\ k\geqslant\frac{\pi}{2\beta},\ \lambda=4\bigg/\cos\left(\frac{\pi}{2}\frac{\beta_0}{\beta}\right).$$

设 $\Delta_\eta=\left\{z:|\arg z|\leqslant\frac{\pi}{2}+\eta\right\}\ \left(\eta<\frac{\pi}{2}\right)$,
$$\Delta_0=\left\{z:|\arg z|\leqslant\frac{\pi}{2}\right\}.$$

作保形映射
$$\zeta=\varphi_1(z)=z^{\frac{\pi}{\pi+2\eta}},\quad w=\varphi_2(\zeta)=\frac{\zeta-1}{\zeta+1},$$

并令
$$w=\varphi(z)=\varphi_2\circ\varphi_1(z),\quad z=\varphi^{-1}(w)=\varphi_1^{-1}\circ\varphi_2^{-1}(w).$$

于是 $\zeta=\varphi_1(z)$ 把 z 平面上的 Δ_η 及 Δ_0 分别映射成 ζ 平面上的
$$H_1=\left\{\zeta:|\arg\zeta|\leqslant\frac{\pi}{2}\right\},$$
$$H_2=\left\{\zeta:|\arg\zeta|\leqslant\frac{\pi}{\pi+2\eta}\frac{\pi}{2}\right\}.$$

$w=\varphi_2(\zeta)$ 把 H_1 及 H_2 分别映射成 w 平面上的闭圆盘
$$D=\{w:|w|\leqslant 1\}$$
及 D 中连接 -1 及 1 两圆弧所包含的闭区域.

令
$$\tau=r^{\pi/(\pi+2\eta)},\quad R=\frac{\tau-1}{\tau+1},$$

其中 r,τ 及 R (<1) 是正的常数. 令
$$\Delta_\eta(r)=\Delta_\eta\cap\{z:|z|\leqslant r\},$$
$$\Delta_0(r)=\Delta_0\cap\{z:|z|\leqslant r\},$$
$$H_1(\tau)=H_1\cap\{\zeta:|\zeta|\leqslant\tau\},$$
$$H_2(\tau)=H_2\cap\{\zeta:|\zeta|\leqslant\tau\},$$
$$D(R)=D\cap\{w:|w|\leqslant R\}.$$

显然

$$\varphi_2^{-1}(D(R)) \subset H_1(\tau),$$

从而

$$\varphi^{-1}(D(R)) = \varphi_1^{-1} \circ \varphi_2^{-1}(D(R)) \subset \varphi_1^{-1}(H_1(\tau))$$
$$= \Delta_\eta(r). \tag{4.1.8}$$

另一方面,我们有

$$\varphi_2^{-1}(\partial D(R)) = \left\{ \zeta = \xi + i\eta : \left(\xi - \frac{1+\tau^2}{2\tau}\right)^2 + \eta^2 = \left(\frac{\tau^2-1}{2\tau}\right)^2 \right\}.$$

因此

$$\varphi_2^{-1}(\partial D(R)) \bigcap \partial H_2(\tau) = \left\{ c_\eta \tau, \overline{c_\eta \tau}, \frac{c_\eta'}{\tau}, \overline{\frac{c_\eta'}{\tau}} \right\},$$

其中 $c_\eta, c_\eta' \in \mathbf{C}$ 并与 η 有关,而且 $|c_\eta|, |c_\eta'|$ 是正实数. 因此当 τ 充分大时,

$$\varphi_2^{-1}(D(R)) \supset H_2(|c_\eta|\tau) H_2\left(\frac{|c_\eta'|}{\tau}\right).$$

再结合(4.1.8)就得到

引理 4.1.4 $\Delta_0(|c_\eta|r) - E \subset \varphi^{-1}(D(R)) \subset \Delta_\eta(r)$,其中,当 r 充分大时,$E \subset \{z : |z| < 1\}$.

现在分下列几步来证明引理 4.1.1.

引理 4.1.1 的证明 1) 在引理 4.1.1 的条件下,取 $\eta > 0$,使

$$\frac{\pi}{2} + 4\eta < \alpha, \quad \frac{\pi}{\pi + 4\eta}\rho > 1.$$

如果在引理 4.1.4 的证明中,作保形映射

$$\zeta = \varphi_1(z), \quad w = \varphi_2(\zeta),$$

那么 $G(w) = g(\varphi^{-1}(w))$ 在 D 上全纯,并且

$$M(|c_\eta|r, \Delta_0) - A \leqslant M(R, G) \leqslant M(r, g, \Delta_\eta),$$

其中,当 r 充分大时,A 是一正的常数,$M(R, G)$ 是函数 $G(w)$ 的最大模. 因此

$$\varlimsup_{r \to \infty} \frac{\ln M(|c_\eta|r, g, \Delta_0)}{\ln |c_\eta r| - \ln |c_\eta|} \leqslant \varlimsup_{R \uparrow 1} \frac{\ln M(R, G)}{\frac{\pi + 2\eta}{\pi} \ln \frac{1+R}{1-R}}$$

$$\leqslant \varlimsup_{r \to \infty} \frac{\ln M(r,g,\Delta_\eta)}{\ln r},$$

从而

$$\varlimsup_{R \uparrow 1} \frac{\ln \ln M(R,G)}{-\ln(1-R)} = \frac{\pi + 2\eta}{\pi} \rho = \rho_1 > 1.$$

由引理 4.1.2,

$$\varlimsup_{R \uparrow 1} \frac{\ln T(R,G)}{-\ln(1-R)} \geqslant \rho_1 - 1, \quad \varlimsup_{R \uparrow 1} \frac{\ln n(R,G=a)}{-\ln(1-R)} \geqslant \rho_1,$$

从而

$$\varlimsup_{r \to \infty} \frac{\ln n(r,g=a,\Delta_\eta)}{\ln r} \geqslant \varlimsup_{R \uparrow 1} \frac{\ln n(R,G=a)}{-\frac{\pi+2\eta}{\pi}\ln(1-R)}$$

$$\geqslant \frac{\pi}{\pi + 2\eta} \rho_1 = \rho.$$

令

$$N(r,g=a,\Delta_\eta) = \int_0^r \frac{n(r,g=a,\Delta_\eta) - n(0,g=a,\Delta_\eta)}{r} dr$$
$$+ n(0,g=a,\Delta_\eta)\ln r.$$

当 r 充分大时,

$$N(r,g=a,\Delta_\eta) \geqslant \int_{\frac{r}{2}}^r \frac{n(r,g=a,\Delta_\eta)}{r} dr$$

$$\geqslant n\left(\frac{r}{2}, g=a, \Delta_\eta\right)\ln 2.$$

因此

$$\varlimsup_{r \to \infty} \frac{\ln N(r,g=a,\Delta_\eta)}{\ln r} \geqslant \rho.$$

由此可知, 当 $k < \rho$ 时, 下列积分发散:

$$\int^{+\infty} \frac{N(r,g=a,\Delta_\eta)}{r^{k+1}} dr. \tag{4.1.9}$$

否则 $\forall \varepsilon > 0, \exists r > 0$, 使得

$$\varepsilon > \int_r^{+\infty} \frac{N(r,g=a,\Delta_\eta)}{r^{k+1}} dr \geqslant \frac{N(r,g=a,\Delta_\eta)}{kr^k},$$

于是
$$\varlimsup_{r\to\infty}\frac{\ln N(r,g=a,\Delta_\eta)}{\ln r}\leqslant k<\rho.$$

这与积分(4.1.9)发散是相矛盾的.

2) 因积分(4.1.9)当 $k<\rho$ 时发散,所以由引理 4.1.3 结论 2),

$$\int^{+\infty}\frac{T_0(r,g,\Delta_{2\eta})}{r^{k+1}}dr=+\infty\quad(k<\rho).$$

把 $\Delta_{2\eta}$ 平分成顶点在原点的两个角形,对其中一个角形 $\Delta^{(1)}$,

$$\int^{+\infty}\frac{T_0(r,g,\Delta^{(1)})}{r^{k+1}}dr=+\infty\quad(k<\rho).$$

再把角形 $\Delta^{(1)}$ 平分成两个角形,对其中一个角形 $\Delta^{(2)}$,

$$\int^{+\infty}\frac{T_0(r,g,\Delta^{(2)})}{r^{k+1}}dr=+\infty\quad(k<\rho).$$

这样不断做下去,得一顶点在原点的角形套 $\{\Delta^{(n)}\}$,

$$\Delta^{(1)}\supset\Delta^{(2)}\supset\cdots\supset\Delta^{(n)}\supset\cdots.$$

对于其中任意一个 $\Delta^{(n)}$,

$$\int^{+\infty}\frac{T_0(r,g,\Delta^{(n)})}{r^{k+1}}dr=+\infty\quad(k<\rho). \quad (4.1.10)$$

所有 $\Delta^{(n)}$ 有一公共射线

$$B_\eta=\{z\colon \arg z=\theta_\eta\}\quad\left(|\theta_\eta|\leqslant\frac{\pi}{2}+\eta\right).$$

$\forall\varepsilon>0$,

$$\exists\Delta^{(n)}\subset\Delta^{(n)*}\subset\Delta_{\eta,\varepsilon}=\{z\colon |\arg z-\theta_\eta|<\varepsilon\},$$

其中,$\Delta^{(n)*}$ 是与 $\Delta^{(n)}$ 有相同顶点及顶角平分线的角形,并且 $\Delta^{(n)*}$ 的顶角是 $\Delta^{(n)}$ 的顶角的二倍.

对 $\Delta^{(n)}$ 及 $\Delta^{(n)*}$ 上的函数 $g(z)$ 引用引理 4.1.3 的结论 1),由(4.1.10), $\forall a\in\mathbf{C}$,至多有一例外值,

$$\int^{+\infty} \frac{N(2r, g=a, \Delta^{(n)*})}{r^{k+1}} dr = +\infty \quad (k<\rho).$$

因此

$$\int^{+\infty} \frac{n(2r, g=a, \Delta^{(n)*})}{r^{k+1}} dr = +\infty \quad (k<\rho), \quad (4.1.11)$$

这是因为

$$\int_{r_0}^{r} \frac{N(r, g=a, \Delta^{(n)*})}{r^{k+1}} dr$$

$$= \frac{N(r_0, g=a, \Delta^{(n)*})}{kr_0^k} - \frac{N(r, g=a, \Delta^{(n)*})}{kr^k}$$

$$+ \frac{1}{k} \int_{r_0}^{r} \frac{n(r, g=a, \Delta^{(n)*})}{r^{k+1}} dr.$$

由(4.1.11)导出：$\forall a \in \mathbf{C}$，至多有一例外值，

$$\varlimsup_{r \to \infty} \frac{\ln n(r, g=a, \Delta^{(n)*})}{\ln r} \geqslant \rho,$$

否则会得到与(4.1.11)相矛盾的结果. 于是

$$\varlimsup_{r \to \infty} \frac{\ln n(r, g=a, \Delta_{\eta, \varepsilon})}{\ln r} \geqslant \rho.$$

因此 B_η 是 $g(z)$ 在 Δ_η 中的一条至少 ρ 级的 Borel 方向.

取 $\eta_m \downarrow 0$，可看出 $g(z)$ 在 Δ_0 中有一条至少 ρ 级的 Borel 方向 B. 这样就证明了引理 4.1.1. □

考察引理 4.1.1 的证明，可看出对于无穷级的 $g(z)$ 有类似的结果. 但这时只需 Δ 及 Δ_0 的顶角大于 0，小于 π，$\Delta \supset \Delta_0$，Δ 的顶角大于 Δ_0 的顶角，而不必要求这两个顶角分别大于及等于 π.

现在应用引理 4.1.1 研究 Dirichlet 级数所定义的整函数的 Borel 线.

定理 4.1.2 设级数(4.1.1)满足条件(4.1.3)~(4.1.5)，并设这级数定义的整函数 $f(s)$ 有级 $\rho \in (0, +\infty)$. 那么在宽度为

$\frac{\pi}{d_0}$ $\left(d_0 = \min\left\{\rho, \frac{1}{D}\right\}\right)$ 的任何闭水平带形中, $f(s)$ 有一条至少 ρ 级的 Borel 线 $L = \{s: \operatorname{Im} s = t_1\}$. 这就是说, $\forall a \in \mathbf{C}$, 至多有一个例外值, $\forall \varepsilon > 0$,

$$\varlimsup_{\sigma \to -\infty} \frac{\ln n(\sigma, f=a, |\operatorname{Im} s - t_1| < \varepsilon)}{-\sigma} \geqslant \rho.$$

证 $\forall s_0 \in \mathbf{C}$, 任取 $d < d_0$, 考虑带形

$$B = \left\{s: |\operatorname{Im} s - \operatorname{Im} s_0| \leqslant \frac{\pi}{2d}\right\}.$$

由定理 2.2.3,

$$\varlimsup_{\sigma \to -\infty} \frac{\ln \ln M(\sigma, f, B)}{-\sigma} = \rho,$$

这里

$$M(\sigma, f, B) = \max\{|f(s)|: \operatorname{Re} s \geqslant \sigma, s \in B\}.$$

作保形映射 $z = \varphi(s) = e^{-(s-s_0)d}$, 它把 B 映射成 Δ_0, 把 $f(s)$ 映射成在

$$\Delta = \{z: |\arg z| \leqslant \beta\} \quad \left(\beta \in \left(\frac{\pi}{2}, \pi\right)\right)$$

上的全纯函数 $F(z) = f(\varphi^{-1}(z))$. 我们有

$$M(\sigma, f, \Delta) \leqslant M(r, F, B) \leqslant M(\sigma, f, \Delta) + M(\sigma, f).$$

从而

$$\frac{\ln \ln M(\sigma, f, \Delta)}{-\sigma} \leqslant \frac{\ln \ln M(r, F, B)}{\ln r}$$

$$\leqslant \frac{\ln \ln (M(\sigma, f, \Delta) + M(\sigma, f))}{-\sigma},$$

于是得

$$\varlimsup_{r \to +\infty} \frac{\ln \ln M(r, F, B)}{-\ln r} = \frac{\rho}{d} > 1.$$

由引理 4.1.1, 在 B 中有一从原点出发的、至少 $\frac{\rho}{d}$ 级的 Borel 方向. 作映射 $s = \varphi^{-1}(z)$, 可见 $f(s)$ 在 B 中必有一至少 ρ 级的水

平 Borel 线.

由于以上论证对任何 $d<d_0$ 成立,可见在宽度为 $\dfrac{\pi}{d_0}$ 的任何水平闭带形中, $f(s)$ 必有一至少 ρ 级的水平 Borel 线. □

仿照以上证法,可证明:

定理 4.1.3 设级数(4.1.1)满足条件(4.1.3)~(4.1.5),并设这级数定义的整函数 $f(s)$ 有无穷级 $\rho=+\infty$. 那么在宽度为 $2\pi D$ 的任何水平闭带形中, $f(s)$ 有一条无穷级水平 Borel 线.

4.2 半平面内全纯函数的值分布

设 Dirichlet 级数(4.1.1)满足

$$\varlimsup_{n\to\infty}\frac{n}{\lambda_n}<+\infty, \tag{4.2.1}$$

$$\varlimsup_{n\to\infty}\frac{\ln|a_n|}{\lambda_n}=0. \tag{4.2.2}$$

那么这级数的收敛及绝对收敛横坐标都是 0. 于是它在右半平面 $\{s:\operatorname{Re} s>0\}$ 内的和 $f(s)$ 是全纯函数. 为了研究 $f(s)$ 的值分布,先给出几个引理.

引理 4.2.1 设级数(4.1.1)满足(4.2.1)及(4.2.2). 那么

$$\varlimsup_{\sigma\to 0}\sigma\ln M(\sigma,f)=+\infty \tag{4.2.3}$$

成立的必要与充分条件是

$$\varlimsup_{n\to\infty}\frac{\ln|a_n|}{\sqrt{\lambda_n}}=+\infty. \tag{4.2.4}$$

证 设(4.2.3)成立. 如果(4.2.4)不成立,那么 $\exists K\in(0,+\infty)$,使得当 n 充分大时,

$$\ln|a_n|<K\sqrt{\lambda_n}.$$

于是对于任意的 $\sigma>0$,

$$\ln|a_n| - \lambda_n\sigma < K\sqrt{\lambda_n} - \lambda_n\sigma.$$

因为函数 $\varphi(x) = K\sqrt{x} - \sigma x$ $(x > 0)$ 在 $x = \dfrac{K^2}{4\sigma^2}$ 时达到最大值 $\dfrac{K^2}{4\sigma}$，所以当 $\sigma > 0$ 充分小时，

$$\ln m(\sigma, f) = \ln \sup_{n \geqslant 1} |a_n| e^{-\lambda_n \sigma} \leqslant \dfrac{K^2}{4\sigma},$$

从而由(3.3.2)，

$$\varlimsup_{\sigma \to 0} \sigma \ln M(\sigma, f) < +\infty.$$

这与(4.2.3)矛盾. 因此(4.2.4)成立.

假设(4.2.4)成立. 如果(4.2.3)不成立，那么 $\exists K \in (0, +\infty)$，使得当 $\sigma > 0$ 充分小时，

$$\sigma \ln M(\sigma, f) < K,$$

于是

$$\ln|a_n| - \lambda_n \sigma \leqslant \ln m(\sigma, f) \leqslant \ln M(\sigma, f) < \dfrac{K}{\sigma}.$$

因函数 $\psi(\sigma) = \lambda_n \sigma + \dfrac{K}{\sigma}$ $(\sigma > 0)$ 当 $\sigma = \sqrt{\dfrac{K}{\lambda_n}}$ 时达到最小值 $2\sqrt{K\lambda_n}$，所以当 n 充分大时，

$$\dfrac{\ln|a_n|}{\sqrt{\lambda_n}} < 2\sqrt{K},$$

这与(4.2.4)矛盾. 因此(4.2.3)成立. □

由这定理和定理 2.3.1 可导出

系 4.2.1　设级数(4.1.1)满足(4.2.1)～(4.2.3)及(4.1.5). 那么 $\forall t_0 \in \mathbf{R}$, $\forall l > \dfrac{\pi}{h}$, 等式

$$\varlimsup_{\sigma \to 0} \sigma \ln M(\sigma, f, \overline{B}_1) = +\infty \tag{4.2.5}$$

成立的必要与充分条件是(4.2.4)成立，其中，

$$\overline{B}_1 = \{s : \operatorname{Re} s > 0, |\operatorname{Im} s - t_0| \leqslant l\}.$$

引理 4.2.2 设 $g(z)$ 在单位圆盘 $U=\{z:|z|<1\}$ 内全纯.

1) 如果
$$\varlimsup_{r\to 1}(1-r)\ln M(r,g)=+\infty,$$
那么 $\forall a\in \mathbf{C}$, 至多有一个例外值,
$$\varlimsup_{r\to 1}n(r,g=a)=+\infty,$$
其中 $M(r,g)$ 是函数 $g(z)$ 的最大模, $n(r,g=a)$ 表示函数 $g(z)$ 在圆盘 $\{z:|z|\leqslant r\}$ 中取值 a 的点的个数[79].

2) 如果 $g(z)$ 有级 $\rho>0$, 即
$$\varlimsup_{r\to 1}\frac{\ln T(r,g)}{-\ln(1-r)}=\rho,$$
那么 $\forall a\in \mathbf{C}$, 至多有一个例外值,
$$\varlimsup_{r\to 1}\frac{n(r,g=a)}{-\ln(1-r)}=\rho+1,$$
其中,
$$T(r,g)=\frac{1}{2\pi}\int_0^{2\pi}\ln^+|g(re^{i\theta})|\,d\theta^{[79]}.$$

现可证明关于函数 $f(s)$ 值分布的下列定理:

定理 4.2.1 设级数 (4.1.1) 满足 (4.2.1)~(4.2.3) 及 (4.1.5). 那么在 s 平面的虚轴上任何宽度大于 $\dfrac{2\pi}{h}$ 的闭区间上, 必有 $f(s)$ 的 Picard 点. 这就是说, $\forall \overline{B}_1$ 如系 4.2.1, $\exists t_1\in [t_0-l,t_0+l]$, $\forall \eta>0$, $\forall a\in \mathbf{C}$, 至多有一个例外值,
$$\lim_{\sigma\to 0}n(\sigma,it_1,\eta,f=a)=+\infty,$$
其中 $n(\sigma,it_1,\eta,f=a)$ 表示函数 $f(s)$ 在带形
$$\{s:\operatorname{Re}s>\sigma,|\operatorname{Im}s-t_1|<\eta\}$$
中取值 a 的点的个数.

证 由假设及系 4.2.1, 任给 $\overline{B}_1$ 同上. 那么 (4.2.5) 成立. 把 $\overline{B}_1$ 用它的中线分成两个水平半带形. 显然, 对其中一个半带

形 $\overline{B}_2$,
$$\lim_{\sigma \to 0} \sigma \ln M(\sigma, f, \overline{B}_2) = +\infty.$$
用类似的办法可以得到一个水平半带形套 $\{\overline{B}_n\}$,
$$\overline{B}_1 \supset \overline{B}_2 \supset \cdots \supset \overline{B}_n \supset \cdots.$$
对于其中任意一个 $\overline{B}_n$,
$$\lim_{\sigma \to 0} \sigma \ln M(\sigma, f, \overline{B}_n) = +\infty.$$
这些半带形的边界与虚轴的交点构成一闭区间套. 设所有闭区间的公有点是 it_1. 于是 $\forall \varepsilon > 0$,
$$\lim_{\sigma \to 0} \sigma \ln M(\sigma, f, \overline{B}_\varepsilon^*) = +\infty,$$
其中,
$$\overline{B}_\varepsilon^* = \{s: \operatorname{Re} s > 0, |\operatorname{Im} s - t_1| \leqslant \varepsilon\}.$$
现对 $\overline{B}_\varepsilon^*$ 应用附录定理 3.1, 把这定理中的 s 用
$$s' = \frac{\pi}{2\varepsilon}(s - it_1)$$
来代替, 并且使用这定理中的有关记号, 于是
$$z = \Psi(s') = \Psi\left(\frac{\pi}{2\varepsilon}(s - it_1)\right),$$
$$s = \frac{2\varepsilon}{\pi}\Psi^{-1}(z) + it_1, \quad U = \Psi(\overline{B}_\varepsilon^*).$$
令
$$g(z) = f\left(\frac{2\varepsilon}{\pi}\Psi^{-1}(z) + it_1\right).$$
由附录定理 3.1,
$$(1-r)\ln M(r, g) \leqslant (1-r)\ln M\left(\frac{2\varepsilon}{\pi}\Psi^{-1}(r), g, \overline{B}_\varepsilon^*\right)$$
$$\leqslant 2\Psi^{-1}(r)(1 + o(1)) \cdot$$
$$\ln M\left(\frac{2\varepsilon}{\pi}\Psi^{-1}(r), g, \overline{B}_\varepsilon^*\right) \quad (r \to 1),$$
$$(4.2.6)$$

$$(1-r)\ln M(r,g) \geqslant (1-r)\ln M\left(\frac{2\varepsilon}{\pi}\Psi^{-1}(r^2),g,\overline{B}_{\varepsilon'}^*\right)$$
$$\geqslant 2\Psi^{-1}(r^2)(1+o(1)) \cdot$$
$$\ln M\left(\frac{2\varepsilon}{\pi}\Psi^{-1}(r^2),g,\overline{B}_{\varepsilon'}^*\right) \quad (r \to 1),$$
$$(4.2.7)$$

其中,$0<\varepsilon'<\varepsilon$. 当 $r\to 1$ 时,(4.2.6)及(4.2.7)中最后一项的上极限都是 $+\infty$,因此
$$\varlimsup_{r\to 1}(1-r)\ln M(r,g) = +\infty.$$
于是由引理 4.2.2,$g(z)$ 在单位圆盘中取任何复数值无穷多次,最多有一个例外值. 因此 $\forall \varepsilon>0$,$f(s)$ 在 $\overline{B}_\varepsilon^*$ 中也有这样的性质,从而 it_1 是 $f(s)$ 的 Picard 点. □

由上述定理,在 s 平面的虚轴上任何宽度大于 $\frac{2\pi}{h}$ 的闭区间上,必有 $f(s)$ 的 Picard 点,可见在任何宽度为 $\frac{2\pi}{h}$ 的闭区间上也是如此.

定理 4.2.2 设级数(4.1.1)满足(4.2.1),(4.2.2),(4.1.5)及
$$\varlimsup_{n\to\infty}\frac{\ln^+\ln^+|a_n|}{\ln\lambda_n} = \frac{\rho}{\rho+1} \quad (\rho>1).$$

那么在 s 平面的虚轴上任何宽度大于 $\frac{2\pi}{h}$ 的闭区间上,必有 $f(s)$ 的至少 ρ 级 Borel 点. 这就是说,$\forall \overline{B}_1$ 如系 4.2.1,$\exists t_1 \in [t_0-l,t_0+l]$,$\forall \eta>0$,$\forall a\in \mathbf{C}$,至多有一个例外值,
$$\varlimsup_{\sigma\to 0}\frac{\ln n(\sigma,\mathrm{i}t_1,\eta,f=a)}{-\ln\sigma} \geqslant \rho.$$

证 取系 4.2.1 中的 $\overline{B}_1$. 由定理 3.3.3,
$$\varlimsup_{\sigma\to 0}\frac{\ln^+\ln^+ M(\sigma,f,\overline{B}_1)}{-\ln\sigma} = \rho.$$

4.2 半平面内全纯函数的值分布

仿照上述定理的证明,作半带形套 $\{\overline{B}_n\}$,使得

$$\varlimsup_{\sigma \to 0} \frac{\ln^+ \ln^+ M(\sigma, f, \overline{B}_n)}{-\ln \sigma} = \rho.$$

然后取这些半带形套与虚轴相交所得的闭区间套,设 it_1 是这些闭区间套的公有点,于是 $\forall \varepsilon > 0$,

$$\varlimsup_{\sigma \to 0} \frac{\ln^+ \ln^+ M(\sigma, f, \overline{B}_\varepsilon^*)}{-\ln \sigma} = \rho,$$

其中 $\overline{B}_\varepsilon^*$ 的意义与上述定理证明中的相同.

对 $\overline{B}_\varepsilon^*$ 应用附录定理 3.1,并且令 $g(z)$ 同上述定理的证明,可得

$$\varlimsup_{r \to 1} \frac{\ln^+ \ln^+ M(r, g)}{-\ln(1-r)} = \rho.$$

于是由引理 4.1.2,$\forall a \in \mathbf{C}$,至多有一个例外值,

$$\varlimsup_{r \to 1} \frac{\ln n(r, g = a)}{-\ln(1-r)} \geqslant \rho.$$

由此不难完成定理的证明. □

同对上述定理所作的说明,在 s 平面的虚轴中任何宽度为 $\dfrac{2\pi}{h}$ 的闭区间上,必有 $f(s)$ 的至少 ρ 级 Borel 点.

第 二 卷
随机 Dirichlet 级数

第五章 收敛性

本章分成 5 节,在不同条件下,研究随机 Dirichlet 级数的收敛性. 在 5.1 节和 5.2 节中,假设级数的系数具有独立性;在 5.3 节中,假设级数的系数是 2 阶矩有限的鞅差序列;在 5.4 节中,假设级数的系数是 p-阶矩有限的随机变量序列(不要求具有独立性);在 5.5 节中,讲述随机收敛性的有关初始结果.

5.1 收敛性(I)

考虑随机 Dirichlet 级数

$$\sum_{n=0}^{\infty} X_n(\omega) e^{-s\lambda_n}, \tag{5.1.1}$$

其中 $\{X_n(\omega)\}$ 是概率空间 $(\Omega, \mathscr{A}, P)$ $(\omega \in \Omega)$ 中的一列复随机变量,$0 \leqslant \lambda_n \uparrow +\infty$. 在这一节里,总假定 $\{\|X_n\|\}$ 是一列独立随机变量. 下面分两种情形,研究级数(5.1.1)的几乎必然收敛性:

情形 I $\{\|X_n\|\}$ 是一般的独立随机变量列,不必是同分布的;

情形 II $\{\|X_n\|\}$ 是独立同分布的随机变量列.

在这一节里,总假设

$$D = \varlimsup_{n \to \infty} \frac{\ln n}{\lambda_n} < \infty.$$

用 $\sigma_c(\omega)$ 和 $\sigma_a(\omega)$ 分别表示级数(5.1.1)的收敛横坐标和绝

对收敛横坐标.

1. 当系数是独立随机变量列时, 级数(5.1.1)的收敛性

记

$$\sigma_0 = \inf\left\{\sigma: \sum_{n=0}^{\infty} P\{|X_n| \geq e^{\sigma\lambda_n}\} < \infty\right\}.$$

定理 5.1.1 $\sigma_0 \leq \sigma_c(\omega) \leq \sigma_a(\omega) \leq \sigma_0 + D$ a.s.[①]

当 $D=0$ 时, 这个结果见[88],[23].

证 先证不等式:

$$\sigma_0 \leq \sigma_c(\omega) \quad \text{a.s.}$$

不妨设 $\sigma_0 \neq -\infty$. 这时, 对任意的 $\sigma < \sigma_0$,

$$\sum_{n=0}^{\infty} P\{|X_n| \geq e^{\sigma\lambda_n}\} = \infty.$$

因此, 根据 Borel-Cantelii 引理,

$$P(\varlimsup_{n\to\infty}\{|X_n| \geq e^{\sigma\lambda_n}\}) = 1.$$

这就是说, 在随机事件列 $\{|X_n| \geq e^{\sigma\lambda_n}\}$ ($n=0,1,\cdots$) 中, "无限个事件发生"的概率是 1. 所以

$$\varlimsup_{n\to\infty} |X_n| e^{-\sigma\lambda_n} \geq 1 \quad \text{a.s.}$$

由此可见, 在点 $s=\sigma$ 处, 级数(5.1.1)是几乎必然发散的. 因此

$$\sigma \leq \sigma_c(\omega) \quad \text{a.s.}$$

根据数值 σ 的任意性, 我们可以推出要证的不等式.

下面证明不等式:

$$\sigma_a(\omega) \leq \sigma_0 + D \quad \text{a.s.}$$

不妨假设 $\sigma_0 < \infty$. 这时, 对任意的 $\sigma > \sigma_0$,

$$\sum_{n=0}^{\infty} P\{|X_n| \geq e^{\sigma\lambda_n}\} < \infty.$$

[①] a.s.表示"几乎必然", 相当于英文"almost surely"或"almost sure".

因此,由 Borel-Cantelii 引理,在随机事件列 $\{|X_n| \geqslant e^{\sigma\lambda_n}, n \geqslant 0\}$ 中,"无限个事件发生"的概率为 0,所以 $P(A) = 1$,这里

$$A = \bigcup_{N=0}^{\infty} \bigcap_{n=N}^{\infty} \{\omega : |X_n(\omega)| < e^{\sigma\lambda_n}\}.$$

这样一来,以概率 1,下面的不等式成立:

$$l(\omega) = \varlimsup_{n \to \infty} \frac{\ln |X_n(\omega)|}{\lambda_n} \leqslant \sigma.$$

注意到数值 σ 的任意性,我们就得到

$$l(\omega) \leqslant \sigma_0.$$

另外,根据 Valiron 公式,

$$\sigma_a(\omega) \leqslant l(\omega) + D.$$

现在可以看出,要证的不等式成立. □

2. 当系数是独立同分布随机变量列时,级数 (5.1.1) 的收敛性

对于指数序列 $\{\lambda_n\}$,用 $N(x)$ 表示"不超过 x 的 λ_n 的个数",即

$$N(x) = \max\{n : \lambda_n \leqslant x\} \quad (x > 0).$$

定理 5.1.2 假设 $\{|X_n|\}$ 是独立同分布的,并且 $|X_1|$ 不是恒为 0 的随机变量. 那么

(i) $\sigma_c(\omega) \geqslant 0$ a.s.;

(ii) $\sigma_1 \leqslant \sigma_c(\omega) \leqslant \sigma_a(\omega) \leqslant \sigma_1 + D$ a.s.,

这里(下面的符号 "E" 表示数学期望)

$$\sigma_1 = \inf\left\{\sigma > 0 : E\left(N\left(\frac{\ln^+ |X_1|}{\sigma}\right)\right) < \infty\right\}. \quad (5.1.2)$$

当 $D = 0$ 时,定理 5.1.2 的证明见 [88],[23].

证 (i) 记

$$l(\omega) = \varlimsup_{n \to \infty} \frac{\ln |X_n(\omega)|}{\lambda_n}.$$

因为序列$\{|X_n|\}$具有独立性,所以根据 Kolmogrov 0-1 律,存在数值 l_0(可以为 $\pm\infty$),使得

$$l(\omega) = l_0 \quad \text{a.s.}$$

现在用反证法证明:$l_0 \geqslant 0$. 假设 $l_0 < 0$. 那么级数(5.1.1)在点 $s=0$ 处几乎必然收敛,因此

$$\lim_{n\to\infty} X_n = 0 \quad \text{a.s.}$$

从而对任意的常数 $c>0$,

$$P\big(\varlimsup_{n\to\infty}\{\omega: |X_n(\omega)| \geqslant c\}\big) = 0.$$

因而根据 Borel-Cantelii 引理,

$$\sum_{n=0}^{\infty} P\{|X_n| \geqslant c\} < \infty.$$

但是,$|X_1|$ 不是几乎必然为 0 的随机变量,因此存在常数 $\delta > 0$,使得对任意的自然数 n,

$$P\{|X_n| \geqslant \delta\} = P\{|X_1| \geqslant \delta\} > 0.$$

这与刚才得到的结论矛盾.因此要证的结论(i)应该成立.

(ii) 根据结论(i)和定理 5.1.1,可以把指标 σ_0 的定义改写为

$$\sigma_0 = \inf\Big\{\sigma > 0: \sum_{n=0}^{\infty} P\{|X_n| \geqslant e^{\sigma\lambda_n}\} < \infty\Big\}.$$

另外,根据序列 $\{X_n\}$ 的同分布性和函数 $N(x)$ 的定义,

$$P\Big\{\frac{\ln^+|X_n|}{\sigma} \geqslant \lambda_n\Big\} = P\Big\{\frac{\ln^+|X_1|}{\sigma} \geqslant \lambda_n\Big\}$$

$$= P\Big\{N\Big(\frac{\ln^+|X_1|}{\sigma}\Big) \geqslant n\Big\}.$$

因此由数学期望的性质(参见附录 4.5 节),可以把数值 σ_0 改写如下:

$$\sigma_0 = \inf\Big\{\sigma > 0: \sum_{n=0}^{\infty} P\Big\{\frac{\ln^+|X_n|}{\sigma} \geqslant \lambda_n\Big\} < \infty\Big\}$$

$$= \inf\left\{\sigma>0: E\left(N\left(\frac{\ln^+|X_1|}{\sigma}\right)\right)<\infty\right\}.$$

上式也可直接证明,令

$$A_n = \left\{\omega\in\Omega: \lambda_n \leqslant \frac{\ln^+|X_1|}{\sigma} < \lambda_{n+1}\right\}.$$

那么 $\forall\,\omega\in A_n$,

$$N\left(\frac{\ln^+|X_1|}{\sigma}\right) = n+1.$$

因此

$$\begin{aligned}
E\left(N\left(\frac{\ln^+|X_1|}{\sigma}\right)\right) &= \int_\Omega N\left(\frac{\ln^+|X_1|}{\sigma}\right)P(\mathrm{d}\omega)\\
&= \sum_{n=0}^\infty \int_{A_n} N\left(\frac{\ln^+|X_1|}{\sigma}\right)P(\mathrm{d}\omega)\\
&= \sum_{n=0}^\infty (n+1)P(A_n) = \sum_{n=0}^\infty \sum_{k=n}^\infty P(A_k)\\
&= \sum_{n=0}^\infty P\left\{\frac{\ln^+|X_1|}{\sigma} \geqslant \lambda_n\right\}\\
&= \sum_{n=0}^\infty P\left\{\frac{\ln^+|X_n|}{\sigma} \geqslant \lambda_n\right\}.
\end{aligned}$$

这样就证明了结论(ii). □

推论 5.1.1 在定理 5.1.2 的条件下,如果存在常数 $p>0$,使得

$$E(|X_1|^p)<\infty, \tag{5.1.3}$$

那么

$$0 \leqslant \sigma_c(\omega) \leqslant \sigma_a(\omega) \leqslant \left(\frac{1}{p}+1\right)D \quad \text{a.s.}$$

当 $D=0$ 时,这个结果见范爱华[40].

证 既然量 $D<\infty$,那么对任意给定的 $\varepsilon>0$,存在自然数 n_0,当 $n\geqslant n_0$ 时,

$$\ln n < (D+\varepsilon)\lambda_n.$$

因此对所有充分大的 x,
$$\ln N(x) < (D+\varepsilon)\lambda_{N(x)} < (D+\varepsilon)x,$$
$$N(x) < e^{(D+\varepsilon)x}, \quad N(\ln x) < x^{D+\varepsilon}.$$

这样一来,对于任意给定的 $\sigma > \dfrac{D+\varepsilon}{p}$,当 x 充分大时,
$$N\left(\frac{\ln x}{\sigma}\right) \leqslant x^p.$$

由此可见,当条件(5.1.3)成立,$\sigma > \dfrac{D+\varepsilon}{p}$ 时,
$$E\left(N\left(\frac{\ln^+|X_1|}{\sigma}\right)\right) < \infty,$$

这里的 ε 是任意的,所以根据定理 5.1.2 可以得到要证的结论.

□

3. 关于随机 Taylor 级数的几个推论

考虑随机 Taylor 级数
$$\sum_{n=0}^{\infty} X_n(\omega) z^{\lambda_n}, \tag{5.1.4}$$

这里 $\{\lambda_n\}$ 是一列严格单调增的非负整数. 用 $R(\omega)$ 表示这个级数的收敛半径.

可以看出,
$$\varlimsup_{n \to \infty} \frac{\ln n}{\lambda_n} = 0.$$

根据这个结论和定理 5.1.2,容易得到下面的结论:

推论 5.1.2 如果 $\{|X_n|\}$ 是独立同分布的,并且 $|X_1|$ 不是恒为 0 的随机变量,那么
$$R(\omega) = e^{-\sigma_1} \quad \text{a.s.},$$
其中数值 σ_1 由 (5.1.2) 定义.

这个推论解决了 Arnold 在 [27] 中提出的问题 1 和问题 3. 另

外,[26]中定理 4 和定理 5 可以由这个推论直接得到.

在这个推论中,如果取 $\lambda_n = n$,那么
$$N(x) = [x]$$
($[x]$ 为不超过 x 的最大整数). 因此根据推论 5.1.2, 可以得出下面的结论:
$$R(\omega) = 1 \Leftrightarrow E(\ln^+ |X_1|) < \infty,$$
$$R(\omega) = 0 \Leftrightarrow E(\ln^+ |X_1|) = +\infty.$$

这正是 Arnold[25] 关于随机 Taylor 级数(5.1.4)(取 $\lambda_n = n$)所得到的 0-1 律.

5.2 收敛性(Ⅱ)

考虑随机 Dirichlet 级数
$$\sum_{n=0}^{\infty} a_n X_n(\omega) e^{-s\lambda_n}, \tag{5.2.1}$$
用 $\sigma_c(\omega)$ 和 $\sigma_a(\omega)$ 表示它的收敛横坐标和绝对收敛横坐标.

本节将在不同的条件下, 研究这个级数的收敛性.

1. 假定 $\{X_n\}$ 是一列独立随机变量, 并且是一致非退化的, 即
$$\varlimsup_{n \to \infty} \sup_{a \in \mathbf{C}} P\{X_n = a\} < 1.$$

根据附录定理 7.1, 关于序列 $\{X_n\}$, 存在常数 α_1 与 α_2, $0 < \alpha_1, \alpha_2 < 1$, 自然数 n_0 以及正常数列 $\{R_n\}$, 只要数列 $\{c_n\}$ 使得级数 $\sum_{n=0}^{\infty} c_n X_n(\omega)$ 几乎必然收敛, 就有
$$P\left\{ \left| \sum_{n=0}^{\infty} c_n X_n \right| \geq \alpha_1 \sqrt{\sum_{n=n_0}^{\infty} |c_n|^2 R_n^2} \right\} \geq \alpha_2.$$

考虑 Dirichlet 级数
$$\sum_{n=0}^{\infty} |a_n|^2 R_n^2 e^{-2s\lambda_n}. \tag{5.2.2}$$

用 σ_2 表示它的收敛横坐标.

定理 5.2.1 $\sigma_c(\omega) \geqslant \sigma_2$ a.s.[33]

证 根据 Kolmogrov 0-1 律，收敛横坐标 $\sigma_c(\omega)$ 几乎必然是某个常数 σ_1，因此下面只需证明：$\sigma_2 \leqslant \sigma_1$.

不妨设 $\sigma_1 < \infty$. 这时，对任意的 $\sigma > \sigma_1$，级数(5.2.1)在点 $s = \sigma$ 处是几乎必然收敛的，因而根据前面提到的附录定理 7.1，级数(5.2.2)在点 $s = \sigma$ 处也是收敛的. 因此，$\sigma_2 \leqslant \sigma$. 注意到点 σ 的任意性，我们就可以得到要证的结论. □

定理 5.2.1 的结论有待完善. 实际上，如果把级数(5.2.2)中的序列 $\{R_n\}$ 换为另一个正数列 $\{R_n'\}$（这里 $R_n \geqslant R_n'$（$\forall n \geqslant 0$）），那么定理 5.2.2 的结论类似地成立. 这说明：定理 5.2.1 虽然给出了收敛横坐标 $\sigma_c(\omega)$ 的一个下界，但这个下界是不够精确的. 为了改进定理 5.2.1 的结论，下面对序列 $\{X_n\}$ 附加一定的矩条件.

2. 假设 $\{X_n\}$ 是一列独立的随机变量，并且存在常数 $\alpha \in (0,1)$ 和常数 $p > 1$，使得对任意的 $n \geqslant 0$，

$$E(X_n) = 0, \quad 0 < \alpha \sqrt[p]{E(|X_n|^p)} \leqslant E(|X_n|). \quad (5.2.3)$$

记

$$l = \varlimsup_{n \to \infty} \frac{\ln(|a_n| E(|X_n|))}{\lambda_n}, \quad D = \varlimsup_{n \to \infty} \frac{\ln n}{\lambda_n}.$$

定理 5.2.2 如果 $D < \infty$，那么

$$l \leqslant \sigma_c(\omega) \leqslant \sigma_a(\omega) \leqslant l + D \quad \text{a.s.}^{[33]}$$

证 考虑 Dirichlet 级数

$$\sum_{n=0}^{\infty} |a_n|^2 E^2(|X_n|) e^{-2s\lambda_n}. \quad (5.2.4)$$

用 σ_4 表示它的收敛横坐标. 根据附录定理 7.1 和定理 7.2，如果在定理 5.2.1 中取 $R_n = E(|X_n|)$，那么定理 5.2.1 应该成立. 因此

5.2 收敛性（Ⅱ）

$$\sigma_4 \leqslant \sigma_c(\omega) \quad \text{a.s.} \quad (5.2.5)$$

另外，对级数(5.2.4)应用 Valiron 公式，可以得到

$$\varlimsup_{n\to\infty} \frac{\ln |a_n|^2 E^2(|X_n|)}{\lambda_n^2} = l \leqslant \sigma_4.$$

从这两个结果来看，下面只需证明：

$$\sigma_a(\omega) \leqslant l + D \quad \text{a.s.}$$

不妨设 $l < \infty$. 任取 $\varepsilon > 0$. 由指标 l 的定义式可以看出，存在某个数值 $K = K(\varepsilon)$，使得对任意的 $n \geqslant 0$，

$$|a_n| E(|X_n|) \leqslant K e^{-(l+\varepsilon)\lambda_n}.$$

另外，由 Valiron 公式，

$$\sum_{n=0}^{\infty} e^{-(D+\varepsilon)\lambda_n} < \infty.$$

根据这两个结果，

$$\sum_{n=0}^{\infty} E(|a_n X_n e^{-(l+D+2\varepsilon)\lambda_n}|)$$

$$= \sum_{n=0}^{\infty} |a_n| E(|X_n|) e^{-(l+D+2\varepsilon)\lambda_n}$$

$$\leqslant \sum_{n=0}^{\infty} K e^{-(D+\varepsilon)\lambda_n} < \infty.$$

由此可见，在点 $s = l + D + 2\varepsilon$ 处，级数(5.2.1)几乎必然绝对收敛. 因此

$$\sigma_a(\omega) \leqslant l + D + 2\varepsilon \quad \text{a.s.}$$

由此容易得到要证的结论. □

定理 5.2.2 在附加了"独立性假设"和条件(5.2.3)之后，改进了定理 5.2.1 的结论. 下面在 $p = 2$ 的情况下，进一步改进定理 5.2.2 的结论.

3. 假设 $\{X_n\}$ 是一列独立随机变量，并且存在常数 $\alpha \in (0,1)$，使得对任意的 $n \geqslant 0$，

$$E(X_n)=0, \quad 0<\alpha\sqrt{E(|X_n|^2)}\leqslant E(|X_n|). \tag{5.2.6}$$

考虑 Dirichlet 级数

$$\sum_{n=0}^{\infty}|a_n|^2 E(|X_n|^2)\mathrm{e}^{-2s\lambda_n}. \tag{5.2.7}$$

定理 5.2.3 以概率 1，级数 (5.2.1) 和 (5.2.7) 有相同的收敛横坐标[33]．

证 用 σ_7 表示级数 (5.2.7) 的收敛横坐标．下面根据定理 5.2.2（取 $p=2$）及其证明过程来分析．

由条件 (5.2.6) 可以看出，级数 (5.2.4) 和 (5.2.7) 有相同的收敛性．因此根据不等式 (5.2.5)，

$$\sigma_7\leqslant\sigma_c(\omega)\quad\text{a.s.}$$

然而根据 Kolmogrov 0-1 律，级数 (5.2.1) 的收敛横坐标 $\sigma_c(\omega)$ 几乎必然为某个常数 σ_c，因此下面只需证明：

$$\sigma_c\leqslant\sigma_7.$$

不妨设 $\sigma_7<\infty$．这时，对任意的 $\sigma>\sigma_7$，级数 (5.2.7) 在点 $s=\sigma$ 处是收敛的，所以

$$\sum_{n=0}^{\infty}E(|a_n X_n\mathrm{e}^{-\sigma\lambda_n}|^2)=\sum_{n=0}^{\infty}|a_n|^2 E(|X_n|^2)\mathrm{e}^{-2\sigma\lambda_n}<\infty.$$

这样一来，根据附录定理 6.1，级数 (5.2.1) 在点 $s=\sigma$ 处是几乎必然收敛的．所以

$$\sigma\geqslant\sigma_c.$$

注意到 σ 的任意性，由这个不等式即得 $\sigma_7\geqslant\sigma_c$． □

4. 假设 $\{X_n\}$ 是一列独立同分布的随机变量，并且存在常数 $\beta>0$，使得

$$0<E(|X_1|^{\beta})<\infty. \tag{5.2.8}$$

记

$$L=\varlimsup_{n\to\infty}\frac{\ln|a_n|}{\lambda_n},\quad D=\varlimsup_{n\to\infty}\frac{\ln n}{\lambda_n}.$$

定理 5.2.4 如果 $D<\infty$，那么

$$L \leqslant \sigma_c(\omega) \leqslant \sigma_a(\omega) \leqslant L+\left(1+\frac{1}{\beta}\right)D \quad \text{a.s.}$$

在 $D=0$ 的情形，这个结果见田范基[73]，第三章。

证 假设 $\{k_n\}$ 是由部分自然数组成的严格单调增数列，使得

$$L=\lim_{n\to\infty}\frac{\ln|a_{k_n}|}{\lambda_{k_n}}.$$

考虑序列 $\{X_{k_n}\}$。这仍然是一列独立同分布的随机变量。对于随机 Dirichlet 级数

$$\sum_{n=1}^{\infty}X_{k_n}(\omega)\mathrm{e}^{-s\lambda_{k_n}},$$

应用 Valiron 公式，根据推论 5.1.2，我们有下面的不等式：

$$0\leqslant\varlimsup_{n\to\infty}\frac{\ln|X_{k_n}|}{\lambda_{k_n}}\leqslant\left(1+\frac{1}{\beta}\right)D \quad \text{a.s.}$$

根据这个结论，下面的不等式几乎必然成立：

$$\varlimsup_{n\to\infty}\frac{\ln|a_nX_n|}{\lambda_n}\geqslant\varlimsup_{n\to\infty}\frac{\ln|a_{k_n}X_{k_n}|}{\lambda_{k_n}}$$

$$=\lim_{n\to\infty}\frac{\ln|a_{k_n}|}{\lambda_{k_n}}+\varlimsup_{n\to\infty}\frac{\ln|X_{k_n}|}{\lambda_{k_n}}$$

$$=L.$$

现在，我们只需证明：

$$\sigma_a(\omega)\leqslant L+\left(1+\frac{1}{\beta}\right)D \quad \text{a.s.} \tag{5.2.9}$$

实际上，根据假设条件(5.2.8)，由数学期望的性质(参见附录 4.5 节)，

$$\sum_{n=0}^{\infty}P\{|X_n|^\beta\geqslant n\}<\infty.$$

因此，根据 Borel-Cantelli 引理，

$$P\left(\bigcap_{N=1}^{\infty}\bigcup_{n=N}^{\infty}\{|X_n|^\beta\geqslant n\}\right)=0.$$

由此推出
$$P(\bigcup_{N=1}^{\infty}\bigcap_{n=N}^{\infty}\{|X_n|<n^{1/\beta}\})=1.$$
根据这个结论,
$$\varlimsup_{n\to\infty}\frac{\ln|X_n|}{\lambda_n}\leqslant\varlimsup_{n\to\infty}\frac{\ln n^{1/\beta}}{\lambda_n}=\frac{D}{\beta}\quad\text{a.s.}$$
根据这个结果,对级数(5.2.1)应用 Valiron 公式,我们可以看出,下面的不等式以概率 1 成立:
$$\begin{aligned}\sigma_a(\omega)&\leqslant\varlimsup_{n\to\infty}\frac{\ln|a_nX_n|}{\lambda_n}+D\\&\leqslant\varlimsup_{n\to\infty}\frac{\ln|a_n|}{\lambda_n}+\varlimsup_{n\to\infty}\frac{\ln|X_n|}{\lambda_n}+D\\&\leqslant L+\left(1+\frac{1}{\beta}\right)D.\end{aligned}$$
这就是不等式(5.2.9). □

5.3 收 敛 性(Ⅲ)

考虑随机 Dirichlet 级数
$$\sum_{n=0}^{\infty}X_n(\omega)\mathrm{e}^{-s\lambda_n}. \tag{5.3.1}$$
在这一节里,总假定 $\{X_n\}$ 是 2 阶矩有限的鞅差序列. 用 $\sigma_c(\omega)$ 表示级数(5.3.1)的收敛横坐标.

考虑 Dirichlet 级数
$$\sum_{n=0}^{\infty}E(|X_n|^2)\mathrm{e}^{-2s\lambda_n}. \tag{5.3.2}$$
用 σ_0 表示它的收敛横坐标.

定理 5.3.1 (ⅰ) $\sigma_c(\omega)\leqslant\sigma_0$ a.s.

(ⅱ) 假设鞅差序列 $\{X_n\}$ 是全局正则的,即存在常数 $\alpha\in(0,1)$,使得对任意的 $n\geqslant 0$,

5.3 收敛性(Ⅲ)

$$0 < \alpha \sqrt{E(|X_n|^2)} \leqslant E(|X_n|).$$

那么

$$P\{\omega: \sigma_c(\omega) = \sigma_0\} \geqslant \frac{\beta^2}{4},$$

这里 β 是依赖于常数 α 的某个正的常数($\beta<1$)(参见附录定理 6.2).

这个结果见丁晓庆[33],第一章.

证 (i) 先给出一个简单结论. 记

$$Q^* = \{\xi + i\eta: \xi \text{ 和 } \eta \text{ 都是有理数}\}.$$

考虑两个 Dirichlet 级数

$$\sum_{n=0}^{\infty} a_n' e^{-s\lambda_n'}, \quad \sum_{n=0}^{\infty} a_n'' e^{-s\lambda_n''}.$$

用 σ_c' 和 σ_c'' 分别表示这两个级数的收敛横坐标. 容易证明下面的结论:设 s 取点集 Q^* 上的任意一点,如果后一个级数收敛时前一个级数一定收敛,那么 $\sigma_c' \leqslant \sigma_c''$.

现在正式证明定理 5.3.1(i). 根据鞅差序列的极限性质(参见附录定理 6.1), 对于 s 取点集 Q^* 上的任意一点, 当级数(5.3.2)收敛时, 级数(5.3.1)一定几乎必然收敛, 因此

$$\sigma_c(\omega) \leqslant \sigma_0 \quad \text{a.s.}$$

这就是结论(i).

(ii) 根据结论(i),不妨假设 $\sigma_0 > -\infty$. 下面任取有理数 r,记

$$S_{N,r}(\omega) = \sum_{n=0}^{N} X_n(\omega) e^{-r\lambda_n},$$

$$s_{N,r} = \sqrt{E(|S_{N,r}|^2)} = \sqrt{\sum_{n=0}^{N} E(|X_n|^2) e^{-2r\lambda_n}},$$

$$A_{N,r} = \left\{\omega: |S_{N,r}| \geqslant \frac{\beta}{2} s_{N,r}\right\},$$

$$A_r = \left\{\omega: \varlimsup_{N\to\infty} |S_{N,r}| \geqslant \frac{\beta}{2} \varlimsup_{N\to\infty} s_{N,r}\right\},$$

$$B_r = \{\omega : \sigma_c(\omega) < r\}.$$

根据 Burkholder 的一个定理(参见附录定理 6.2),

$$E(|S_{N,r}|) \geqslant \beta \sqrt{E(|S_{N,r}|^2)} = \beta s_{N,r}.$$

因此由 Paley-Zygmund 不等式(参见附录 4.8 节),

$$P(A_{N,r}) \geqslant P\left\{|S_{N,r}| \geqslant \frac{1}{2} E(|S_{N,r}|)\right\} \geqslant \frac{\beta^2}{4}.$$

这样一来,根据关系式: $\varlimsup_{N \to \infty} A_{N,r} \subseteq A_r$,我们可以推出

$$P(A_r) \geqslant \varlimsup_{N \to \infty} P(A_{N,r}) \geqslant \frac{\beta^2}{4}. \qquad (5.3.3)$$

另外,对于任意的有理数 $r < \sigma_0$,级数(5.3.2)在点 $s = r$ 处是发散的,因此

$$\lim_{N \to \infty} s_{N,r} = \infty.$$

这样一来,

$$A_r B_r \subseteq \{\omega : \varlimsup_{N \to \infty} |S_{N,r}| = \infty, \sigma_c(\omega) < r\} = \emptyset \text{ (空集)}.$$

所以,根据不等式(5.3.3)可以推出

$$P\{\sigma_c(\omega) \geqslant r\} = P(\Omega - B_r) \geqslant P(A_r) - P(A_r B_r) = \frac{\beta^2}{4}.$$

最后令 $r \uparrow \sigma_0$ 即可得到要证的结论. □

5.4 收敛性(Ⅳ)

考虑随机 Dirichlet 级数

$$\sum_{n=0}^{\infty} X_n(\omega) e^{-s\lambda_n}. \qquad (5.4.1)$$

在这一节里,总假定 $\{X_n\}$ 是一列 p 阶矩有限的随机变量($p > 1$),并且存在常数 $\alpha \in (0,1)$,使得对任意的 $n \geqslant 0$,

$$0 < \alpha \sqrt[p]{E(|X_n|^p)} \leqslant E(|X_n|). \qquad (5.4.2)$$

考虑 Dirichlet 级数

$$\sum_{n=0}^{\infty} E(|X_n|)e^{-s\lambda_n}. \qquad (5.4.3)$$

用 σ_0 表示它的收敛横坐标. 记

$$l = \varlimsup_{n\to\infty} \frac{\ln E(|X_n|)}{\lambda_n}, \quad D = \varlimsup_{n\to\infty} \frac{\ln n}{\lambda_n}.$$

定理 5.4.1 (i) $\sigma_a(\omega) \leqslant \sigma_0$ a.s.

(ii) $P\{\omega : \sigma_a(\omega) = \sigma_0\} \geqslant \alpha^{\frac{p}{p-1}}$.

(iii) 如果 $D < \infty$, 那么

$$P\{\omega : l - D \leqslant \sigma_c(\omega) \leqslant \sigma_a(\omega) \leqslant l + D\} \geqslant \alpha^{\frac{p}{p-1}}.$$

这个结果见丁晓庆和卢佳华[38], 定理 1.

由这个定理可以直接推出下面的结论: 如果在定理 5.4.1 中再假设 $\{X_n\}$ 是独立的, 那么

$$\sigma_a(\omega) = \sigma_0 \quad \text{a.s.}$$

为了证明定理 5.4.1, 先给出两个引理.

以下用 α 和 p 表示不等式(5.4.2)中出现的常数, 记 $q = \dfrac{p}{p-1}$.

引理 5.4.1 对非负随机变量 X, 如果

$$0 < \alpha \sqrt[p]{E(X^p)} \leqslant E(X) < \infty, \qquad (5.4.4)$$

那么对任意常数 $\lambda \in (0,1)$,

$$P\{X \geqslant \lambda E(X)\} \leqslant (1-\lambda)^q \alpha^q.$$

证 记

$$\|X\|_1 = E(X), \quad \|X\|_p = \sqrt[p]{E(X^p)}.$$

根据 Hölder 不等式,

$$\begin{aligned}
\|X\|_1 &= \int_\Omega X dP = \int_{X \geqslant \lambda \|X\|_1} X dP + \int_{X < \lambda \|X\|_1} X dP \\
&\leqslant \|X\|_p \sqrt[q]{P\{X \geqslant \lambda \|X\|_1\}} + \lambda \|X\|_1.
\end{aligned}$$

再根据不等式(5.4.4)即可推出要证的不等式. □

引理 5.4.2 对任意一列复数 $\{a_n\}$，对任意的常数 $\lambda \in (0,1)$，对任意的自然数 n，总有
$$P\{S_n \geqslant \lambda E(S_n)\} \geqslant (1-\lambda)^q \alpha^q,$$
这里 $S_n = \sum_{k=0}^{n} |a_k X_k|$.

证 不妨假设 a_n 都不是 0. 这时，随机变量列 $\{a_n X_n\}$ 同样满足条件(5.4.2). 因此，根据 Minkowski 不等式，
$$\alpha \|S_n\|_p \leqslant \alpha \sum_{k=0}^{n} \|a_k X_k\|_p \leqslant \sum_{k=0}^{n} \|a_k X_k\|_1 = \|S_n\|_1.$$
这说明：随机变量 S_n 满足引理 5.4.1 的条件. 因此，根据引理 5.4.1 可以推出本引理. □

定理 5.4.1 的证明 (i) 不妨假设 $\sigma_0 < \infty$. 这时，对任意的 $\sigma > \sigma_0$，级数(5.4.3)在点 $s = \sigma$ 处是收敛的. 因此级数(5.4.1)在点 $s = \sigma$ 处几乎必然绝对收敛. 这样一来，
$$P\{\sigma_a(\omega) \leqslant \sigma\} = 1.$$
现在令 $\sigma \downarrow \sigma_0$，就可以得到结论(i).

(ii) 根据结论(i)，不妨假设 $\sigma_0 > -\infty$. 这时，对任意的 $\sigma < \sigma_0$，根据引理 5.4.2，对任意的常数 $\lambda \in (0,1)$，
$$P\left\{\sum_{k=0}^{n} |X_k| e^{-\sigma \lambda_n} \geqslant \lambda \sum_{k=0}^{n} E(|X_k|) e^{-\sigma \lambda_n}\right\} \geqslant (1-\lambda)^q \alpha^q.$$
但是级数(5.4.1)在点 $s = \sigma$ 处是发散的，因此在上面的不等式中令 $n \to \infty$，就可以推出
$$P\left\{\sum_{k=0}^{\infty} |X_k| e^{-\sigma \lambda_n} = \infty\right\} \geqslant (1-\lambda)^q \alpha^q.$$
注意到常数 λ 的任意性，我们可以得到
$$P\left\{\sum_{k=0}^{\infty} |X_k| e^{-\sigma \lambda_n} = \infty\right\} \geqslant \alpha^q.$$

由此推出
$$P\{\sigma_a(\omega) \geqslant \sigma\} \geqslant \alpha^q.$$
现在注意到常数 σ 的任意性,根据结论(i),可以得到结论(ii).

(iii) 对级数(5.4.1)和(5.4.3)分别应用 Valiron 公式,那么对任意的 $\omega \in \Omega$,

$$\varlimsup_{n \to \infty} \frac{\ln|X_n(\omega)|}{\lambda_n} = L(\omega) \leqslant \sigma_c(\omega) \leqslant \sigma_a(\omega)$$
$$\leqslant L(\omega) + D, \qquad (5.4.5)$$
$$\varlimsup_{n \to \infty} \frac{\ln E(|X_n|)}{\lambda_n} = l \leqslant \sigma_0 \leqslant l + D.$$

在这种情况下,对某个 $\omega \in \Omega$,如果 $\sigma_a(\omega) = \sigma_0$,那么
$$l \leqslant \sigma_a(\omega) = \sigma_0 \leqslant l + D,$$
$$l - D \leqslant \sigma_a(\omega) - D \leqslant L(\omega).$$

把这些结果与不等式(5.4.5)相结合,根据结论(ii),我们就可以得到结论(iii). □

5.5 收敛性(V)

考虑随机 Dirichlet 级数
$$\sum_{n=0}^{\infty} a_n X_n(\omega) e^{-\lambda_n s}, \qquad (5.5.1)$$
其中,$\{a_n\} \subset \mathbf{C}$,$0 \leqslant \lambda_n \uparrow +\infty$,$s = \sigma + \mathrm{i}t$,$\{X_n(\omega)\}$ 是概率空间 $(\Omega, \mathscr{A}, P)$ ($\omega \in \Omega$) 中的独立、同分布的随机变量序列,并且 $\forall n \in \mathbf{N}$,
$$0 < E(|X_n(\omega)|^2) < +\infty, \qquad (5.5.2)$$
从而
$$0 < E(|X_n(\omega)|) = d < +\infty. \qquad (5.5.2)'$$
这种随机变量序列包含了 Rademacher, Steinhaus, Gauss 序列[10]以及所谓 N 序列[103],[64].

设 $\{\lambda_n\}$ 满足

$$\varlimsup_{n\to\infty}\frac{\ln n}{\lambda_n}=E<+\infty, \tag{5.5.3}$$

并且用 $\sigma_c(\omega)$ 及 $\sigma_a(\omega)$ 表示级数(5.5.1)的收敛横坐标及绝对收敛横坐标. 我们有

定理 5.5.1　在上列条件下,

$$l\leqslant\sigma_c(\omega)\leqslant\sigma_a(\omega)\leqslant l+2E\quad\text{a.s.} \tag{5.5.4}$$

其中, $l=\varlimsup\limits_{n\to\infty}\dfrac{\ln|a_n|}{\lambda_n}$.

为了证明这个定理, 先证明一个引理:

引理 5.5.1　设 $\{X_n(\omega)\}$ 满足上列条件. 那么
(i) $X_n(\omega)=O(n)$ $(n\to\infty)$ a.s.;
(ii) $\exists\delta>0$, 使得 $\varlimsup\limits_{n\to\infty}|X_n(\omega)|>\delta$ a.s.;
(iii) $\forall\{n_k\}\subset\mathbf{N}\,(0<n_k\uparrow+\infty)$, $\exists\delta'>0$, 使得
$$\varlimsup_{k\to\infty}|X_{n_k}(\omega)|>\delta'\quad\text{a.s.}$$

证　(i) 由 (5.5.2)′ 及大数定律,
$$\lim_{n\to\infty}\frac{1}{n}\sum_{j=0}^{n}|X_j(\omega)|=\lim_{n\to\infty}\left(\frac{1}{n+1}\sum_{j=0}^{n}|X_j(\omega)|\right)\cdot\frac{n+1}{n}$$
$$=E(|X_n(\omega)|)<+\infty\quad\text{a.s.},$$
$$\lim_{n\to\infty}\frac{1}{n}\sum_{j=0}^{n-1}|X_j(\omega)|=E(|X_n(\omega)|)<+\infty\quad\text{a.s.}$$

上面两式相减, (i) 即得证.

(ii) 由假设, $\forall n(>0)\in\mathbf{N}$,
$$P\{|X_n(\omega)|>0\}>0.$$

取 $\delta_j\downarrow 0$. 我们有
$$\{|X_n(\omega)|>0\}=\bigcup_{j=0}^{\infty}\{|X_n(\omega)|>\delta_j\}.$$

因此 $\exists\delta>0$, 使得 $P\{|Z_n(\omega)|>\delta\}>0$. 从而

5.5 收敛性（Ⅴ）

$$\sum_{n=0}^{\infty} P\{|Z_n(\omega)| > \delta\} = +\infty.$$

由 Borel-Cantelli 引理，

$$P\{\varlimsup_{n\to\infty} |X_n(\omega)| > \delta\} = 1.$$

(ii) 得证.

要证明 (iii)，只需在 (ii) 的证明中，把 $\{X_n(\omega)\}$ 换成 $\{X_{n_j}(\omega)\}$. □

定理 5.5.1 的证明 由 Valiron 公式，只需证明

$$l \leqslant \varlimsup_{n\to\infty} \frac{\ln|a_n||X_n(\omega)|}{\lambda_n} \leqslant l + E \quad \text{a.s.} \tag{5.5.5}$$

由引理 5.5.1 (i)，$\exists K > 0$，对任何 n，

$$\ln|a_n||X_n(\omega)| \leqslant \ln|a_n| + \ln n + \ln K \quad \text{a.s.}$$

因此

$$\varlimsup_{n\to\infty} \frac{\ln|a_n||X_n(\omega)|}{\lambda_n} \leqslant l + E \quad \text{a.s.}$$

其次，选取 $\{n\}$ 的子序列 $\{n_k\}$，使得

$$\varlimsup_{n\to\infty} \frac{\ln|a_n|}{\lambda_n} \leqslant \lim_{k\to\infty} \frac{\ln|a_{n_k}|}{\lambda_{n_k}} = l.$$

由引理 5.5.1 (iii)，$\exists \delta' > 0$，使得

$$\varlimsup_{k\to\infty} |X_{n_k}(\omega)| > \delta' \quad \text{a.s.}$$

因此

$$\varlimsup_{n\to\infty} \frac{\ln|a_n||X_n(\omega)|}{\lambda_n} \geqslant \varlimsup_{k\to\infty} \frac{\ln|a_{n_k}||X_{n_k}(\omega)|}{\lambda_{n_k}}$$

$$\geqslant \lim_{k\to\infty} \frac{\ln|a_{n_k}|}{\lambda_{n_k}} + \varlimsup_{k\to\infty} \frac{\ln|X_{n_k}(\omega)|}{\lambda_{n_k}} = l \quad \text{a.s.}$$

(5.5.4) 得证. □

第六章 增长性

第三章讨论了 Dirichlet 级数的增长性,它与级数的值分布有关,其本身也是 Dirichlet 级数的一种重要性质. 本章讨论随机 Dirichlet 级数的增长性,其意义与 Dirichlet 级数的相应性质相同. 本章按随机 Dirichlet 级数的几乎必然收敛区域是全平面及半平面两种情形分别讨论;选讲有关初步结果,然后讲述进一步的结果.

6.1 初步结果

考虑与 5.5 节相同的随机 Dirichlet 级数

$$f(s,\omega) = \sum_{n=0}^{\infty} a_n X_n(\omega) e^{-\lambda_n s}, \quad (6.1.1)$$

其中,$\{a_n\} \subset \mathbf{C}$,$0 \leqslant \lambda_n \uparrow +\infty$,$s = \sigma + it$,$\{X_n(\omega)\}$ 是概率空间 $(\Omega, \mathscr{A}, P)$ ($\omega \in \Omega$) 中的独立、同分布的随机变量序列,并且 (5.5.2) 从而 (5.5.2)′ 成立.

设 (5.5.3) 及

$$\lim_{n \to \infty} \frac{\ln |a_n|}{\lambda_n} = -\infty \quad (6.1.2)$$

成立. 那么 $\sigma_c(\omega) = \sigma_a(\omega) = -\infty$ a.s.,即 $f(s,\omega)$ 是一随机整函数,且 a.s. 是一整函数.

如对于某一 $\omega \in \Omega$,$f(s,\omega)$ 是整函数. 令

$$M(\sigma,\omega) = \sup\{|f(\sigma+it)| : t \in \mathbf{R}\} \quad (\sigma \in \mathbf{R}). \quad (6.1.3)$$

那么 $f(s,\omega)$ 的级是
$$\varlimsup_{\sigma \to -\infty} \frac{\ln \ln M(\sigma)}{-\sigma} = \rho(\omega).$$

由定理 3.2.1,可证明:

定理 6.1.1 设 (6.1.1) 中的 $f(s,\omega)$ 满足前述条件,并且 (5.5.3) 及 (6.1.2) 成立. 那么

$f(s,\omega)$ 的级 $\rho(\omega) = \rho$ a.s.

$$\Leftrightarrow \varlimsup_{n\to\infty} \frac{\ln|a_n|}{\lambda_n \ln \lambda_n} = \begin{cases} -\infty, & \text{若 } \rho = 0; \\ -\dfrac{1}{\rho}, & \text{若 } \rho \in (0,+\infty); \\ 0, & \text{若 } \rho = +\infty. \end{cases} \quad (6.1.4)$$

证 由定理 3.2.1,只需证明
$$\varlimsup_{n\to\infty} \frac{\ln|a_n||X_n(\omega)|}{\lambda_n \ln \lambda_n} = \varlimsup_{n\to\infty} \frac{\ln|a_n|}{\lambda_n \ln \lambda_n} \quad \text{a.s.} \quad (6.1.5)$$

由引理 5.5.1 (i), $\exists K > 0$, 对任何 n,
$$\ln|a_n||X_n(\omega)| \leqslant \ln|a_n| + \ln n + \ln K \quad \text{a.s.}$$

因此
$$\varlimsup_{n\to\infty} \frac{\ln|a_n||X_n(\omega)|}{\lambda_n \ln \lambda_n} \leqslant \varlimsup_{n\to\infty} \frac{\ln|a_n|}{\lambda_n \ln \lambda_n} \quad \text{a.s.}$$

其次,选取 $\{n\}$ 的子序列 $\{n_k\}$,使得
$$\varlimsup_{n\to\infty} \frac{\ln|a_n|}{\lambda_n \ln \lambda_n} = \lim_{k\to\infty} \frac{\ln|a_{n_k}|}{\lambda_{n_k} \ln \lambda_{n_k}}.$$

由引理 5.5.1 (iii),
$$\varlimsup_{n\to\infty} \frac{\ln|a_n||X_n(\omega)|}{\lambda_n \ln \lambda_n} \geqslant \varlimsup_{k\to\infty} \frac{\ln|a_{n_k}||X_{n_k}(\omega)|}{\lambda_{n_k} \ln \lambda_{n_k}}$$
$$\geqslant \lim_{k\to\infty} \frac{\ln|a_{n_k}|}{\lambda_{n_k} \ln \lambda_{n_k}} + \varlimsup_{k\to\infty} \frac{\ln|X_{n_k}(\omega)|}{\lambda_{n_k} \ln \lambda_{n_k}}$$
$$= \lim_{k\to\infty} \frac{\ln|a_{n_k}|}{\lambda_{n_k} \ln \lambda_{n_k}} \quad \text{a.s.}$$

(6.1.5)得证. □

设 $f(s,\omega)$ 满足前述条件,但(5.5.3)及(6.1.2)两条件分别换成

$$\varlimsup_{n\to\infty}\frac{n}{\lambda_n}<+\infty, \qquad (6.1.6)$$

$$\varlimsup_{n\to\infty}\frac{\ln|a_n|}{\lambda_n}=0. \qquad (6.1.7)$$

那么 $\sigma_c(\omega)=\sigma_a(\omega)=0$ a.s.,从而 $f(s,\omega)$ 是在半平面 $\mathrm{Re}\,s>0$ 内的随机解析函数,且在这半平面内 a.s. 是解析函数.

如对于某一 $\omega\in\Omega$,$f(s,\omega)$ 在 $\mathrm{Re}\,s>0$ 内解析. 当 $\mathrm{Re}\,s=\sigma>0$ 时,如同(6.1.3)中那样定义 $M(\sigma,\omega)$,那么 $f(s,\omega)$ 在 $\mathrm{Re}\,s>0$ 内的级是

$$\varlimsup_{\sigma\to 0^+}\frac{\ln^+\ln^+ M(\sigma,\omega)}{-\ln\sigma}=\rho_1(\omega).$$

由定理 3.3.1,可证明:

定理 6.1.2 设 $f(s,\omega)$ 满足本节初的条件,并且(6.1.6)及(6.1.7)成立. 那么

$f(s,\omega)$ 在 $\mathrm{Re}\,s>0$ 内的级 $\rho_1(\omega)=\rho_1$ a.s.

$$\Leftrightarrow \varlimsup_{n\to\infty}\frac{\ln^+\ln^+|a_n|}{\ln\lambda_n}=\begin{cases}\dfrac{\rho_1}{1+\rho_1}, & \text{若 } \rho_1<+\infty;\\ 1, & \text{若 } \rho_1=+\infty.\end{cases} \qquad (6.1.8)$$

证 由定理 3.3.1,只需证明

$$\varlimsup_{n\to\infty}\frac{\ln^+\ln^+|a_n||X_n(\omega)|}{\ln\lambda_n}=\varlimsup_{n\to\infty}\frac{\ln^+\ln^+|a_n|}{\ln\lambda_n} \quad \text{a.s.} \qquad (6.1.9)$$

由引理 5.5.1,$\exists K>0$,对任何 n,

$$\ln^+|a_n||X_n(\omega)|\leqslant \ln^+|a_n|+\ln^+|X_n(\omega)|+\ln 2$$
$$\leqslant \ln^+|a_n|+\ln^+ n+\ln^+ K+2\ln 2 \quad \text{a.s.},$$

$$\ln^+\ln^+|a_n||X_n(\omega)| \leqslant \ln^+\ln^+|a_n| + \ln^+\ln^+ n$$
$$+ \ln^+\ln^+ K + \ln^+(2\ln 2) + \ln 4 \quad \text{a.s.}$$

因此
$$\varlimsup_{n\to\infty}\frac{\ln^+\ln^+|a_n||X_n(\omega)|}{\ln\lambda_n} \leqslant \varlimsup_{n\to\infty}\frac{\ln^+\ln^+|a_n|}{\ln\lambda_n} \quad \text{a.s.}$$

其次, 选取 $\{n\}$ 的子序列 $\{n_k\}$, 使得
$$\varlimsup_{n\to\infty}\frac{\ln^+\ln^+|a_n|}{\ln\lambda_n} = \lim_{k\to\infty}\frac{\ln^+\ln^+|a_{n_k}|}{\ln\lambda_{n_k}}.$$

我们有
$$\ln^+|a_{n_k}| = \ln^+|a_{n_k}||X_{n_k}(\omega)||X_{n_k}^{-1}(\omega)|$$
$$\leqslant \ln^+|a_{n_k}||X_{n_k}(\omega)| + \ln^+|X_{n_k}^{-1}(\omega)| + \ln 2,$$
$$\ln^+\ln^+|a_{n_k}| \leqslant \ln^+\ln^+|a_{n_k}||X_{n_k}(\omega)|$$
$$+ \ln^+\ln^+|X_{n_k}^{-1}(\omega)| + \ln^+\ln 2 + \ln 3.$$

于是
$$\varlimsup_{k\to\infty}\frac{\ln^+\ln^+|a_{n_k}|}{\ln\lambda_{n_k}} \leqslant \varlimsup_{k\to\infty}\frac{\ln^+\ln^+|a_{n_k}||X_{n_k}(\omega)|}{\ln\lambda_{n_k}}$$
$$+ \varlimsup_{k\to\infty}\frac{\ln^+\ln^+|X_{n_k}^{-1}(\omega)| + \ln^+\ln^+\ln 2 + \ln^+\ln 3}{\ln\lambda_{n_k}}.$$

由引理 5.5.1 (iii),
$$\varlimsup_{k\to\infty}|X_{n_k}^{-1}(\omega)| < \frac{1}{\delta'} \quad \text{a.s.}$$

因此
$$\varlimsup_{k\to\infty}\frac{\ln^+\ln^+|a_{n_k}|}{\ln\lambda_{n_k}} \leqslant \varlimsup_{k\to\infty}\frac{\ln^+\ln^+|a_{n_k}||X_{n_k}(\omega)|}{\ln\lambda_{n_k}} \quad \text{a.s.}$$

从而
$$\varlimsup_{n\to\infty}\frac{\ln^+\ln^+|a_n|}{\ln\lambda_n} \leqslant \varlimsup_{n\to\infty}\frac{\ln^+\ln^+|a_n||X_n(\omega)|}{\ln\lambda_n} \quad \text{a.s.}$$

(6.1.9)得证. □

6.2 收敛半平面情形(Ⅰ)

考虑随机 Dirichlet 级数

$$\sum_{n=0}^{\infty} a_n X_n(\omega) e^{-s\lambda_n}. \tag{6.2.1}$$

在这一节里,恒假定 $\{X_n\}$ 是一列独立随机变量,并且是一致非退化的,即

$$\varlimsup_{n\to\infty} \sup_{a\in\mathbf{C}} \{P\{X_n = a\}\} < 1.$$

假定级数(6.2.1)的收敛横坐标

$$\sigma_c(\omega) = 0 \quad \text{a.s.} \tag{6.2.2}$$

这时,级数(6.2.1)在右半平面 $\operatorname{Re} s > 0$ 内几乎必然收敛,并且定义了随机解析函数 $f_\omega(s)$.

附录定理 7.1 表明:关于序列 $\{X_n\}$,存在着常数 α_1 与 α_2,$0 < \alpha_1, \alpha_2 < 1$,自然数 n_0 以及正常数列 $\{R_n\}$,只要数列 $\{c_n\}$ 使得级数 $\sum_{n=0}^{\infty} c_n X_n(\omega)$ 几乎必然收敛,就有

$$P\left\{\left|\sum_{n=0}^{\infty} c_n X_n\right| \geq \alpha_1 \sqrt{\sum_{n=n_0}^{\infty} |c_n|^2 R_n^2}\right\} \geq \alpha_2.$$

现在任取 $\sigma > 0$. 根据条件(6.2.2)可知,对于任意的实数 t, 级数(6.2.1)在点 $s = \sigma + it$ 处几乎必然收敛. 因此

$$P\left\{\left|\sum_{n=0}^{\infty} a_n X_n e^{-(\sigma+it)\lambda_n}\right| \geq \alpha_1 \sqrt{\sum_{n=n_0}^{\infty} |a_n|^2 R_n^2 e^{-2\sigma\lambda_n}}\right\} \geq \alpha_2. \tag{6.2.3}$$

定义函数

$$h(\sigma) = \sqrt{\sum_{n=0}^{\infty} |a_n|^2 R_n^2 e^{-2\sigma\lambda_n}} \quad (\sigma > 0).$$

用 $p(x)$ 表示区间 $(0, \infty)$ 上的严格单调增、无界的连续函数.

6.2 收敛半平面情形（Ⅰ）

定理 6.2.1 如果级数 $\sum_{n=0}^{\infty}|a_n|^2 R_n^2 = \infty$，那么对于任意的 $t \in \mathbf{R}$，

$$\varlimsup_{\sigma \to 0^+} \frac{\ln|f_\omega(\sigma+it)|}{p\left(\frac{1}{\sigma}\right)} \geqslant \varlimsup_{\sigma \to 0^+} \frac{\ln h(\sigma)}{p\left(\frac{1}{\sigma}\right)} \quad \text{a.s.} \quad (6.2.4)$$

证 我们要应用下面的简单原理：对于任意一列随机变量 $\{\xi_n\}$，对于任意一列实数 $\{x_n\}$，

$$P\{\varlimsup_{n \to \infty} \xi_n \geqslant \varlimsup_{n \to \infty} x_n\} \geqslant \varlimsup_{n \to \infty} P\{\xi_n \geqslant x_n\}.$$

这个不等式直接由下面明显的关系式推出：

$$\{\omega : \varlimsup_{n \to \infty} \xi_n(\omega) \geqslant \varlimsup_{n \to \infty} x_n\} \supseteq \bigcap_{N=0}^{\infty} \bigcup_{n=N}^{\infty} \{\omega : \xi_n(\omega) \geqslant x_n\}.$$

现在用 τ_h 表示不等式(6.2.4)右端的上极限，不妨假设 $\{\sigma_n\}$ 是正项无穷小数列，使得

$$\lim_{n \to \infty} \frac{\ln h(\sigma_n)}{p\left(\frac{1}{\sigma_n}\right)} = \tau_h.$$

任取 $t \in \mathbf{R}$，记

$$\xi(t,\omega) = \varlimsup_{n \to \infty} \frac{\ln|f_\omega(\sigma_n+it)|}{p\left(\frac{1}{\sigma_n}\right)}.$$

这是一个随机变量，与实数 t 有关，但与级数(6.2.1)的任意前有限项无关，因此它是一个尾随机变量.

任取自然数 n，根据不等式(6.2.3)，

$$P\left\{|f_\omega(\sigma_n+it)| \geqslant \alpha_1 \sqrt{h^2(\sigma_n) - \sum_{k=0}^{n_0-1}|a_n|^2 R_k^2 e^{-2\sigma_n \lambda k}}\right\} \geqslant \alpha_2.$$

另外，根据定理的假设条件，

$$\lim_{n \to \infty} h(\sigma_n) = \infty.$$

现在应用前面指出的原理，我们不难看出，

$$P\left\{\varliminf_{n\to\infty}\frac{\ln|f_\omega(\sigma_n+\mathrm{i}t)|}{p\left(\frac{1}{\sigma_n}\right)}\geqslant\varliminf_{n\to\infty}\frac{\ln h(\sigma_n)}{p\left(\frac{1}{\sigma_n}\right)}\right\}\geqslant\alpha_2.$$

由此可见,
$$P\{\xi(t,\omega)\geqslant\tau_h\}>0.$$

这里的变量 $\xi(t,\omega)$ 是一个尾随机变量,因而右端的事件是一个尾随机事件. 这样一来,根据 Kolmogrov 0-1 律,
$$P\{\xi(t,\omega)\geqslant\tau_h\}=1.$$

由此容易得到要证的结论. □

6.3 收敛半平面情形(Ⅱ)

考虑随机 Dirichlet 级数
$$\sum_{n=0}^\infty X_n(\omega)\mathrm{e}^{-s\lambda_n}. \tag{6.3.1}$$

关于系数序列,在这一节里总假定: $\{X_n\}$ 是一列 p 阶矩有限的随机变量($p>1$),并且存在常数 $\alpha\in(0,1)$,使得对任意的 $n\geqslant 0$,
$$0<\alpha\sqrt[p]{E(|X_n|^p)}\leqslant E(|X_n|). \tag{6.3.2}$$

关于级数(6.3.1)的收敛性,在这一节里总假定:
$$\varlimsup_{n\to\infty}\frac{\ln n}{\lambda_n}=0,\quad \varlimsup_{n\to\infty}\frac{\ln E(|X_n|)}{\lambda_n}=0. \tag{6.3.3}$$

在上述条件下,根据 Valiron 公式,级数 $\sum_{n=0}^\infty E(|X_n|)\mathrm{e}^{-s\lambda_n}$ 的收敛横坐标为 0. 这样一来,根据定理 5.1.1,级数(6.3.1)的收敛横坐标 $\sigma_c(\omega)\leqslant 0$ a.s. 这时,在右半平面 $\mathrm{Re}\,s>0$ 内,级数(6.3.1)几乎必然收敛,并且定义了随机解析函数 $f_\omega(s)$.

用 $M(\sigma,f_\omega)$ 表示函数 $f_\omega(s)$ 在半平面 $\mathrm{Re}\,s\geqslant\sigma$ 上的最大模:
$$M(\sigma,f_\omega)=\max_{\mathrm{Re}\,s\geqslant\sigma}|f_\omega(s)|=\sup_{t\in\mathbf{R}}|f_\omega(\sigma+\mathrm{i}t)|\quad(\sigma>0).$$

函数 $f_\omega(s)$ 的(R)-级为

$$\rho(f_\omega) = \varlimsup_{\sigma \to 0^+} \frac{\ln^+ \ln^+ M(\sigma, f_\omega)}{\ln \frac{1}{\sigma}}.$$

这一节的目的是研究随机(R)-级 $\rho(f_\omega)$ 的系数特征. 用 α 表示不等式(6.3.2)中出现的常数,记

$$L = \varlimsup_{n \to \infty} \frac{\ln^+ \ln^+ E(|X_n|)}{\ln \lambda_n}, \quad \delta = \varlimsup_{n \to \infty} \frac{\ln^+ \ln^+ n}{\ln \lambda_n}. \quad (6.3.4)$$

定理 6.3.1 如果 $\delta = 0$ 或者 $\delta \leqslant L$, 那么

$$P\left\{\omega : \rho(f_\omega) = \frac{L}{1-L}\right\} \geqslant \alpha^{\frac{p}{p-1}}.$$

这个结果见丁晓庆和卢佳华[37],定理2. 根据条件(6.3.3)可以看出: $L \leqslant 1$; 在这个定理中,如果 $L = 1$, 就认为

$$\frac{L}{1-L} = \infty.$$

为了证明这个定理,下面先给出两个引理.

考虑级数

$$\sum_{n=0}^{\infty} a_n \exp\{-\lambda_n^x\}, \quad (6.3.5)$$

这里变量 $x > 0$, $\{a_n\}$ 是一列常数, $\{\lambda_n\}$ 表示级数(6.3.1)的指标序列. 在收敛性方面,这个级数跟 Dirichlet 级数非常接近. 事实上,参照 Dirichlet 级数收敛性的有关证明过程,容易证明这样的结论: 如果级数(6.3.5)在点 $x = x_0 > 0$ 处收敛,那么它就在区间 $(x_0, +\infty)$ 内处处收敛. 关于绝对收敛性,也有类似的结论.

根据这样的结论,可以对级数(6.3.5)引入"收敛坐标 x_c"和"绝对收敛坐标 x_a",它们被定义为

$x_c = \inf\{x > 0 : 级数(6.3.5)在点 x 处收敛\}$,

$x_a = \inf\{x > 0 : 级数(6.3.5)在点 x 处绝对收敛\}$.

引理 6.3.1 $l \leqslant x_c \leqslant x_a \leqslant \max\{l, \delta\}$, 其中 δ 由(6.3.4)定义. 另外

$$l = \varlimsup_{n \to \infty} \frac{\ln^+ \ln^+ |a_n|}{\ln \lambda_n}. \tag{6.3.6}$$

证 现在证明 $l \leqslant x_c$. 不妨假设 $x_c < +\infty$. 这时,对于任意的 $x > x_c$,级数(6.3.5)在点 x 处是收敛的. 因此对所有充分大的自然数 n,
$$|a_n| \exp\{-\lambda_n^x\} \leqslant 1,$$
因而有
$$\ln^+ \ln^+ |a_n| \leqslant x \ln \lambda_n.$$
由此可以推出 $l \leqslant x$. 令 $x \to x_c$,就可以得到要证的不等式.

为了完成引理的证明,下面只需证明:
$$x_a \leqslant \theta = \max\{l, \delta\}.$$
不妨假设 $\theta < +\infty$. 这时,根据指标 l 和 δ 的定义表达式(6.3.4)可以看出:对于任意的 $\varepsilon > 0$,对于所有充分大的自然数 n,
$$|a_n| \leqslant \exp\{\lambda_n^{\theta+\varepsilon}\}, \quad \ln n \leqslant \lambda_n^{\theta+\varepsilon}.$$
因此,应该存在自然数 N,使得当 $n \geqslant N$ 时,
$$|a_n| \exp\{-\lambda_n^{\theta+2\varepsilon}\} \leqslant \exp\{\lambda_n^{\theta+\varepsilon} - \lambda_n^{\theta+2\varepsilon}\}$$
$$\leqslant \exp\left\{-\frac{1}{2}(\ln n)^{\frac{\theta+2\varepsilon}{\theta+\varepsilon}}\right\} = b_n.$$
这样一来,根据 Valiron 公式和条件(6.3.3)的第一个等式,级数 $\sum_{n=N}^{\infty} b_n$ 是收敛的. 由此可见,级数(6.3.5)的绝对收敛坐标 x_a 将满足不等式:
$$x_a \leqslant \theta + \varepsilon.$$
令 $\varepsilon \to 0$ 就得到要证的不等式. □

现在考虑 Dirichlet 级数
$$\sum_{n=0}^{\infty} a_n e^{-s\lambda_n}. \tag{6.3.7}$$
假设

6.3 收敛半平面情形(Ⅱ)

$$\varlimsup_{n\to\infty}\frac{\ln n}{\lambda_n}=0, \quad \varlimsup_{n\to\infty}\frac{\ln|a_n|}{\lambda_n}=0.$$

这时，级数(6.3.7)的收敛横坐标为 0，它的和函数 $f(s)$ 在右半平面 $\operatorname{Re} s>0$ 内解析. 这个函数的(R)-级定义为

$$\rho=\varlimsup_{\sigma\to 0^+}\frac{\ln^+\ln^+ M(\sigma)}{\ln\dfrac{1}{\sigma}},$$

这里 $M(\sigma)$ 是函数 $f(s)$ 的最大模：

$$M(\sigma)=\max_{\operatorname{Re} s\geqslant\sigma}|f(s)|=\sup_{t\in\mathbf{R}}|f(\sigma+\mathrm{i}t)| \quad (\sigma>0).$$

关于(R)-级 ρ 与系数的关系，有下面的结论：

引理 6.3.2

$$\frac{1}{1-l}\leqslant\rho\leqslant\frac{\max\{l,\delta\}}{1-\max\{l,\delta\}}, \tag{6.3.8}$$

这里的指标 δ, l 分别由(6.3.4),(6.3.6)定义.

这个引理改进了[23], 定理 3.1.

证 首先证明不等式(6.3.8)的左半部分. 不妨假设 $\rho<\infty$. 这时，对于任意给定 $\varepsilon>0$，对于所有充分小的 $\sigma>0$，对于任意的自然数 n，我们有下面的不等式：

$$\ln^+|a_n|\leqslant M(\sigma)+\lambda_n\sigma\leqslant\left(\frac{1}{\sigma}\right)^{\rho+\varepsilon}+\lambda_n\sigma.$$

假设 n 是充分大的，在这个不等式中取 $\sigma=\lambda_n^{-1/(\rho+\varepsilon+1)}$，我们有

$$\ln^+|a_n|\leqslant 2\lambda_n^{(\rho+\varepsilon)/(\rho+\varepsilon+1)}.$$

由此可见，

$$l\leqslant\frac{\rho+\varepsilon}{1+\rho+\varepsilon}.$$

令 $\varepsilon\to 0$，再经过简单的运算就可以得到不等式(6.3.8)的左半部分.

下面证明不等式(6.3.8)的右半部分. 记 $\theta=\max\{l,\delta\}$. 可以看出：$\theta\leqslant 1$. 以下不妨设 $\theta<1$. 对于任意给定的 $\varepsilon>0$，取 θ，使 $\theta+\varepsilon<1$，根据指标 l 的定义表达式(6.3.6)，应该存在某个数

值 $A = A(\varepsilon)$，使得对于任意的自然数 n，
$$|a_n| \leqslant A\exp\{\lambda_n^{l+\varepsilon}\} \leqslant A\exp\{\lambda_n^{\theta+\varepsilon}\}.$$
因此对任意的 $\sigma > 0$，
$$M(\sigma) \leqslant \sum_{n=0}^{\infty} |a_n| \mathrm{e}^{-\sigma\lambda_n}$$
$$\leqslant A \sum_{n=0}^{\infty} \exp\{2\lambda_n^{\theta+\varepsilon} - \sigma\lambda_n\}\exp\{-\lambda_n^{\theta+\varepsilon}\}. \quad (6.3.9)$$
然而我们容易证明：
$$\sup_{\lambda \geqslant 0}\{2\lambda^{\theta+\varepsilon} - \lambda\sigma\} = 2(1-\theta-\varepsilon)\left(\frac{2(\theta+\varepsilon)}{\sigma}\right)^{\frac{\theta+\varepsilon}{1-\theta-\varepsilon}}.$$

另外，根据引理 6.3.1，级数 $\sum_{n=0}^{\infty}\exp\{-\lambda_n^{\theta+\varepsilon}\}$ 是收敛的. 这样一来，由不等式 (6.3.9) 可知：当 $\sigma \to 0^+$ 时，
$$\ln^+ \ln^+ M(\sigma) \leqslant O(1) + \frac{\theta+\varepsilon}{1-\theta-\varepsilon}\ln\frac{1}{\sigma}.$$

由此推出 $\rho \leqslant \frac{\theta+\varepsilon}{1-\theta-\varepsilon}$. 令 $\varepsilon \to 0$ 即可得到不等式 (6.3.8) 的右半部分. □

定理 6.3.1 的证明　相应于随机 Dirichlet 级数 (6.3.1)，考虑随机级数
$$\sum_{n=0}^{\infty} X_n(\omega)\exp\{-\lambda_n^x\} \quad (x>0). \quad (6.3.10)$$
用 $x_c(\omega)$ 表示这个级数的收敛坐标. 又考虑级数
$$\sum_{n=0}^{\infty} E(|X_n|)\exp\{-\lambda_n^x\} \quad (x>0). \quad (6.3.11)$$
用 x_0 表示它的收敛坐标. 类似于定理 5.4.1，我们容易证明：
$$P(\Omega_0) \geqslant \alpha^{\frac{p}{p-1}}, \quad (6.3.12)$$
这里 $\Omega_0 = \{\omega: x_c(\omega) = x_0\}$.

以下任取 $\omega \in \Omega_0$ (不妨认为：对于任意的 $\omega \in \Omega_0$，级数

(6.3.1)在右半平面内是收敛的，否则从集合 Ω_0 中需去掉例外的那些 ω；这样做，并不改变概率值 $P(\Omega_0)$）. 对级数(6.3.10)应用引理 6.3.1，我们可以看出，
$$L \leqslant x_0 \leqslant \max\{L, \delta\}.$$
因而根据定理 6.3.1 的条件，
$$L = x_0 = x_c(\omega). \tag{6.3.13}$$
另外，对级数(6.3.11)应用引理 6.3.1，我们有
$$l(\omega) \leqslant x_c(\omega) \leqslant \max\{l(\omega), \delta\},$$
这里
$$l(\omega) = \varlimsup_{n \to \infty} \frac{\ln^+ \ln^+ |X_n(\omega)|}{\ln \lambda_n}.$$
因此由等式(6.3.13)，
$$l(\omega) \leqslant L \leqslant \max\{l(\omega), \delta\}.$$
但是根据定理 6.3.1 的假设，不可能出现"$L < \delta$". 因而只能有
$$\max\{l(\omega), \delta\} = l(\omega) = L.$$
这样一来，对级数(6.3.1)应用引理 6.3.2，我们就有
$$\rho(f_\omega) = \frac{l(\omega)}{1 - l(\omega)} = \frac{L}{1 - L}.$$
注意到 ω 是集合 Ω_0 中的任意一个元素，根据不等式(6.3.12)，定理 6.3.1 成立. □

6.4 收敛半平面情形(Ⅲ)

考虑随机 Dirichlet 级数
$$\sum_{n=0}^{\infty} X_n(\omega) e^{-s\lambda_n}. \tag{6.4.1}$$
在这一节里，假定

(i) $\{X_n\}$ 是鞅差序列，并且是全局正则的：存在常数 $\alpha \in (0,1)$，使得对任意的 $n \geqslant 0$,

$$0 < \alpha\sqrt{E(|X_n|^2)} \leqslant E(|X_n|);$$

(ii) 级数 $\sum_{n=0}^{\infty} E(|X_n|^2)\mathrm{e}^{-2\sigma\lambda_n}$ 当 $\sigma>0$ 时收敛，当 $\sigma=0$ 时发散.

在这样的条件下，根据定理 5.3.1，级数(6.4.1)的收敛横坐标 $\sigma_c(\omega) \leqslant 0$ a.s. 这时，在右半平面 $\mathrm{Re}\,s > 0$ 内，级数(6.4.1)几乎必然收敛，并且定义了随机解析函数 $f_\omega(s)$.

任取 $t_0 \in \mathbf{R}$，$\varepsilon > 0$. 考虑映射

$$s = \frac{2\varepsilon}{\pi}\Psi(z) + \mathrm{i}t_0, \quad \Psi(z) = \mathrm{sh}^{-1}\frac{1-z}{1+z} \quad (|z|<1).$$

根据附录定理 5.3.1，这个映射把单位圆盘 $|z|<1$ 单叶映射为水平带形

$$B(t_0, \varepsilon) = \{s: \mathrm{Re}\,s > 0, |\mathrm{Im}\,s| < \varepsilon\}.$$

考虑函数

$$g_\omega(z) = f_\omega\left(\frac{2\varepsilon}{\pi}\Psi(z) + \mathrm{i}t_0\right)$$

$$= \sum_{n=0}^{\infty} X_n(\omega)\exp\left\{-\lambda_n\left(\frac{2\varepsilon}{\pi}\Psi(z) + \mathrm{i}t_0\right)\right\}. \quad (6.4.2)$$

因为 $f_\omega(s)$ 是水平带形 $B(t_0, \varepsilon)$ 内的随机解析函数，所以 $g_\omega(z)$ 是单位圆盘内的随机解析函数.

这一节的目的是，研究函数 $g_\omega(z)$ 的 Nevanlinna 特征函数 $T(r, g_\omega)$ 的增长性.

设

$$h(\sigma) = \sqrt{\sum_{n=0}^{\infty} E(|X_n|^2)\mathrm{e}^{-2\sigma\lambda_n}} \quad (\sigma > 0).$$

用 β 表示某个正常数. 这个常数跟条件(i)中出现的常数 α 有关，具体关系由附录定理 6.2 决定.

定理 6.4.1 (i) 如果

$$\varlimsup_{\sigma \to 0} \frac{\ln h(\sigma)}{\ln \frac{1}{\sigma}} = \infty,$$

那么
$$P\left\{\varlimsup_{r\to 1}\frac{T(r,g_\omega)}{\ln\frac{1}{1-r}}=\infty\right\}\geqslant\frac{\beta^4}{2^{12}}.$$

(ii) 如果
$$\varlimsup_{\sigma\to 0}\frac{\ln^+\ln^+ h(\sigma)}{\ln\frac{1}{\sigma}}=\rho\in(0,\infty),$$

那么
$$P\left\{\varlimsup_{r\to 1}\frac{T(r,g_\omega)}{V\left(\frac{1}{1-r}\right)}\geqslant\frac{\beta^2}{2^6}\right\}\geqslant\frac{\beta^4}{2^{12+2\rho}}.$$

这里的 $V(x)=x^{\rho_1(x)}$, 函数 $\rho_1(x)$ 表示的是函数 $h\left(\frac{2\varepsilon}{\pi}\frac{1}{x}\right)$ 的 Valiron 精确级(参见附录定理 2.2).

(iii) 如果
$$\varlimsup_{\sigma\to 0}\frac{\ln^+\ln^+ h(\sigma)}{\ln\frac{1}{\sigma}}=\infty,$$

那么
$$P\left\{\varlimsup_{r\to 1}\frac{\ln T(r,g_\omega)}{\ln H\left(\frac{1}{1-r}\right)}=\infty\right\}\geqslant\frac{\beta^2}{4},$$

这里 $H(x)=x^{\rho_2(x)}$, 函数 $\rho_2(x)$ 表示的是函数 $h\left(\frac{2\varepsilon}{\pi}\Psi\left(1-\frac{1}{x}\right)\right)$ 的熊庆来无穷级(参见附录定理 2.3).

这个定理的各个结论见丁晓庆[33],[34],[36],[37].

下面先证明一个引理, 然后再逐个证明定理 6.4.1 的三个结论.

引理 6.4.1 对任意的 $r\in(0,1)$,
$$P\left\{T(r,g_\omega)\geqslant\frac{\beta^2}{2^6}\ln\frac{\beta}{2}h\left(\frac{2\varepsilon}{\pi}\Psi(r^2)\right)\right\}$$

$$\geqslant \frac{\beta^4}{2^{12}} \frac{\ln^2 \frac{\beta}{2} h\left(\frac{2\varepsilon}{\pi}\Psi(r^2)\right)}{\ln^2\left[e + h\left(\frac{2\varepsilon}{\pi}\Psi(r)\right)\right]}.$$

证 设 $z = re^{i\theta}$ 是单位圆盘内的任意一点,用 S_n 表示级数 (6.4.2) 的前 $n+1$ 项之和. 根据附录定理 6.2,

$$\beta\sqrt{E(|S_n|^2)} \leqslant E(|S_n|) \leqslant E(|g_\omega(z)|).$$

令 $n \to \infty$,那么

$$\beta h_1(z) \leqslant E(|g_\omega(z)|),$$

这里的函数 $h_1(z)$ 由下式定义:

$$h_1(z) = \sqrt{E(|g_\omega(z)|^2)} = h\left(\frac{2\varepsilon}{\pi}\mathrm{Re}\,\Psi(z)\right). \quad (6.4.3)$$

因此由 Paley-Zygmund 不等式(参见附录 4.8 节),

$$P\left\{|g_\omega(z)| \geqslant \frac{\beta}{2}h_1(z)\right\} \geqslant P\left\{|g_\omega(z)| \geqslant \frac{1}{2}E(|g_\omega(z)|)\right\}$$

$$\geqslant \frac{\beta^2}{4}. \quad (6.4.4)$$

另外,根据附录定理 4.1,

$$\min_{0 \leqslant \theta \leqslant \frac{\pi}{4}} h_1(z) \geqslant h\left(\frac{2\varepsilon}{\pi}\Psi(r^2)\right).$$

这样一来,

$$E(T(r,g_\omega)) = E\left(\frac{1}{2\pi}\int_0^{2\pi} \ln^+|g_\omega(z)|\,d\theta\right)$$

$$= \frac{1}{2\pi}\int_0^{2\pi} E(\ln^+|g_\omega(z)|)\,d\theta$$

$$\geqslant \frac{1}{2\pi}\int_0^{\frac{\pi}{4}} E\left(I\{|g_\omega(z)| \geqslant \frac{\beta}{2}h_1(z)\}\ln^+|g_\omega(z)|\right)d\theta$$

$$\geqslant \frac{\beta^2}{2^5}\ln\frac{\beta}{2}h_1(r^2), \quad (6.4.5)$$

这里的符号"$I\{A\}$"表示事件 A 的示性函数:

6.4 收敛半平面情形(Ⅲ)

$$I\{A\} = \begin{cases} 1, & 若\ \omega \in A; \\ 0, & 若\ \omega \notin A. \end{cases}$$

根据不等式:$\ln^+ x \leqslant \ln\sqrt{e^2 + x^2}$,我们有

$$T(r, g_\omega) = \frac{1}{2\pi}\int_0^{2\pi} \ln^+ |g_\omega(z)|\, d\theta$$

$$\leqslant \frac{1}{2\pi}\int_0^{2\pi} \ln\sqrt{e^2 + |g_\omega(z)|^2}\, d\theta.$$

因为函数 $\ln^2 x$ ($x \geqslant e$) 是凹函数,所以

$$T^2(r, g_\omega) \leqslant \left(\frac{1}{2\pi}\int_0^{2\pi} \ln\sqrt{e^2 + |g_\omega(z)|^2}\, d\theta\right)^2$$

$$\leqslant \ln^2 \frac{1}{2\pi}\int_0^{2\pi} \sqrt{e^2 + |g_\omega(z)|^2}\, d\theta,$$

$$E(T^2(r, g_\omega)) \leqslant \ln^2 \frac{1}{2\pi}\int_0^{2\pi} E(\sqrt{e^2 + |g_\omega(z)|^2})\, d\theta$$

$$\leqslant \ln^2 \frac{1}{2\pi}\int_0^{2\pi} \sqrt{e^2 + E(|g_\omega(z)|^2)}\, d\theta$$

$$= \ln^2 \frac{1}{2\pi}\int_0^{2\pi} \sqrt{e^2 + [h_1(z)]^2}\, d\theta.$$

关于函数 $h_1(z)$,根据附录定理 3.1,

$$\max_{0 \leqslant \theta \leqslant 2\pi} h_1(re^{i\theta}) \leqslant h_1(\Psi(r)).$$

因此

$$E(T^2(r, g_\omega)) \leqslant \ln^2\sqrt{e^2 + [h_1(\Psi(r^2))]^2}$$

$$\leqslant \ln^2[e + h_1(\Psi(r^2))].$$

结合不等式(6.4.5),应用 Paley-Zygmund 不等式,我们将得到

$$P\left\{T(r, g_\omega) \geqslant \frac{\beta^2}{2^6}\ln\frac{\beta}{2} h_1(r^2)\right\}$$

$$\geqslant P\left\{T(r, g_\omega) \geqslant \frac{1}{2}E(T(r, g_\omega))\right\}$$

$$\geqslant \frac{\beta^4}{2^{12}} \frac{\ln^2\frac{\beta}{2} h_1(r^2)}{\ln^2[e + h_1(r)]}.$$

这样一来,根据函数 $h_1(z)$ 的定义,我们就得到了要证的不等式.
□

下面证明定理 6.4.1 的三个结论,证明的次序是:先证(ii),再证(iii),最后证(i). 以下记

$$h_2(\sigma) = h\left(\frac{2\varepsilon}{\pi}\sigma\right) \quad (\sigma > 0).$$

定理 6.4.1 的证明 证(ii). 根据所设的条件容易证明:

$$\varlimsup_{\sigma \to 0} \frac{\ln^+ \ln^+ h_2(\sigma)}{\ln \frac{1}{\sigma}} = \rho.$$

因此对函数

$$p(x) = \ln h_2\left(\frac{1}{x}\right)$$

可以应用附录定理 2.1. 根据这个定理,应该存在序列 $\sigma_n \downarrow 0$,使得

$$\ln h_2(\sigma_n) = V\left(\frac{1}{\sigma_n}\right) \quad (\forall\, n \geq 1),$$

这里的 $V(x)$ 是函数 $p(x)$ 的型函数(参见附录定理 2.2). 现在取序列 $\{r_n\}$ 满足如下条件:

$$\sigma_n = \Psi(r_n^2), \quad 0 < r_n < 1.$$

这样一来,

$$\ln h_2(\Psi(r_n^2)) = V\left(\frac{1}{\Psi(r_n^2)}\right). \tag{6.4.6}$$

另外,根据明显的等式:

$$\mathrm{sh}^{-1} x = (1 + o(1))x \quad (x \to 0),$$

我们有

$$\lim_{r \to 1} \frac{\Psi(r)}{\Psi(r^2)} = \lim_{r \to 1} \frac{\mathrm{sh}^{-1}\dfrac{1-r}{1+r}}{\mathrm{sh}^{-1}\dfrac{1-r^2}{1+r^2}} = \frac{1}{2}.$$

根据以上分析,由附录定理 2.1,

$$\varlimsup_{n\to\infty} \frac{\ln h_2(\Psi(r_n^2))}{\ln h_2(\Psi(r_n))} \geqslant \varlimsup_{n\to\infty} \frac{V\left(\frac{1}{\Psi(r_n^2)}\right)}{V\left(\frac{1}{\Psi(r_n)}\right)} = \frac{1}{2^\rho}. \quad (6.4.7)$$

现在记

$$A_n = \left\{\omega: T(r_n, g_\omega) \geqslant \frac{1}{2}\frac{\beta^2}{2^5}\ln\frac{\beta}{2}h_2(\Psi(r_n^2))\right\},$$

$$A = \left\{\omega: \varlimsup_{n\to\infty} \frac{T(r_n, g_\omega)}{\ln\frac{\beta}{2}h_2(\Psi(r_n^2))} \geqslant \frac{\beta^2}{2^6}\right\}.$$

根据引理 6.4.1 和不等式 (6.4.7),

$$P(A) \geqslant P(\varlimsup_{n\to\infty} A_n) \geqslant \varlimsup_{n\to\infty} P(A_n) \geqslant \frac{\beta^4}{2^{12+2\rho}}.$$

现在改写事件 A. 根据等式 (6.4.6), 事件 A 可以表示为下面的形式:

$$A = \left\{\omega: \varlimsup_{n\to\infty} \frac{T(r_n, g_\omega)}{V\left(\frac{1}{\Psi(r_n^2)}\right)} \geqslant \frac{\beta^2}{2^6}\right\}.$$

另外, 因为

$$\lim_{r\to 1} \frac{\Psi(r^2)}{1-r} = \lim_{r\to 1} \frac{\text{sh}^{-1}\frac{1-r^2}{1+r^2}}{1-r} = 1,$$

所以根据附录定理 2.2, 事件 A 可以再一次改写为

$$A = \left\{\omega: \varlimsup_{n\to\infty} \frac{T(r_n, g_\omega)}{V\left(\frac{1}{1-r_n}\right)} \geqslant \frac{\beta^2}{2^6}\right\}.$$

然而对于任意的 $\omega \in A$,

$$\varlimsup_{r\to 1} \frac{T(r, g_\omega)}{V\left(\frac{1}{1-r}\right)} \geqslant \varlimsup_{n\to\infty} \frac{T(r_n, g_\omega)}{V\left(\frac{1}{1-r_n}\right)} \geqslant \frac{\beta^2}{2^6}.$$

这样就证明了结论 (ii).

证(iii). 函数 $h_1(z)$ 由(6.4.3)定义. 根据假设可以看出,

$$\varlimsup_{x \to +\infty} \frac{\ln^+ \ln^+ h_1\left(1 - \dfrac{1}{x}\right)}{\ln x} = \infty.$$

因此对函数

$$p(x) = \ln h_1\left(1 - \frac{1}{x}\right) \quad (x > 1)$$

可以应用附录定理 2.2. 这样一来, 就存在序列 $x_n \uparrow \infty$, 使得

$$\ln h_1\left(1 - \frac{1}{x_n}\right) = H(x_n),$$

这里 $H(x)$ 是函数 $p(x)$ 的型函数(参见附录定理 2.3). 现在通过下面的方式定义三个序列 r_n, R_n 和 x'_n:

$$x_n = \frac{1}{1 - r_n}, \quad x'_n = x_n\left(1 + \frac{1}{\ln H(x_n)}\right), \quad x'_n = \frac{1}{1 - R_n}.$$

另外, 记(下面的 $M(r, g_\omega)$ 表示函数 $g_\omega(z)$ 的最大模)

$$B_n = \left\{\omega : M(r_n, g_\omega) \geqslant \frac{\beta}{2} h_1(\Psi(r_n))\right\},$$

$$B = \left\{\omega : \varlimsup_{n \to \infty} \frac{\ln^+ \ln^+ M(r_n, g_\omega)}{\ln^+ \ln^+ \dfrac{\beta}{2} h_1(\Psi(r_n))} \geqslant 1\right\}.$$

根据不等式(6.4.4),

$$P\left\{M(r, g_\omega) \geqslant \frac{\beta}{2} h_1(r)\right\} \geqslant \frac{\beta^2}{4}.$$

因此 $P(B_n) \geqslant \dfrac{\beta^2}{4}$. 这样一来,

$$P(B) \geqslant P(\varlimsup_{n \to \infty} B_n) \geqslant \varlimsup_{n \to \infty} P(B_n) \geqslant \frac{\beta^2}{4}.$$

以下任意固定 $\omega \in B$. 根据附录定理 1.2,

$$\ln M(r, g_\omega) \leqslant \frac{R + r}{R - r} T(R, g_\omega)$$

$$\leqslant \frac{2}{R - r} T(R, g_\omega) \quad (0 < r < R < 1).$$

6.4 收敛半平面情形(Ⅲ)

在其中取 $r = r_n$, $R = R_n$, 根据前面的分析,

$$1 \leqslant \varlimsup_{n \to \infty} \frac{\ln^+ \ln^+ M(r_n, g_\omega)}{\ln \ln h_1(r_n)} = \varlimsup_{n \to \infty} \frac{\ln^+ \ln^+ M(r_n, g_\omega)}{\ln H(x_n)}$$

$$\leqslant \varlimsup_{n \to \infty} \frac{\ln \dfrac{2}{R_n - r_n}}{\ln H(x_n)} + \varlimsup_{n \to \infty} \frac{T(R_n, g_\omega)}{\ln H(x_n)}.$$

由附录定理 2.3,

$$\lim_{n \to \infty} \frac{\ln H(x'_n)}{\ln H(x_n)} = 1.$$

另外,容易证明:

$$\lim_{n \to \infty} \frac{\ln \dfrac{1}{R_n - r_n}}{\ln H(x_n)} = 0.$$

根据以上事实,

$$\varlimsup_{n \to \infty} \frac{\ln T(R_n, g_\omega)}{\ln H(x'_n)} \geqslant 1.$$

因而由序列 R_n 和 x'_n 的定义方式,

$$\varlimsup_{r \to 1} \frac{\ln T(r, g_\omega)}{\ln H\left(\dfrac{1}{1-r}\right)} \geqslant 1.$$

这样就证明了结论(iii).

证(i). 根据结论(ii)和(iii),为了证明结论(i),不妨附加条件:

$$\varlimsup_{\sigma \to 0} \frac{\ln^+ \ln^+ h(\sigma)}{\ln \dfrac{1}{\sigma}} = 0.$$

这样一来,根据原来所给的条件,容易验证:

$$\varlimsup_{\sigma \to 0} \frac{\ln^+ h_2(\sigma)}{\ln \dfrac{1}{\sigma}} = \infty, \quad \varlimsup_{\sigma \to 0} \frac{\ln^+ \ln^+ h_2(\sigma)}{\ln \dfrac{1}{\sigma}} = 0.$$

因此对函数

$$p(x) = \ln h_2\left(\frac{1}{x}\right)$$

可以应用附录定理 2.1. 根据这个定理,存在序列 $\sigma_n \downarrow 0$,使得
$$\ln h_2(\sigma_n) = U\left(\frac{1}{\sigma_n}\right) \quad (\forall\, n \geqslant 1),$$
这里的 $U(x)$ 是函数 $p(x)$ 的型函数(参见附录定理 2.1). 通过下面的方式确定序列 $\{r_n\}$:
$$\sigma_n = \Psi(r_n^2), \quad 0 < r_n < 1. \tag{6.4.8}$$
另外,注意到函数 $\Psi(r) = \text{sh}^{-1}\dfrac{1-r}{1+r}$,容易证明:存在常数 $c > 1$,使得
$$\Psi(r) \geqslant \frac{\Psi(r^2)}{c} \quad (0 < r < 1).$$
又因为函数 $h_2(\sigma)$ 是单调减的,所以
$$h_2(\Psi(r)) \leqslant h_2\left(\frac{\Psi(r^2)}{c}\right) \quad (0 < r < 1).$$
因此根据附录定理 2.1,
$$\varlimsup_{n\to\infty}\frac{\ln h\left(\frac{2\varepsilon}{\pi}\Psi(r_n^2)\right)}{\ln h\left(\frac{2\varepsilon}{\pi}\Psi(r_n)\right)} = \varlimsup_{n\to\infty}\frac{\ln h_2(\Psi(r_n^2))}{\ln h_2(\Psi(r_n))}$$

$$\geqslant \varlimsup_{n\to\infty}\frac{\ln h_2(\Psi(r_n^2))}{\ln h_2\left(\frac{\Psi(r_n^2)}{c}\right)} \geqslant \varlimsup_{n\to\infty}\frac{U\left(\dfrac{1}{\Psi(r_n^2)}\right)}{\ln h_2\left(\dfrac{c}{\Psi(r_n^2)}\right)} \geqslant 1.$$

这样一来,如果记
$$C_n = \left\{\omega: T(r_n, g_\omega) \geqslant \frac{\beta^2}{2^6}\ln\frac{\beta}{2}h_2(\Psi(r_n^2))\right\},$$
$$C = \left\{\omega: \varlimsup_{n\to\infty}\frac{T(r_n, g_\omega)}{\ln\frac{\beta}{2}h_2(\Psi(r_n^2))} \geqslant \frac{\beta^2}{2^6}\right\},$$
那么根据引理 6.4.1,
$$P(C) \geqslant P(\varlimsup_{n\to\infty} C_n) \geqslant \frac{\beta^4}{2^{12}}.$$

现在改写事件 C. 根据等式(6.4.8), 事件 C 可以表示为下面的形式:

$$C = \left\{ \omega : \varlimsup_{n \to \infty} \frac{T(r_n, g_\omega)}{U\left(\dfrac{1}{\Psi(r_n^2)}\right)} \geq \frac{\beta^2}{2^6} \right\}.$$

另外, 由附录定理 2.1,

$$\varlimsup_{r \to 1} \frac{U\left(\dfrac{1}{\Psi(r^2)}\right)}{\ln \dfrac{1}{1-r}} = \infty.$$

因此对于任意的 $\omega \in C$,

$$\varlimsup_{n \to \infty} \frac{T(r_n, g_\omega)}{\ln \dfrac{1}{1-r_n}} = \infty.$$

由此可以看出: 结论(i)成立. □

6.5 收敛半平面情形(Ⅳ)

1. 概述

考虑随机 Dirichlet 级数

$$\sum_{n=0}^{\infty} a_n X_n(\omega) e^{-s\lambda_n}, \qquad (6.5.1)$$

这里 $\{a_n\}$ 是一列复数. 假定下面两个条件成立:

条件Ⅰ $\{X_n\}$ 是一列独立随机变量, 并且是一致非退化的, 即

$$\varlimsup_{n \to \infty} \sup_{a \in \mathbf{C}} P\{X_n = a\} < 1.$$

在这个条件下, 根据附录定理 7.1, 关于序列 $\{X_n\}$, 存在常数 δ_0 与 δ_1, $0 < \delta_0, \delta_1 < 1$, 自然数 n_0 以及正常数列 $\{R_n\}$, 只要数

列 $\{c_n\}$ 使得级数 $\sum_{n=0}^{\infty} c_n X_n(\omega)$ 几乎必然收敛,就有

$$P\left\{\left|\sum_{n=0}^{\infty} c_n X_n\right| \geqslant \delta_1 \sqrt{\sum_{n=n_0}^{\infty} |c_n|^2 R_n^2}\right\} \geqslant \delta_0. \quad (6.5.2)$$

在这一节里,总用 δ_0, δ_1, n_0 表示这里出现的数值,用 $\{R_n\}$ 表示这里出现的数列.

条件 II 级数 $\sum_{n=0}^{\infty} |a_n|^2 R_n^2 \mathrm{e}^{-2\sigma\lambda_n}$ 当 $\sigma > 0$ 时收敛,当 $\sigma = 0$ 时发散.

在这两个条件之下,根据定理 5.3.1,级数(6.5.1)的收敛横坐标 $\sigma_c(\omega) \leqslant 0$ a.s. 因此,在右半平面 $\mathrm{Re}\, s > 0$ 内,级数(6.5.1)几乎必然收敛,并且定义了随机解析函数 $f_\omega(s)$.

任取 $t_0 \in \mathbf{R}, \varepsilon > 0$. 考虑映射

$$s = \frac{2\varepsilon}{\pi} \Psi(z) + \mathrm{i} t_0, \quad \Psi(z) = \mathrm{sh}^{-1} \frac{1-z}{1+z} \quad (|z| < 1).$$

根据附录定理 3.1,这个映射把单位圆盘 $|z| < 1$ 单叶映射为水平带形

$$B(t_0, \varepsilon) = \{s: \mathrm{Re}\, s > 0, |\mathrm{Im}\, s| < \varepsilon\}.$$

考虑函数

$$g_\omega(z) = f_\omega\left(\frac{2\varepsilon}{\pi} \Psi(z) + \mathrm{i} t_0\right)$$

$$= \sum_{n=0}^{\infty} a_n X_n(\omega) \exp\left\{-\lambda_n\left(\frac{2\varepsilon}{\pi} \Psi(z) + \mathrm{i} t_0\right)\right\}. \quad (6.5.3)$$

因为 $f_\omega(s)$ 是水平带形 $B(t_0, \varepsilon)$ 内的随机解析函数,所以 $g_\omega(z)$ 是单位圆盘内的随机解析函数.

这一节的目的是,研究函数 $g_\omega(z)$ 的 Nevanlinna 特征函数 $T(r, g_\omega)$ 的增长性.

在这一节里,用 $\alpha(x), \beta(x)$ 表示在区间 $[0, +\infty)$ 内是单调增、无界、非负的连续函数,并且满足下面的条件:

$$\alpha(x_1 + x_2) \leqslant \alpha(x_1) + \alpha(x_2) + O(1),$$
$$\lim_{y \to 1} \alpha^*(y) = 1,$$

这里

$$\alpha^*(y) = \varlimsup_{n \to \infty} \frac{\alpha(yx)}{\alpha(x)} \quad (y > 0). \tag{6.5.4}$$

另外,定义函数

$$h(\sigma) = \sqrt{\sum_{n=0}^{\infty} |a_n|^2 R_n^2 \mathrm{e}^{-2\sigma \lambda_n}} \quad (\sigma > 0).$$

定理 6.5.1 以概率 1,下面的不等式成立:

$$\varlimsup_{r \to 1} \frac{\alpha(T(r, g_\omega))}{\beta\left(\frac{1}{1-r}\right)} \geqslant \alpha^*\left(\frac{\delta_0}{8} - 0\right) \varlimsup_{r \to 1} \frac{\alpha\left[\ln h\left(\frac{6\varepsilon}{\pi} \Psi(r)\right)\right]}{\beta\left(\frac{1}{1-r}\right)}.$$

这个结论来源于丁晓庆和余家荣[39],丁晓庆[33],[36],[37].

下面先证明一个引理,然后证明定理 6.5.1,最后给出一个推论.

2. 引理

对任意的 $\lambda \in (0,1)$,

$$\inf_{0 < r < 1} P\left\{T(r, g_\omega) \geqslant \frac{\lambda \delta_0}{8} \ln \delta_1 h_0\left(\frac{2\varepsilon}{\pi} \Psi(r^2)\right)\right\} \geqslant (1-\lambda)\delta_0,$$

这里函数

$$h_0(\sigma) = \sqrt{\sum_{n=n_0}^{\infty} |a_n|^2 R_n^2 \mathrm{e}^{-2\sigma \lambda_n}} \quad (\sigma > 0).$$

证 用 $\left([0, \frac{\pi}{4}], \mathscr{A}, \nu\right)$ 表示一个测度空间,定义方式如下:$\mathscr{A}$ 表示"区间 $[0, \frac{\pi}{4}]$ 上的 Lebesgue 可测集的全体",

$$\nu(A) = \frac{4}{\pi}\int_A \mathrm{d}x \quad (A \in \mathscr{A}).$$

再通过概率空间$(\Omega, \mathscr{F}, P)$构造乘积空间

$$\left([0, \frac{\pi}{4}] \times \Omega, \ \mathscr{A} \times \mathscr{F}, \ \nu \times P \right).$$

不妨认为:这个乘积空间是完备的.

用$z = re^{i\theta}$表示单位圆盘内的任意一点. 在不等式(6.5.2)中取

$$c_n = \varphi_n(z) = a_n \exp\left\{-\lambda_n \left(\frac{2\varepsilon}{\pi}\Psi(z) + it_0\right)\right\}.$$

那么

$$\inf_{0 \leqslant \theta \leqslant 2\pi} P\left\{|g_\omega(re^{i\theta})| \geqslant \delta_1 \sqrt{\sum_{n=n_0}^\infty R_n^2 |\varphi_n(re^{i\theta})|^2}\right\} \geqslant \delta_0.$$
(6.5.5)

然而根据附录定理 3.1 (iii),

$$\max_{0 \leqslant \theta \leqslant \frac{\pi}{4}} \mathrm{Re}\,\Psi(re^{i\theta}) \leqslant \Psi(r^2),$$

因此

$$\min_{0 \leqslant \theta \leqslant \frac{\pi}{4}} |\varphi_n(re^{i\theta})| = |a_n|\exp\left\{-\lambda_n \frac{2\varepsilon}{\pi} \max_{0 \leqslant \theta \leqslant \frac{\pi}{4}} \mathrm{Re}\,\Psi(re^{i\theta})\right\}$$
$$\geqslant |a_n|\exp\left\{-\lambda_n \frac{2\varepsilon}{\pi}\Psi(r^2)\right\}.$$

由此可见,当$0 \leqslant \theta \leqslant \frac{\pi}{4}$时,

$$\sum_{n=n_0}^\infty R_n^2 |\varphi_n(re^{i\theta})|^2 \geqslant \sum_{n=n_0}^\infty |a_n|^2 R_n^2 \exp\left\{-\lambda_n \frac{2\varepsilon}{\pi}\Psi(r^2)\right\}$$
$$= h_0^2\left(\frac{2\varepsilon}{\pi}\Psi(r^2)\right).$$

这样一来,由不等式(6.5.5)可以推出

$$\inf_{0 \leqslant \theta \leqslant \frac{\pi}{4}} P\left\{|g_\omega(re^{i\theta})| \geqslant \delta_1 h_0\left(\frac{2\varepsilon}{\pi}\Psi(r^2)\right)\right\} \geqslant \delta_0.$$

(6.5.6)

6.5 收敛半平面情形(Ⅳ)

在下面的推导中,不妨认为:对于任意的 $\omega \in \Omega$,函数 $g_\omega(z)$ 都有定义,并且在单位圆盘内是解析的. 任取 $r \in (0,1)$,记

$$B_r = \left\{(\theta, \omega): 0 \leqslant \theta \leqslant \frac{\pi}{4},\ |g_\omega(re^{i\theta})| \geqslant \delta_1 h_0\left(\frac{2\varepsilon}{\pi}\Psi(r^2)\right)\right\}.$$

这里的函数 $g_\omega(re^{i\theta})$ 是通过(6.5.3)以级数的形式来定义的,因此它是变量 (θ, ω) 的可测函数,从而集合 $B_r \in \mathscr{A} \times \mathscr{F}$.

对于任意的 $\omega \in \Omega$,用 $B_r(\omega)$ 表示集合 B_r 的截口;同样,对于任意的 $\theta \in [0, \frac{\pi}{4}]$,用 $B_r(\theta)$ 表示集合 B_r 的截口. 用 $I\{\cdot\}$ 表示某个集合的示性函数. 根据不等式(6.5.6),

$$\nu \times P(B_r) \geqslant \delta_0.$$

因而由熟知的 Fubini 定理,如果记

$$\xi_r(\omega) = \nu(B_r(\omega)),$$

那么

$$E(\xi_r(\omega)) \geqslant \delta_0.$$

另外,对于任意的 $\lambda \in (0,1)$,注意到不等式: $0 \leqslant \xi_r(\omega) \leqslant 1$,我们容易看出,

$$E(\xi_r(\omega)) \geqslant \int_\Omega \xi_r(\omega) dP$$
$$= \int_{\xi_r(\omega) \geqslant \lambda \delta_0} \xi_r(\omega) dP + \int_{\xi_r(\omega) < \lambda \delta_0} \xi_r(\omega) dP$$
$$\leqslant P\{\xi_r(\omega) \geqslant \lambda \delta_0\} + \lambda \delta_0.$$

因此,根据前面得到的不等式,

$$P\{\xi_r(\omega) \geqslant \lambda \delta_0\} \geqslant (1-\lambda)\delta_0. \qquad (6.5.7)$$

此外,根据集合 B_r 和测度 ν 的定义,

$$T(r, g_\omega) = \frac{1}{2\pi}\int_0^{2\pi} \ln^+|g_\omega(re^{i\theta})| d\theta$$
$$\geqslant \frac{1}{8}\int_0^{\pi/4} I\{B_r(\omega)\} \ln^+|g_\omega(re^{i\theta})| d\nu$$
$$\geqslant \frac{1}{8}\ln^+\left[\delta_1 h_0\left(\frac{2\varepsilon}{\pi}\Psi(r^2)\right)\right]\int_0^{\pi/4} I\{B_r(\omega)\} d\nu$$

$$= \frac{1}{8}\nu(B_r(\omega))\ln^+ \delta_1 h_0\left(\frac{2\varepsilon}{\pi}\Psi(r^2)\right).$$

现在由不等式(6.5.7)即可推出要证的不等式. □

3. 定理 6.5.1 的证明

因为

$$\lim_{r\to 1^-}\frac{\Psi(r^2)}{\Psi(r)}=2,$$

所以不妨假设：对某个 $r_0 \in (0,1)$,

$$\Psi(r^2) \leqslant 3\Psi(r) \quad (r_0 < r < 1).$$

注意到函数 $h_0(\sigma)$ 是单调减的，根据这个不等式和上段给出的引理可以看出，对于任意的 $\lambda \in (0,1)$,

$$\inf_{r_0<r<1} P\left\{T(r,g_\omega) \geqslant \frac{\lambda\delta_0}{8}\ln \delta_1 h_0\left(\frac{6\varepsilon}{\pi}\Psi(r)\right)\right\}$$
$$\geqslant (1-\lambda)\delta_0.$$

现在取数列 $r_n \uparrow 1$, 使得

$$\varlimsup_{r\to 1}\frac{\alpha\left[\ln h\left(\frac{6\varepsilon}{\pi}\Psi(r)\right)\right]}{\beta\left(\frac{1}{1-r}\right)}=\lim_{n\to\infty}\frac{\alpha\left[\ln h\left(\frac{6\varepsilon}{\pi}\Psi(r_n)\right)\right]}{\beta\left(\frac{1}{1-r_n}\right)}.$$

这样一来，根据函数 $\alpha^*(y)$ 的定义表达式(6.5.4),

$$P\left\{\varlimsup_{n\to\infty}\frac{\alpha(T(r,g_\omega))}{\beta\left(\frac{1}{1-r_n}\right)} \geqslant \alpha^*\left(\frac{\lambda\delta_0}{8}\right)\varlimsup_{n\to\infty}\frac{\ln h\left(\frac{6\varepsilon}{\pi}\Psi(r_n)\right)}{\beta\left(\frac{1}{1-r_n}\right)}\right\}$$
$$\geqslant (1-\lambda)\delta_0.$$

但是根据 Nevanlinna 特征函数的性质和条件(6.5.4)可以看出，变量

$$\varlimsup_{n\to\infty}\frac{\alpha(T(r,g_\omega))}{\beta\left(\frac{1}{1-r_n}\right)}$$

是尾随机变量,因而由序列$\{X_n\}$的独立性,这个随机变量几乎必然是一个常数.因此,下面的不等式以概率 1 成立:

$$\varliminf_{n\to\infty}\frac{\alpha(T(r,g_\omega))}{\beta\left(\frac{1}{1-r_n}\right)} \geqslant \alpha^*\left(\frac{\lambda\delta_0}{8}\right)\varliminf_{n\to\infty}\frac{\ln h\left(\frac{6\varepsilon}{\pi}\Psi(r_n)\right)}{\beta\left(\frac{1}{1-r_n}\right)}.$$

不管左端的下极限是多少,令 $\lambda\to 1^-$,然后根据序列 $\{r_n\}$ 的取法,我们就可以得到要证的结论.

4. 一个推论

考虑级数(6.5.1),假定下面两个条件成立:

条件 i $\{X_n\}$ 是一列独立的随机变量,存在常数 $\delta\in(0,1)$ 和常数 $p>1$,使得对任意的 $n\geqslant 0$,

$$E(X_n)=0,\quad 0<\delta\sqrt[p]{E(|X_n|^p)}\leqslant E(|X_n|).$$

条件 ii 级数 $\sum_{n=0}^{\infty}|a_n|^2 E^2(|X_n|)e^{-2\sigma\lambda_n}$ 当 $\sigma>0$ 时收敛,当 $\sigma=0$ 时发散.

在这两个条件之下,根据附录定理 7.2,6.5 节给出的条件 I 和条件 II 对 $R_n=\dfrac{E(|X_n|)}{4}$ 保持成立.因此,定理 6.5.1 有下面的推论.

推论 6.5.1 以概率 1,下面的不等式成立:

$$\varliminf_{r\to 1}\frac{\alpha(T(r,g_\omega))}{\beta\left(\frac{1}{1-r}\right)} \geqslant \alpha^*\left(\frac{\delta_0}{8}-0\right)\varliminf_{r\to 1}\frac{\alpha\left(\ln h_1\left(\frac{6\varepsilon}{\pi}\Psi(r)\right)\right)}{\beta\left(\frac{1}{1-r}\right)},$$

这里

$$h_1(\sigma) = \sqrt{\sum_{n=0}^{\infty}|a_n|^2 E^2(|X_n|)e^{-2\sigma\lambda_n}}\quad (\sigma>0).$$

6.6 收敛全平面情形（Ⅰ）

本节及下节将研究有随机收敛全平面的随机 Dirichlet 级数所表示的随机整函数的增长性.

本节采用的条件是：存在 $\alpha>0$, 使得 $\sup\limits_{n\geqslant 0} E|Z_n|^\alpha<\infty$; 存在 $\beta>0$, 使得 $\sup\limits_{n\geqslant 0} E|Z_n|^{-\beta}<+\infty$. 结果是：随机级数 $\sum\limits_{n=0}^{\infty} a_n Z_n e^{-\lambda_n s}$ 和级数 $\sum\limits_{n=0}^{\infty} a_n e^{-\lambda_n s}$ a.s. 有相同的收敛横坐标、(R)-级、下级、型、(p,q)(R)-级、下 (p,q)(R)-级.

下节在 $\{X_n\}$ 满足独立, $EX_n=0$, 存在 $d>0$, 使得
$$d^2 E|X_n|^2 \leqslant E^2|X_n|<+\infty$$
的条件下, 得出了 $\sum\limits_{n=0}^{\infty} X_n e^{-\lambda_n s}$ 所表示随机整函数的增长级, 带形上的增长级、型, (p,q)(R)-级的充要条件.

考虑随机 Dirichlet 级数
$$f(s,\omega) = \sum_{n=0}^{\infty} a_n Z_n(\omega) e^{-\lambda_n s}, \quad (6.6.1)$$
其中, $\{a_n\}\subset \mathbf{C}$, $0\leqslant \lambda_n \uparrow +\infty$, $\{Z_n(\omega)\}$ 是概率空间 $(\Omega, \mathscr{A}, P)$ 中复随机变量列.

为了方便, 引入辅助级数
$$f(s) = \sum_{n=1}^{\infty} a_n e^{-\lambda_n s}. \quad (6.6.2)$$

定义
$$M(\sigma) = \sup_{-\infty<t<\infty}\{|f(\sigma+it)|\} \quad (\sigma>\sigma_c),$$
$$m(\sigma) = \max_{n\in \mathbf{N}}\{|a_n|e^{-\lambda_n \sigma}\} \quad (\sigma>\sigma_c),$$
$$M(\sigma,\omega) = \sup_{-\infty<t<\infty}\{|f(\sigma+it,\omega)|\} \quad (\sigma>\sigma_c(\omega)),$$

$$m(\sigma,\omega) = \max_{n\in \mathbf{N}}\{|a_n||Z_n(\omega)|e^{-\lambda_n\sigma}\} \quad (\sigma > \sigma_c(\omega)).$$

$\{-\ln|a_n|\}$的凸规化系列记为$\{\ln|a_n^c|\}$, 定义

$$a_n(\omega) = a_n Z_n(\omega),$$

$\{-\ln|a_n(\omega)|\}$的凸正规化系列记为$\{-\ln|a_n^c(\omega)|\}$, 以及σ_c, $\sigma_c(\omega)$分别是$f(s), f(s,\omega)$的收敛横坐标.

引理 6.6.1 (i) 若$Z_n(\omega)$满足: $\exists\, \alpha > 0$,

$$\sup_{n\geqslant 1}\{E|Z_n|^\alpha\} < \infty, \tag{6.6.3}$$

那么对$\omega \in \Omega$ a.s., $\exists\, N_1(\omega) \in \mathbf{N}$, 当$n > N_1(\omega)$时,

$$|Z_n(\omega)| \leqslant n^{\frac{2}{\alpha}}. \tag{6.6.4}$$

(ii) 若$\{Z_n(\omega)\}$满足: $\exists\, \beta > 0$,

$$\sup_{n\geqslant 1}\{E|Z_n|^{-\beta}\} < \infty, \tag{6.6.5}$$

那么对$\omega \in \Omega$ a.s., $\exists\, N_2(\omega)$, 当$n > N_2(\omega)$时,

$$|Z_n(\omega)| \geqslant n^{-\frac{2}{\beta}}. \tag{6.6.6}$$

(iii) 若Z_n满足(6.6.3)和(6.6.5), 那么对$\omega \in \Omega$ a.s., $\exists\, N(\omega) \in \mathbf{N}$, 当$n > N(\omega)$时,

$$n^{-k_0} \leqslant |Z_n(\omega)| \leqslant n^{k_0}, \tag{6.6.7}$$

其中, $k_0 > \max\left\{\dfrac{2}{\alpha}, \dfrac{2}{\beta}\right\}$, $k_0 \in \mathbf{N}$.

证 (i)

$$\sum_{n=1}^\infty P\{|Z_n| \geqslant n^{\frac{2}{\alpha}}\} = \sum_{n=1}^\infty P\{|Z_n|^\alpha \geqslant n^2\} \leqslant \sum_{n=1}^\infty \frac{E|Z_n|^\alpha}{n^2}$$

$$\leqslant \sup_{n\geqslant 1} E|Z_n|^\alpha \sum_{n=1}^\infty \frac{1}{n^2} < +\infty.$$

由 Borel-Cantelli 引理,

$$P\left(\bigcap_{m=1}^\infty \bigcup_{n=m}^\infty \{Z_n \geqslant n^{\frac{2}{\alpha}}\}\right) = 0,$$

$$P\left(\bigcup_{m=1}^\infty \bigcap_{n=m}^\infty \{Z_n < n^{\frac{2}{\alpha}}\}\right) = 1.$$

这就是(6.6.4)式.

(ii) (6.6.6)式的证明类似于(6.6.4)式. 若$\{Z_n\}$满足(i)和(ii), 对$\omega \in \Omega$ a.s., 记$N(\omega) = \max\{N_1(\omega), N_2(\omega)\}$, $k_0 > \max\left\{\dfrac{2}{\alpha}, \dfrac{2}{\beta}\right\}$, $k_0 \in \mathbf{N}$, (6.6.7)式成立.

(iii) 结合(i)及(ii)即得. □

定理 6.6.1 若级数 $\sum\limits_{n=0}^{\infty} a_n Z_n e^{-\lambda_n s}$ 满足

$$\begin{cases} \varlimsup\limits_{n \to \infty} \dfrac{\ln n}{\lambda_n} = D < \infty, \\ \varlimsup\limits_{n \to \infty} \dfrac{\ln |a_n|}{\lambda_n} = -\infty, \end{cases} \quad (6.6.8)$$

且Z_n满足(6.6.3), 那么

$$\sigma_c(\omega) = \sigma_c = -\infty \quad \text{a.s.} \quad (6.6.9)$$

证 由(6.6.4)式和 Valiron 公式,

$$\sigma_c(\omega) \leqslant \varlimsup_{n \to \infty} \dfrac{\ln |a_n Z_n(\omega)|}{\lambda_n} + \varlimsup_{n \to \infty} \dfrac{\ln n}{\lambda_n}$$

$$\leqslant \varlimsup_{n \to \infty} \dfrac{\ln |a_n|}{\lambda_n} + \varlimsup_{n \to \infty} \dfrac{2}{\alpha} \dfrac{\ln n}{\lambda_n} + D$$

$$\leqslant -\infty + \dfrac{2}{\alpha} D + D = -\infty \quad \text{a.s.}$$

因此 $\sigma_c(\omega) = -\infty$ a.s. □

引理 6.6.2 若 $\sum\limits_{n=0}^{\infty} a_n Z_n e^{-\lambda_n s}$ 满足(6.6.8), (6.6.3)和(6.6.5), 那么 $\forall \varepsilon > 0$, $\forall \omega \in \Omega$ a.s., $\exists N(\omega)$, 使得 $\forall n \geqslant N(\omega)$,

$$\ln |a_n^c| - k_0(D + \varepsilon)\lambda_n \leqslant \ln |a_n^c(\omega)|$$
$$\leqslant \ln |a_n^c| + k_0(D + \varepsilon)\lambda_n. \quad (6.6.10)$$

证 $\forall \varepsilon > 0$, 在引理 6.6.1 条件下, $\forall \varepsilon > 0$, $\forall \omega \in \Omega$ a.s.,

$\exists N_1(\omega)$,使得 $\forall n > N_1(\omega)$ 时,有
$$\ln n < \lambda_n(D+\varepsilon),$$
因此当 $-\sigma$ 充分大时,
$$\ln m(\sigma,\omega) \leqslant \max_{n>N_1(\omega)}\{\ln|a_n| + k_0\ln n - \lambda_n\sigma\}$$
$$\leqslant \max_{n>N_1(\omega)}\{\ln|a_n| - \lambda_n[\sigma - k_0(D+\varepsilon)]\}$$
$$= \ln m(\sigma - k_0 D - k_0\varepsilon).$$

当 n 充分大时,由引理 3.2.5 得
$$\ln|a_n^c(\omega)| = \inf_\sigma\{\ln m(\sigma,\omega) + \lambda_n\sigma\}$$
$$\leqslant \inf_\sigma\{\ln m(\sigma - k_0 D - k_0\varepsilon) + \lambda_n\sigma\}$$
$$= \inf_\sigma\{\ln m(\sigma) + \lambda_n\sigma\} + \lambda_n k_0(D+\varepsilon)$$
$$= \ln|a_n^c| + k_0(D+\varepsilon)\lambda_n.$$

同样可证 (6.6.10) 式左边不等式成立. □

定理 6.6.2 在引理 6.6.2 条件下,级数 $f(s,\omega) = \sum_{n=0}^{\infty} a_n Z_n \mathrm{e}^{-\lambda_n s}$
和级数 $f(s) = \sum_{n=1}^{\infty} a_n \mathrm{e}^{-\lambda_n s}$ a.s. 有相同的增长级和下级.

证 $f(s)$ 有 (R)-增长级 ρ
$$\Leftrightarrow \varlimsup_{n\to\infty}\frac{\ln|a_n|}{\lambda_n\ln\lambda_n} = \begin{cases} -\infty, & \text{若 } \rho = 0; \\ -\dfrac{1}{\rho}, & \text{若 } 0 < \rho < \infty; \\ 0, & \text{若 } \rho = \infty. \end{cases}$$

$f(s,\omega)$ 有增长级 $\rho(\omega)$
$$\Leftrightarrow \varlimsup_{n\to\infty}\frac{\ln|a_n Z_n(\omega)|}{\lambda_n\ln\lambda_n} = \begin{cases} -\infty, & \text{若 } \rho(\omega) = 0; \\ -\dfrac{1}{\rho(\omega)}, & \text{若 } 0 < \rho(\omega) < \infty; \\ 0, & \text{若 } \rho(\omega) = \infty. \end{cases}$$

由 (6.6.7) 式和 (6.6.8) 式,

$$\varlimsup_{n\to\infty}\frac{\ln|a_nZ_n|}{\lambda_n\ln\lambda_n}\leqslant \varlimsup_{n\to\infty}\frac{\ln|a_nn^{k_0}|}{\lambda_n\ln\lambda_n}$$

$$\leqslant \varlimsup_{n\to\infty}\frac{\ln|a_n|}{\lambda_n\ln\lambda_n}+k_0\varlimsup_{n\to\infty}\frac{\ln n}{\lambda_n\ln\lambda_n}$$

$$=\varlimsup_{n\to\infty}\frac{\ln|a_n|}{\lambda_n\ln\lambda_n}\quad \text{a.s.},$$

$$\varlimsup_{n\to\infty}\frac{\ln|a_n|}{\lambda_n\ln\lambda_n}\leqslant \varlimsup_{n\to\infty}\frac{\ln|a_nn^{k_0}Z_n|}{\lambda_n\ln\lambda_n}$$

$$\leqslant \varlimsup_{n\to\infty}\frac{\ln|a_nZ_n|}{\lambda_n\ln\lambda_n}+k_0\varlimsup_{n\to\infty}\frac{\ln n}{\lambda_n\ln\lambda_n}$$

$$=\varlimsup_{n\to\infty}\frac{\ln|a_nZ_n|}{\lambda_n\ln\lambda_n}\quad \text{a.s.}$$

因此 $\rho(\omega)=\rho$ a.s. 由[96]定理 2 得

$$f(s)\text{有下级 }\tau \Leftrightarrow \varliminf_{n\to\infty}\frac{\ln|a_n^c|}{\lambda_n\ln\lambda_{n-1}}=\begin{cases}0, & \text{若 }\tau=\infty;\\ -\dfrac{1}{\tau}, & \text{若 }0<\tau<\infty;\\ -\infty, & \text{若 }\tau=0;\end{cases}$$

$f(s,\omega)$ 有下级 $\tau(\omega)$

$$\Leftrightarrow \varliminf_{n\to\infty}\frac{\ln|a_n^c(\omega)|}{\lambda_n\ln\lambda_{n-1}}=\begin{cases}0, & \text{若 }\tau(\omega)=\infty;\\ -\dfrac{1}{\tau(\omega)}, & \text{若 }0<\tau(\omega)<\infty;\\ -\infty, & \text{若 }\tau(\omega)=0.\end{cases}$$

由引理 6.6.2,

$$\varliminf_{n\to\infty}\frac{\ln|a_n^c|}{\lambda_n\ln\lambda_{n-1}}=\varliminf_{n\to\infty}\frac{\ln|a_n^c(\omega)|}{\lambda_n\ln\lambda_{n-1}}\quad \text{a.s.}$$

故 $\tau(\omega)=\tau$ a.s. □

定理 6.6.3 若随机级数 $f(s,\omega)=\sum\limits_{n=1}^{\infty}a_nZ_ne^{-\lambda_ns}$ 满足

$$\begin{cases}\varlimsup\limits_{n\to\infty}\dfrac{\ln n}{\lambda_n}=0,\\ \varlimsup\limits_{n\to\infty}\dfrac{\ln|a_n|}{\lambda_n}=-\infty,\end{cases}$$

且$\{Z_n\}$满足(6.6.3)式和(6.6.5)式,那么

$f(s,\omega)$有(R)-级ρ $(0<\rho<\infty)$、型μ a.s.

$$\Leftrightarrow \varlimsup_{n\to\infty} \frac{\lambda_n}{\rho e}|a_n|^{\frac{\rho}{\lambda_n}} = \mu. \tag{6.6.11}$$

即$f(s,\omega)$与$f(s)$ a.s.有相同的级、型.

证 由定理6.6.1, $\varlimsup_{n\to\infty} \frac{\ln|a_n Z_n|}{\lambda_n} = -\infty$ a.s. 由[86],

$$\mu(\omega) = \varlimsup_{n\to\infty} \frac{\lambda_n}{\rho e}|a_n Z_n(\omega)|^{\frac{\rho}{\lambda_n}} \leqslant \varlimsup_{n\to\infty} \frac{\lambda_n}{\rho e}|a_n n^{k_0}|^{\frac{\rho}{\lambda_n}}$$

$$\leqslant \varlimsup_{n\to\infty} \frac{\lambda_n}{\rho e}|a_n|^{\frac{\rho}{\lambda_n}} \varlimsup_{n\to\infty} n^{\frac{\rho k_0}{\lambda_n}}$$

$$= \mu\exp\left\{\varlimsup_{n\to\infty} \frac{\rho k_0 \ln n}{\lambda_n}\right\} = \mu \quad \text{a.s.},$$

$$\mu = \varlimsup_{n\to\infty} \frac{\lambda_n}{\rho e}|a_n|^{\frac{\rho}{\lambda_n}} \leqslant \varlimsup_{n\to\infty} \frac{\lambda_n}{\rho e}|a_n Z_n(\omega) n^{k_0}|^{\frac{\rho}{\lambda_n}}$$

$$\leqslant \mu(\omega) \quad \text{a.s.}$$

因此(6.6.11)成立. □

现考虑级数(6.6.1)的(p,q) (R)-级和下(p,q) (R)-级. 对于$f(s) = \sum_{n=0}^{\infty} a_n e^{-\lambda_n s}$, 令

$$\rho_f(p,q) = \varlimsup_{n\to\infty} \frac{\ln^{[p+1]} M(\sigma,f)}{\ln^{[q]}(-\sigma)}$$

$(p,q$为整数,$p \geqslant q \geqslant 0)$.

定义 I 若$\rho_f = (p-1, q-1) = 0$或$+\infty$ $(p \geqslant q \geqslant 0)$, 而$b < \rho_f(p,q) < \infty$ (这里当$p=q$时, $b=1$; 当$p>q$时, $b=0$), 则称函数$f(s)$有指数对(p,q). 若$f(s)$有指数对(p,q), 则称$f(s)$的(p,q) (R)-级为$\rho_f(p,q)$.

定义 II 若$f(s)$有指数对(p,q), 且

$$\lambda_f(p,q) = \varliminf_{\sigma\to-\infty} \frac{\ln^{[p+1]} M(\sigma,f)}{\ln^{[q]}(-\sigma)} \quad (0 \leqslant \lambda < +\infty),$$

则称函数 $f(s)$ 有下 (p,q) (R)-级 λ.

另外记 $\ln^{[0]} x = x$, $\ln^{[k]} x = \ln(\ln^{[k-1]} x)$ $(k \geqslant 1)$,

$$Q(\alpha) = \begin{cases} \alpha, & \text{若 } p > q; \\ 1+\alpha, & \text{若 } p = q = 1; \\ \max\{1,\alpha\}, & \text{若 } 2 \leqslant p = q < +\infty \end{cases} \quad (0 < \alpha \leqslant \infty).$$

(6.6.12)

特别地, $\alpha = \infty$; 或 $p > q$, $Q(\alpha) = \alpha$.

引理 6.6.3 设级数(6.6.2)满足(6.6.8)式. 那么

$$\rho_f(p,q) = Q(L) = \varlimsup_{\sigma \to -\infty} \frac{\ln^{[p+1]} m(\sigma, f)}{\ln^{[q]}(-\sigma)}, \quad (6.6.13)$$

其中,

$$L = L_f(p,q) = \varlimsup_{n \to \infty} \frac{\ln^{[p]} \lambda_n}{\ln^{[q]} \left(\frac{1}{\lambda_n} \ln \frac{1}{|a_n|}\right)}$$

$$(p \geqslant q,\ p \geqslant 1,\ q \geqslant 0)^{[44]}.$$

由(6.6.7)式,

$$L_{f(s,\omega)} = \varlimsup_{n \to \infty} \frac{\ln^{[p]} \lambda_n}{\ln^{[q]} \left(\frac{1}{\lambda_n} \ln \frac{1}{|a_n Z_n(\omega)|}\right)}$$

$$\leqslant \varlimsup_{n \to \infty} \frac{\ln^{[p]} \lambda_n}{\ln^{[q]} \left(\frac{1}{\lambda_n} \ln \frac{1}{|a_n| n^{k_0}}\right)}$$

$$= \varlimsup_{n \to \infty} \frac{\ln^{[p]} \lambda_n}{\ln^{[q]} \left(\frac{1}{\lambda_n} \ln \frac{1}{|a_n|}\right)} \quad \text{a.s.},$$

$$L_{f(s,\omega)} \geqslant \varlimsup_{n \to \infty} \frac{\ln^{[p]} \lambda_n}{\ln^{[q]} \left(\frac{1}{\lambda_n} \ln \frac{n^{k_0}}{|a_n|}\right)}$$

$$= \varlimsup_{n \to \infty} \frac{\ln^{[p]} \lambda_n}{\ln^{[q]} \left(\frac{1}{\lambda_n} \ln \frac{1}{|a_n|}\right)} \quad \text{a.s.}$$

故
$$L_{f(s,\omega)} = L_f \quad \text{a.s.} \tag{6.6.14}$$
这样有

定理 6.6.4 在引理 6.6.2 条件下，$f(s,\omega)$ a.s. 与 $f(s)$ 有相同的 (p,q) (R)-级.

引理 6.6.4 设当 n 充分大时，
$$|b_n| \leqslant |a_n| n^{k_0}, \quad \varlimsup_{n\to\infty} \frac{\ln n}{\lambda_n} = D < +\infty.$$
那么 $\forall \varepsilon > 0$，存在 $\sigma_0 < 0$，当 $\sigma \leqslant \sigma_0$ 时，
$$m(\sigma, g) \leqslant m(\sigma - k_0(D+\varepsilon), f). \tag{6.6.15}$$
相应地，
$$\rho_g(p,q) \leqslant \rho_f(p,q), \quad \lambda_g(p,q) \leqslant \lambda_f(p,q), \tag{6.6.16}$$
其中，$g(s) = \sum_{n=1}^{\infty} b_n \mathrm{e}^{-\lambda_n s}$.

证 由引理条件，$\forall \varepsilon > 0$，存在自然数 N，当 $n > N$ 时，$\ln n < (D+\varepsilon)\lambda_n$,
$$\begin{aligned}|b_n| \mathrm{e}^{-\lambda_n \sigma} &\leqslant |a_n| n^{k_0} \mathrm{e}^{-\lambda_n \sigma} \leqslant |a_n| \mathrm{e}^{-\lambda_n (\sigma - k_0 \frac{\ln n}{\lambda_n})} \\ &\leqslant |a_n| \mathrm{e}^{-\lambda_n(\sigma - k_0 D - k_0 \varepsilon)} \\ &\leqslant m(\sigma - k_0 D - k_0 \varepsilon, f).\end{aligned}$$
因此存在 $\sigma_0 < 0$，当 $\sigma \leqslant \sigma_0$ 时，
$$m(\sigma, g) = \sup_{n>N}\{|b_n| \mathrm{e}^{-\lambda_n \sigma}\} \leqslant m(\sigma - k_0 D - k_0 \varepsilon, f).$$
由 $\rho_f, \rho_g, \lambda_f, \lambda_g$ 的定义得(6.6.16)式. □

引理 6.6.5 若 $f(s)$ 满足条件(6.6.8)式，且有下 (p,q) (R)-级 λ，则
$$\lambda = \varliminf_{\sigma \to -\infty} \frac{\ln^{[p+1]} m(\sigma, f)}{\ln^{[q]}(-\sigma)} = Q(\lambda_1^*),$$
其中，

$$\lambda_1^* = \lim_{\sigma \to -\infty} \frac{\ln^{[p]} \lambda_{(\sigma)}}{\ln^{[q]}(-\sigma)} \quad (p \geqslant q,\ q \geqslant 0,\ p \geqslant 1),$$

$$\lambda_{(\sigma)} = \sup_n \{\lambda_n : |a_n| e^{-\lambda_n \sigma} = m(\sigma, f)\}.$$

$Q(\alpha)$ 的定义见(6.6.12)式. 参见[44].

结合(6.6.7)式,可得

定理 6.6.5 在引理 6.6.2 条件下, $f(s,\omega)$ a.s. 与 $f(s)$ 有相同的下 (p,q) (R)-级:

$$\lambda_{f(s,\omega)}(p,q) = \lambda_f(p,q) = Q(\lambda_1^*) \quad \text{a.s.},$$

其中,

$$\lambda_1^* = \lim_{\sigma \to -\infty} \frac{\ln^{[p]} \lambda_{(\sigma)}}{\ln^{[q]}(-\sigma)} \quad (p \geqslant q,\ q \geqslant 0,\ p \geqslant 1).$$

6.7 收敛全平面情形(Ⅱ)

考虑随机 Dirichlet 级数

$$f_\omega(s) = \sum_{n=0}^{\infty} X_n(\omega) e^{-\lambda_n s}, \tag{6.7.1}$$

其中, $0 \leqslant \lambda_0 < \lambda_1 < \lambda_2 < \cdots < \lambda_n \uparrow \infty$, $\{X_n\}$ 为某概率空间 $(\Omega, \mathscr{A}, P)$ 上独立复随机变量列, $s = \sigma + it$, $\sigma, t \in \mathbf{R}$.

引理 6.7.1 设 $\{X_n\}$ 是独立随机变量列. 它满足: $\forall n \geqslant 0$, $EX_n = 0$, 存在一个正数 d, 使得

$$d^2 \sigma_n^2 = d^2 E|X_n|^2 \leqslant E^2|X_n| < +\infty. \tag{6.7.2}$$

那么对 $\omega \in \Omega$ a.s., 存在自然数 $N(\omega)$, 使得当 $n > N(\omega)$ 时, 有

$$|X_n(\omega)| \leqslant n\sigma_n. \tag{6.7.3}$$

若 $\{X_{n_k}\}$ 是 $\{X_n\}$ 的任何子序列, 那么

$$P\left(\overline{\lim_{k \to \infty}} \{|X_{n_k}| \geqslant \frac{d}{2} \sigma_{n_k}\}\right) = 1, \tag{6.7.4}$$

它表明 $\{X_{n_k}(\omega)\}$ 中有无穷多项不小于 $\frac{d}{2}\sigma_{n_k}$.

证 当 $\sigma_n = 0$ 时，$X_n = 0$ a.s.，$P\{|X_n| > n\sigma_n\} = 0$；当 $\sigma_n > 0$ 时，$P\{|X_n| > n\sigma_n\} \leqslant \dfrac{E|X_n|^2}{n^2 \sigma_n^2} = \dfrac{1}{n^2}$. 因此，$\forall n \geqslant 1$，

$$P\{|X_n| > n\sigma_n\} \leqslant \frac{1}{n^2},$$

从而

$$\sum_{n=1}^{\infty} P\{|X_n| > n\sigma_n\} \leqslant \sum_{n=1}^{\infty} \frac{1}{n^2} < +\infty.$$

由 Borel-Cantelli 引理，

$$P(\varlimsup_{n \to \infty}\{|X_n| > n\sigma_n\}) = 0.$$

这样我们就得到(6.7.3)式.

利用附录 4.8 不等式和(6.7.2)式，我们有：当 $\sigma_n > 0$ 时，

$$P\left\{|X_n| \geqslant \frac{d}{2}\sigma_n\right\} \geqslant P\left\{|X_n| \geqslant \frac{1}{2}E|X_n|\right\}$$

$$\geqslant \left(1 - \frac{1}{2}\right)^2 \frac{E^2|X_n|}{E|X_n|^2} \geqslant \frac{1}{4}d^2 > 0;$$

当 $\sigma_n = 0$ 时，$P\left\{|X_n| \geqslant \dfrac{d}{2}\sigma_n\right\} = 1$. 因此

$$\sum_{k=1}^{\infty} P\left\{|X_{n_k}| \geqslant \frac{d}{2}\sigma_{n_k}\right\} = +\infty.$$

再利用 Borel-Cantelli 引理，

$$P\left(\varlimsup_{k \to \infty}\left\{|X_{n_k}| \geqslant \frac{d}{2}\sigma_{n_k}\right\}\right) = 1,$$

即 $|X_{n_k}(\omega)| \geqslant \dfrac{d}{2}\sigma_{n_k}$ a.s. 对无穷多个 n_k 成立. □

引理 6.7.2 设 $\{X_n\}$ 满足(6.7.2)式，则

(i) $\varlimsup\limits_{n \to \infty} \dfrac{\ln \sigma_n}{\lambda_n} \leqslant \varlimsup\limits_{n \to \infty} \dfrac{\ln |X_n|}{\lambda_n}$

$$\leqslant \varlimsup_{n \to \infty} \frac{\ln \sigma_n}{\lambda_n} + \varlimsup_{n \to \infty} \frac{\ln n}{\lambda_n} \quad \text{a.s.}; \qquad (6.7.5)$$

(ii) $\varlimsup\limits_{n\to\infty}\dfrac{\ln\sigma_n}{\lambda_n\ln\lambda_n}\leqslant\varlimsup\limits_{n\to\infty}\dfrac{\ln|X_n|}{\lambda_n\ln\lambda_n}$

$\leqslant\varlimsup\limits_{n\to\infty}\dfrac{\ln\sigma_n}{\lambda_n\ln\lambda_n}+\varlimsup\limits_{n\to\infty}\dfrac{\ln n}{\lambda_n\ln\lambda_n}$ a.s. (6.7.6)

证 由(6.7.3)式,

$$\varlimsup_{n\to\infty}\frac{\ln|X_n|}{\lambda_n}\leqslant\varlimsup_{n\to\infty}\frac{\ln n\sigma_n}{\lambda_n}\leqslant\varlimsup_{n\to\infty}\frac{\ln\sigma_n}{\lambda_n}+\varlimsup_{n\to\infty}\frac{\ln n}{\lambda_n},$$

$$\varlimsup_{n\to\infty}\frac{\ln|X_n|}{\lambda_n\ln\lambda_n}\leqslant\varlimsup_{n\to\infty}\frac{\ln n\sigma_n}{\lambda_n\ln\lambda_n}\leqslant\varlimsup_{n\to\infty}\frac{\ln\sigma_n}{\lambda_n\ln\lambda_n}+\varlimsup_{n\to\infty}\frac{\ln n}{\lambda_n\ln\lambda_n}.$$

设

$$\lim_{k\to\infty}\frac{\ln\sigma_{n_k}}{\lambda_{n_k}}=\varlimsup_{n\to\infty}\frac{\ln\sigma_n}{\lambda_n}.$$

由(6.7.4)式, a.s. 有: $\omega\in\Omega$, 在 $\{|X_{n_k}(\omega)|\}$ 中, 有无穷多项满足 $|X_{n_k}(\omega)|\geqslant\dfrac{d}{2}\sigma_{n_k}$. 设这无穷多项所成序列为 $\{|X_{n_{k,l}}(\omega)|\}$, 这里 $\{n_{k,l}\}$ 的选择依赖于 ω. 这样,

$$\varlimsup_{n\to\infty}\frac{\ln|X_n(\omega)|}{\lambda_n}\geqslant\varlimsup_{l\to\infty}\frac{\ln|X_{n_{k,l}}(\omega)|}{\lambda_{n_{k,l}}}\geqslant\varlimsup_{l\to\infty}\frac{\ln\left|\dfrac{d}{2}\sigma_{n_{k,l}}\right|}{\lambda_{n_{k,l}}}$$

$$=\varlimsup_{l\to\infty}\frac{\ln|\sigma_{n_{k,l}}|}{\lambda_{n_{k,l}}}=\lim_{k\to\infty}\frac{\ln|\sigma_{n_k}|}{\lambda_{n_k}}$$

$$=\varlimsup_{n\to\infty}\frac{\ln\sigma_n}{\lambda_n}\quad\text{a.s.}$$

类似地,有

$$\varlimsup_{n\to\infty}\frac{\ln|X_n|}{\lambda_n\ln\lambda_n}\geqslant\varlimsup_{n\to\infty}\frac{\ln\sigma_n}{\lambda_n\ln\lambda_n}\quad\text{a.s.}$$

综合以上各式,引理 6.7.2 得证. □

记级数(6.7.1)的收敛横坐标为 $\sigma_c(\omega)$, 一致收敛横坐标为 $\sigma_u(\omega)$, 绝对收敛横坐标为 $\sigma_a(\omega)$.

定理 6.7.1 若 $\varlimsup\limits_{n\to\infty}\dfrac{\ln\sigma_n}{\lambda_n}=-\infty$, $\varlimsup\limits_{n\to\infty}\dfrac{\ln n}{\lambda_n}<+\infty$, 那么

$$\sigma_c(\omega)=\sigma_u(\omega)=\sigma_a(\omega)=-\infty \quad \text{a.s.} \tag{6.7.7}$$

证 由 Varlion 公式及引理 6.7.2 (i) 有

$$\varlimsup_{n\to\infty}\frac{\ln\sigma_n}{\lambda_n}\leqslant \varlimsup_{n\to\infty}\frac{\ln|X_n(\omega)|}{\lambda_n}\leqslant \sigma_c(\omega)\leqslant \sigma_u(\omega)\leqslant \sigma_a(\omega)$$

$$\leqslant \varlimsup_{n\to\infty}\frac{\ln|X_n(\omega)|}{\lambda_n}+\varlimsup_{n\to\infty}\frac{\ln n}{\lambda_n}$$

$$\leqslant \varlimsup_{n\to\infty}\frac{\ln\sigma_n}{\lambda_n}+2\varlimsup_{n\to\infty}\frac{\ln n}{\lambda_n} \quad \text{a.s.}$$

当 $\varlimsup\limits_{n\to\infty}\dfrac{\ln\sigma_n}{\lambda_n}=-\infty$, 且 $\varlimsup\limits_{n\to\infty}\dfrac{\ln n}{\lambda_n}<\infty$ 时,

$$\sigma_c(\omega)=\sigma_u(\omega)=\sigma_a(\omega)=-\infty \quad \text{a.s.}$$

定理证毕. □

定理 6.7.2 设 $\{X_n\}$ 满足 (6.7.2) 式, 则当 $\varlimsup\limits_{n\to\infty}\dfrac{\ln n}{\lambda_n}<+\infty$, $\varlimsup\limits_{n\to\infty}\dfrac{\ln\sigma_n}{\lambda_n}=-\infty$ 时,

级数 (6.7.1) 的增长级 a.s. 为 ρ

$$\Leftrightarrow \varlimsup_{n\to\infty}\frac{\ln\sigma_n}{\lambda_n\ln\lambda_n}=\begin{cases}-\infty, & \text{若 } \rho=0;\\ -\dfrac{1}{\rho}, & \text{若 } 0<\rho<\infty;\\ 0, & \text{若 } \rho=\infty.\end{cases} \tag{6.7.8}$$

证 $f_\omega(s)$ 有增长级 $\rho(\omega)$

$$\Leftrightarrow \varlimsup_{n\to\infty}\frac{\ln|X_n(\omega)|}{\lambda_n\ln\lambda_n}=\begin{cases}-\infty, & \text{若 } \rho(\omega)=0;\\ -\dfrac{1}{\rho(\omega)}, & \text{若 } 0<\rho(\omega)<\infty;\\ 0, & \text{若 } \rho(\omega)=\infty.\end{cases}$$

$$\tag{6.7.9}$$

但由引理 6.7.2 有

$$\varlimsup_{n\to\infty}\frac{\ln|X_n(\omega)|}{\lambda_n\ln\lambda_n}=\varlimsup_{n\to\infty}\frac{\ln\sigma_n}{\lambda_n\ln\lambda_n}\quad\text{a.s.},\qquad(6.7.10)$$

这样 $\rho(\omega)=\rho$ a.s. 由 (6.7.9),(6.7.10) 便得 (6.7.8) 式. □

注 此定理表明全平面上收敛级数 $\sum_{n=0}^{\infty}X_n\mathrm{e}^{-\lambda_n s}$ 与 $\sum_{n=0}^{\infty}\sigma_n\mathrm{e}^{-\lambda_n s}$ a.s. 有相同的增长级.

引理 6.7.3 设随机变量 X 满足条件: $EX=0$, 存在正数 $d>0$, 使得

$$0<d^2E|X|^2\leqslant E^2|X|<+\infty.\qquad(6.7.11)$$

那么

$$\sup_{a\in\mathbf{C}}P\{X=a\}\leqslant\sup_{a\in\mathbf{C}}P\left\{|X-a|<\frac{1}{4}E|X|\right\}$$

$$\leqslant 1-\frac{d^2}{4(4+d^2)}<1.\qquad(6.7.12)$$

证 现固定 $a\in\mathbf{C}$, 定义 $Y=|X-a|$. 那么 $EY\geqslant|EX-a|=|a|$, $EY\geqslant E|X|-|a|$. 于是

$$EY\geqslant\max\{|a|,E|X|-|a|\}\geqslant\frac{E|X|}{2}.$$

由附录 5.8,

$$P\left\{Y\geqslant\frac{E|X|}{4}\right\}\geqslant P\left\{Y\geqslant\frac{1}{2}EY\right\}\geqslant\left(1-\frac{1}{2}\right)^2\frac{E^2Y}{EY^2}$$

$$=\frac{1}{4}\frac{E^2Y}{EY^2}=\frac{1}{4}\frac{E^2Y}{E|X|^2+|a|^2}.$$

两边开方,

$$\sqrt{P\left\{Y\geqslant\frac{1}{4}E|X|\right\}}\geqslant\frac{1}{2}\frac{EY}{\sqrt{E|X|^2+|a|^2}}$$

$$\geqslant\frac{1}{2}\max\left\{\frac{|a|}{\sqrt{E|X|^2+|a|^2}},\frac{E|X|-|a|}{\sqrt{E|X|^2+|a|^2}}\right\}$$

$$\geqslant\frac{1}{2}\max\left\{\frac{|a|}{\sqrt{r^2+|a|^2}},\frac{dr-|a|}{\sqrt{r^2+|a|^2}}\right\},$$

其中，$r=\sqrt{E|X|^2}$，$E|X| \geqslant d\sqrt{E|X|^2} = dr$.

对于 $p \geqslant q > 0$，
$$\min_{x \geqslant 0} \max\left\{\frac{x}{\sqrt{p^2+x^2}}, \frac{q-x}{\sqrt{p^2+x^2}}\right\}$$
$$= \frac{x}{\sqrt{p^2+x^2}}\bigg|_{x=\frac{q}{2}} = \frac{q}{\sqrt{4p^2+q^2}}. \quad ①$$

因此
$$\sqrt{P\left\{Y \geqslant \frac{1}{4}EX\right\}} \geqslant \frac{dr}{2\sqrt{4r^2+d^2r^2}} = \frac{d}{2\sqrt{4+d^2}},$$

从而
$$P\left\{Y \geqslant \frac{1}{4}EX\right\} \geqslant \frac{d^2}{4(4+d^2)}.$$

由此得
$$\sup_{a \in \mathbf{C}} P\left\{|X-a| < \frac{1}{4}EX\right\} \leqslant 1 - \frac{d^2}{4(4+d^2)} = \beta < 1.$$

这就是(6.7.12)式. 见附录 7.5 节. □

引理 6.7.4（Paley-Zygmund） 设 $\{X_n\}$ 是概率空间 $(\Omega, \mathscr{A}, P)$ 上的独立的随机变量列，它们的数学期望 $EX_n = 0$，且方差
$$E|X_n|^2 = \sigma_n^2 > 0, \quad d = \inf\left\{E\left(\left|\frac{X_n}{\sigma_n}\right|\right) = d_n\right\} > 0,$$

则对任意 $H \in \mathscr{A}$，$P(H) > 0$，存在正数 $B = B(d, H)$，$K = K(H, \{X_n\}) \in \mathbf{N}$，使得对任何复数列 $\{b_n\}$，及任何自然数 p 与 q，$p > q \geqslant K$，恒有

---

① 在带形 $\{(x,y): 0 \leqslant x \leqslant q, y \in \mathbf{R}\}$ 中作出 $y = \frac{x}{\sqrt{p^2+x^2}}$ 及 $y = \frac{q-x}{\sqrt{p^2+x^2}}$ 的图形，就可看出此式.

$$\int_H \Big|\sum_{n=q}^p b_n X_n(\omega)\Big|^2 P(\mathrm{d}\omega) \geqslant B \sum_{n=q}^p |b_n|^2 \sigma_n^2, \quad (6.7.13)$$

证 (i) 由附录 4.8 不等式,对任何 $n \in \mathbf{N}$,有

$$P\Big\{\frac{|X_n|}{\sigma_n} \geqslant \frac{d}{2}\Big\} \geqslant P\Big\{\frac{|X_n|}{\sigma_n} \geqslant \frac{d_n}{2}\Big\}$$

$$\geqslant \frac{E^2\big(\frac{|X_n|}{\sigma_n}\big)}{4E\big(\frac{|X_n|^2}{\sigma_n^2}\big)} \geqslant \frac{d_n^2}{4} \geqslant \frac{d^2}{4}.$$

令 $\Delta = 1 - \frac{d^2}{4}$ 和 $A_n = \Big\{\omega: \frac{|X_n|}{\sigma_n} < \frac{d}{2}\Big\}$,则 $P(A_n) \leqslant \Delta < 1$. 记 $P(H) = 2h$ 及 $M = \Big[\frac{\ln h}{\ln \Delta}\Big] + 1$,其中 $[\cdot]$ 表示取整数部分.

对任意 M 个不同的正整数 $\{n(j)\}_{j=1}^M$,有

$$P\Big(\bigcap_{j=1}^M A_{n(j)}\Big) = \prod_{j=1}^M P(A_{a(j)}) \leqslant \Delta^M < h.$$

若 $H' = H - \bigcap_{j=1}^M A_{n(j)}$,则 $P(H') > h$. 注意 $\bigcup_{j=1}^M \{H' \cap A_{n(j)}^c\} = H'$,那么

$$\sum_{j=1}^M P(H' \cap A_{n(j)}^c) \geqslant P(H') \geqslant h,$$

其中,$A^c = \Omega - A$. 因此至少存在一个正整数 $q \in \{n(j)\}$,使

$$P(H' \cap A_q^c) \geqslant \frac{h}{M}.$$

令 $2B = \frac{hd^2}{4M}$. 则对任何正整数 n(至多有 $M-1$ 个例外),有

$$\int_H \frac{|X_n(\omega)|^2}{\sigma_n^2} P(\mathrm{d}\omega) \geqslant \int_{H'} \frac{|X_n(\omega)|^2}{\sigma_n^2} P(\mathrm{d}\omega) \geqslant 2B.$$

因此可取 K' 充分大,使 K' 大于可能例外的 $M-1$ 个正整数,则当 $n > K'$ 时,上式恒成立.

(ii) 对任意的 $p > q \geqslant K'$,由(i)有

6.7 收敛全平面情形(Ⅱ)

$$\int_H \Big| \sum_{n=q}^{p} b_n X_n(\omega) \Big|^2 P(\mathrm{d}\omega)$$

$$= \sum_{n=q}^{p} |b_n|^2 \int_H |X_n(\omega)|^2 P(\mathrm{d}\omega) + Y$$

$$= \sum_{n=q}^{p} |b_n|^2 \sigma_n^2 \int_H \frac{|X_n(\omega)|^2}{\sigma_n^2} P(\mathrm{d}\omega) + Y$$

$$\geqslant 2B \sum_{n=q}^{p} |b_n|^2 \sigma_n^2 + Y,$$

其中,

$$Y = \sum_{q \leqslant k, j \leqslant p} b_k \overline{b_j} \int_H X_k(\omega) \overline{X_j(\omega)} P(\mathrm{d}\omega) \quad (k \neq j).$$

于是

$$|Y| \leqslant \Big(\sum_{q \leqslant k, j \leqslant p} (\sigma_k^2 \sigma_j^2 |b_k|^2 |b_j|^2) \Big)^{\frac{1}{2}}$$

$$\cdot \Big(\sum_{q \leqslant k, j \leqslant p} \Big| \int_H \frac{X_k(\omega) \overline{X_j(\omega)}}{\sigma_k \sigma_j} P(\mathrm{d}\omega) \Big|^2 \Big)^{\frac{1}{2}}$$

$$\leqslant \Big(\sum_{n=q}^{p} \sigma_n^2 |b_n|^2 \Big) \Big(\sum_{q \leqslant k, j \leqslant p} \Big| \int_H \frac{X_k(\omega) \overline{X_j(\omega)}}{\sigma_k \sigma_j} P(\mathrm{d}\omega) \Big|^2 \Big)^{\frac{1}{2}}$$

$$(k \neq j).$$

由于 $\Big\{ \dfrac{X_k(\omega) \overline{X_j(\omega)}}{\sigma_k \sigma_j} \Big\}_{k > j}$ 及 $\Big\{ \dfrac{X_k(\omega) \overline{X_j(\omega)}}{\sigma_k \sigma_j} \Big\}_{k < j}$ 是两组标准正交系,因此 $\Big\{ \int_H \dfrac{X_k(\omega) \overline{X_j(\omega)}}{\sigma_k \sigma_j} P(\mathrm{d}\omega) \Big\}_{k \neq j}$ 可看成函数 1_H 对两组正交系的 Fourier 系数,从而

$$\sum_{q \leqslant k, j \leqslant p} \Big| \int_H \frac{X_k(\omega) \overline{X_j(\omega)}}{\sigma_k \sigma_j} P(\mathrm{d}\omega) \Big|^2 < +\infty \quad (k \neq j).$$

于是我们可选充分大的 $K = K(H) > K'$,使

$$\sum_{q \leqslant k, j \leqslant p} \Big| \int_H \frac{X_k(\omega) \overline{X_j(\omega)}}{\sigma_k \sigma_j} P(\mathrm{d}\omega) \Big|^2 < B^2 \quad (k \neq j).$$

这样引理 6.7.4 得证.   □

系 设 $\{X_n(\omega)\}$ 是概率空间 $(\Omega, \mathscr{A}, P)$ 上的独立同分布的随机变量序列，数学期望满足 $E(X_n) = 0$，方差满足 $E(|X_n|^2) = \sigma^2 > 0$. 则对任意的 $H \in \mathscr{A}$，存在 $B = B(H) > 0$，$K = K(H, \{X_n\}) \in \mathbf{N}$，使得对任何复数列 $\{b_n\} \subset \mathbf{C}$ 及任何 p 与 q，$p > q \geqslant K$，恒有

$$\int_H \Big| \sum_{n=p}^{p} b_n X_n(\omega) \Big|^2 \geqslant B\sigma^2 \sum_{n=p}^{p} |b_n|^2.$$

定理 6.7.3 设级数 (6.7.1) 满足 (6.7.2) 及

(i) $\varlimsup\limits_{n \to \infty} \dfrac{\ln n}{\lambda_n} < \infty$,

(ii) $\varlimsup\limits_{n \to \infty} \dfrac{\ln \sigma_n}{\lambda_n \ln \lambda_n} = -\dfrac{1}{\rho}$, $0 < \rho < \infty$.

那么，$\forall t \in \mathbf{R}$，

$$\varlimsup_{\sigma \to -\infty} \frac{\ln^+ \ln^+ |f_\omega(\sigma + \mathrm{i}t)|}{-\sigma} = \rho \left(= \varlimsup_{\sigma \to -\infty} \frac{\ln^+ \ln^+ M(\sigma, f_\omega)}{-\sigma} \right) \quad \text{a.s.} \tag{6.7.14}$$

证 注意 (ii) $\Rightarrow \varlimsup\limits_{n \to \infty} \dfrac{\ln \sigma_n}{\lambda_n} = -\infty$.

由定理 6.7.2 知，$\varlimsup\limits_{\sigma \to -\infty} \dfrac{\ln^+ \ln^+ M(\sigma, f_\omega)}{-\sigma} = \rho$. 令

$$H = \left\{ \omega \,\Big|\, \varlimsup_{\sigma \to -\infty} \frac{\ln^+ \ln^+ |f_\omega(\sigma + \mathrm{i}t)|}{-\sigma} < \rho \right\}.$$

我们只要证明 $P(H) = 0$ 就够了，若不然，有 $P(H) > 0$. 任取 $\tilde{\sigma}_m \to -\infty$，$\varepsilon_n \downarrow 0$，有

$$H = \bigcup_{n=1}^{\infty} \bigcup_{m=1}^{\infty} \left\{ \omega \,\Big|\, \frac{\ln^+ \ln^+ |f_\omega(\sigma + \mathrm{i}t)|}{-\sigma} < \rho - \varepsilon_n, \ \sigma < \tilde{\sigma}_m \right\},$$

由此有 m_0, n_0 使得 $P(H') > 0$，其中，

$$H' = \left\{\omega \,\Big|\, \frac{\ln^+\ln^+|f_\omega(\sigma+\mathrm{i}t)|}{-\sigma} < \rho - \varepsilon_{n_0},\ \sigma < \tilde{\sigma}_{m_0}\right\},$$

简记 $\varepsilon_{n_0} = \varepsilon_0$, $\tilde{\sigma}_{m_0} = \tilde{\sigma}_0 (<0)$.

对于 $\omega \in H'$, $\sigma < \tilde{\sigma}_0$, 我们有

$$|f_\omega(\sigma+\mathrm{i}t)| < \exp\{\mathrm{e}^{-(\rho-\varepsilon_0)\sigma}\}, \tag{6.7.15}$$

由引理 6.7.4, 存在一自然数 $N = N(H', \{X_n\})$, 正数 $B = B(d, H')$, 使得

$$\int_{H'} \Big|\sum_{n=N}^\infty X_n \mathrm{e}^{-\lambda_n s}\Big|^2 P(\mathrm{d}\omega) \geqslant B \sum_{n=N}^\infty \sigma_n^2 \mathrm{e}^{-2\lambda_n \sigma}.$$

又由(6.7.15)式,

$$\int_{H'} \Big|\sum_{n=N}^\infty X_n(\omega)\mathrm{e}^{-\lambda_n s}\Big|^2 P(\mathrm{d}\omega)$$

$$= \int_{H'} \Big|f_\omega(s) - \sum_{n=0}^{N-1} X_n(\omega)\mathrm{e}^{-\lambda_n s}\Big|^2 P(\mathrm{d}\omega)$$

$$\leqslant 2\int_{H'} |f_\omega(s)|^2 P(\mathrm{d}\omega) + 2\int_{H'} \Big|\sum_{n=0}^{N-1} X_n(\omega)\mathrm{e}^{-\lambda_n s}\Big|^2 P(\mathrm{d}\omega)$$

$$\leqslant 2P(H')\exp(2\mathrm{e}^{(\rho-\varepsilon_0)\sigma}) + 2\int_\Omega \Big|\sum_{n=0}^{N-1} X_n(\omega)\mathrm{e}^{-\lambda_n s}\Big|^2 P(\mathrm{d}\omega)$$

$$= 2P(H')\exp(2\mathrm{e}^{(\rho-\varepsilon_0)\sigma}) + 2\sum_{n=0}^{N-1} \sigma_n^2 \mathrm{e}^{-2\lambda_n \sigma},$$

因此

$$\sum_{n=N}^{+\infty} \sigma_n^2 \mathrm{e}^{-2\lambda_n \sigma} \leqslant \frac{2P(H')}{B}\exp\{2\mathrm{e}^{-(\rho-\varepsilon_0)\sigma}\}$$

$$+ \frac{2}{B}\sum_{n=0}^{N-1} \sigma_n^2 \mathrm{e}^{-2\lambda_n \sigma},$$

$$\sum_{n=0}^\infty \sigma_n^2 \mathrm{e}^{-2\lambda_n \sigma} \leqslant \frac{2P(H')}{B}\exp\{2\mathrm{e}^{-(\rho-\varepsilon_0)\sigma}\}$$

$$+ \Big(\frac{2}{B}+1\Big)\sum_{n=0}^{N-1} \sigma_n^2 \mathrm{e}^{-2\lambda_n \sigma}$$

$$\leqslant C^2\exp\{2\mathrm{e}^{-(\rho-\varepsilon_0)\sigma}\},$$

C 是一正常数.

因此 $\forall n$,
$$\sigma_n^2 e^{-2\lambda_n \sigma} \leqslant C^2 \exp\{2e^{-(\rho-\varepsilon_0)\sigma}\},$$
$$\sigma_n e^{-2\lambda_n \sigma} \leqslant C \exp\{e^{-(\rho-\varepsilon_0)\sigma}\},$$

于是
$$\ln \sigma_n \leqslant \ln C + e^{-(\rho-\varepsilon_0)\sigma} + \lambda_n \sigma, \quad \sigma < \tilde{\sigma}_0 < 0.$$

当 n 充分大、λ_n 充分大时, 取 $\sigma = -\dfrac{1}{\rho-\varepsilon_0} \ln \dfrac{\lambda_n}{\rho-\varepsilon_0} < \tilde{\sigma}_0$, 有
$$\ln \sigma_n \leqslant \ln C + \frac{\lambda_n}{\rho-\varepsilon_0} - \frac{\lambda_n}{\rho-\varepsilon_0} \ln \frac{\lambda_n}{\rho-\varepsilon_0}.$$

于是
$$\varlimsup_{n\to\infty} \frac{\ln \sigma_n}{\lambda_n \ln \lambda_n} \leqslant -\frac{1}{\rho-\varepsilon_0}.$$

这与 $\varlimsup\limits_{n\to\infty} \dfrac{\ln \sigma_n}{\lambda_n \ln \lambda_n} = -\dfrac{1}{\rho}$ 矛盾, 故定理 6.7.3 得证. □

取在 **R** 中稠密的可数集合 $\{t_n\}$, 我们得到:

定理 6.7.4 在定理 6.7.3 条件下, 存在 E 满足 $P(E) = 1$, 对 $\omega \in E$ 及任何实数 β 及 r, $\beta < r$, 有
$$\varlimsup_{\sigma\to-\infty} \frac{\ln^+ \ln^+ M(\sigma, \beta, r, f_\omega)}{-\sigma} = \varlimsup_{\sigma\to-\infty} \frac{\ln^+ \ln^+ M(\sigma, f_\omega)}{-\sigma}$$
$$= \rho \quad \text{a.s.} \qquad (6.7.16)$$

证 定理 6.7.3 中, 对 $\rho = \infty$ 情形类似可证. 只不过加一个通常条件
$$\varlimsup_{n\to\infty} \frac{\ln \sigma_n}{\lambda_n} = -\infty,$$

至于 $\rho = 0$, 结论显然成立, 条件(ii)为
$$\varlimsup_{n\to\infty} \frac{\ln \sigma_n}{\lambda_n \ln \lambda_n} = -\infty.$$

对于 (6.1.1) 中的 $f(s, \omega)$, 在 6.1 节中的条件下, 无论是随

机收敛半平面还是全平面情形,都可由引理 6.7.4 导出类似于 (6.7.14) 及 (6.7.16) 的结果. □

现讨论 f_ω 的 (p,q) (R)-级.

定理 6.7.5 若级数 (6.7.1) 满足 (6.7.2) 及

$$\varlimsup_{n\to\infty}\frac{\ln n}{\lambda_n}<+\infty,\quad \varlimsup_{n\to\infty}\frac{\ln\sigma_n}{\lambda_n}=-\infty,$$

那么 f_ω a.s. 与级数 $\sum_{n=0}^{\infty}\sigma_n e^{-\lambda_n s}$ 有相同的 (p,q) (R)-级,即

$$\rho_{f_\omega}(p,q)=\rho_f(p,q)=Q(L)\quad \text{a.s.},\qquad (6.7.17)$$

其中 Q 同 (6.6.12),

$$L=\varlimsup_{n\to\infty}\frac{\ln^{[p]}\lambda_n}{\ln^{[q]}\left(\frac{1}{\lambda_n}\ln\frac{1}{\sigma_n}\right)}\quad (p\geqslant q,\ p\geqslant 1,\ q\geqslant 0).$$

证 由引理 6.7.1,

$$L_{f_\omega}=\varlimsup_{n\to\infty}\frac{\ln^{[p]}\lambda_n}{\ln^{[q]}\left(\frac{1}{\lambda_n}\ln\frac{1}{|X_n(\omega)|}\right)}$$

$$\leqslant \varlimsup_{n\to\infty}\frac{\ln^{[p]}\lambda_n}{\ln^{[q]}\left(\frac{1}{\lambda_n}\ln\frac{1}{n\sigma_n}\right)}$$

$$=\varlimsup_{n\to\infty}\frac{\ln^{[p]}\lambda_n}{\ln^{[q]}\left(\frac{1}{\lambda_n}\ln\frac{1}{\sigma_n}\right)}=L_f\quad \text{a.s.}$$

又设

$$\varlimsup_{n\to\infty}\frac{\ln^{[p]}\lambda_n}{\ln^{[q]}\left(\frac{1}{\lambda_n}\ln\frac{1}{\sigma_n}\right)}=\lim_{k\to\infty}\frac{\ln^{[p]}\lambda_{n_k}}{\ln^{[q]}\left(\frac{1}{\lambda_{n_k}}\ln\frac{1}{\sigma_{n_k}}\right)}.$$

由 (6.7.4) 式,$\{|X_{n_k}(\omega)|\}$ 含有一子列 $\{|X_{n_{k,l}}(\omega)|\}$ 满足

$$P\left(\varlimsup_{l\to\infty}\{|X_{n_{k,l}}(\omega)|\geqslant\frac{d}{2}\sigma_{n_{k,l}}\}\right)=1,$$

$$L_{f_\omega} \geqslant \varlimsup_{l\to\infty} \frac{\ln^{[p]}\lambda_{n_{k,l}}}{\ln^{[q]}\left(\dfrac{1}{\lambda_{n_{k,l}}} \dfrac{1}{|X_{n_{k,l}}(\omega)|}\right)}$$

$$\geqslant \varlimsup_{l\to\infty} \frac{\ln^{[p]}\lambda_{n_{k,l}}}{\ln^{[q]}\left(\dfrac{1}{\lambda_{n_{k,l}}} \dfrac{2}{d\sigma_{n_{k,l}}}\right)}$$

$$= \lim_{l\to\infty} \frac{\ln^{[p]}\lambda_{n_{k,l}}}{\ln^{[q]}\left(\dfrac{1}{\lambda_{n_{k,l}}} \dfrac{1}{\sigma_{n_{k,l}}}\right)} = L_f \quad \text{a.s.}$$

由以上两不等式,可证得(6.7.17)式. □

用类似定理 6.7.3 的证明方法可得:

定理 6.7.6 设级数(6.7.1)满足(6.7.1)及

(i) $\varlimsup\limits_{n\to\infty} \dfrac{\ln n}{\lambda_n} < \infty$,

(ii) $\varlimsup\limits_{n\to\infty} \dfrac{\ln^{[p]}\lambda_n}{\ln^{[q]}\left(\dfrac{1}{\lambda_n}\ln\dfrac{1}{|\sigma_n|}\right)} = L \in (0, +\infty)$. (6.7.18)

那么 $\forall t \in \mathbf{R}$,

$$\varlimsup_{\sigma\to-\infty} \frac{\ln^{[p+1]}|f_\omega(\sigma+\mathrm{i}t)|}{\ln^{[q]}(-\sigma)} = \rho = Q(L) \quad \text{a.s.} \quad (6.7.19)$$

系 在定理 6.7.6 条件下,$\exists E \in \mathscr{A}, P(E)=1, \forall \omega \in E$,及任何实数 $\beta < \gamma$ 有

$$\varlimsup_{\sigma\to-\infty} \frac{\ln^{[p+1]}M(\sigma,\beta,\gamma,f_\omega)}{\ln^{[q]}(-\sigma)} = \varlimsup_{\sigma\to-\infty} \frac{\ln^{[p+1]}M(\sigma,f_\omega)}{\ln^{[q]}(-\sigma)}$$
$$= \rho \quad \text{a.s.} \quad (6.7.20)$$

第七章 值 分 布

本章将研究随机 Dirichlet 级数的值分布,并按照随机收敛域是半平面及全平面两种情形,在不同条件下进行讨论.

7.1 收敛半平面情形(Ⅰ)

考虑随机 Dirichlet 级数

$$\sum_{n=0}^{\infty} X_n(\omega) e^{-s\lambda_n}. \tag{7.1.1}$$

在这一节里,假定

(ⅰ) $\{X_n\}$ 是鞅差序列,并且是全局正则的:存在常数 $\alpha \in (0,1)$,使得对任意的 $n \geqslant 0$,

$$0 < \alpha \sqrt{E(|X_n|^2)} \leqslant E(|X_n|);$$

(ⅱ) 级数 $\sum_{n=0}^{\infty} E(|X_n|^2) e^{-2\sigma\lambda_n}$ 当 $\sigma > 0$ 时收敛,当 $\sigma = 0$ 时发散.

在这样的条件下,在右半平面 $\mathrm{Re}\, s > 0$ 内,级数(7.1.1)定义了随机解析函数 $f_\omega(s)$. 这一节的目的是研究函数 $f_\omega(z)$ 的值分布.

记

$$h(\sigma) = \sqrt{\sum_{n=0}^{\infty} E(|X_n|^2) e^{-2\sigma\lambda_n}} \quad (\sigma > 0).$$

在这一节里,总用 β 表示某个常数,它跟条件(i)中出现的常数 α 有关,具体关系由附录定理 6.2 决定.

定理 7.1.1 (i) 如果
$$\varlimsup_{\sigma \to 0} \frac{\ln h(\sigma)}{\ln \frac{1}{\sigma}} = \infty, \tag{7.1.2}$$

那么对于任意给定的 $t_0 \in \mathbf{R}$ 和 $\varepsilon > 0$,存在尾事件 $A_1 = A_1(t_0, \varepsilon)$,使得
$$P(A_1) \geqslant \frac{\beta^4}{2^{12}},$$

并且对于任意给定的 $\omega \in A_1$,
$$\varlimsup_{\sigma \to 0} \frac{n(\sigma; t_0, \varepsilon; f_\omega = \varphi)}{\frac{1}{\sigma}} = \infty \tag{7.1.3}$$

(这里 $\varphi(s)$ 是任意一个在右半平面 $\operatorname{Re} s > 0$ 内解析并有界的函数). 例外函数的个数最多有一个.

(ii) 如果
$$\varlimsup_{\sigma \to 0} \frac{\ln \ln h(\sigma)}{\ln \frac{1}{\sigma}} = \rho \in (0, \infty), \tag{7.1.4}$$

那么对于任意给定的 $t_0 \in \mathbf{R}$ 和 $\varepsilon > 0$,存在尾事件 $A_2 = A_2(t_0, \varepsilon)$,使得
$$P(A_2) \geqslant \frac{\beta^4}{2^{12+2\rho}},$$

并且对于任意给定的 $\omega \in A_2$,
$$\varlimsup_{\sigma \to 0} \frac{n(\sigma; t_0, \varepsilon; f_\omega = \varphi)}{\frac{1}{\sigma} \ln h(\sigma)} \geqslant \frac{\beta^2}{2^{7+\rho}} \frac{\varepsilon}{\pi}$$

(这里 $\varphi(s)$ 是任意一个在右半平面 $\operatorname{Re} s > 0$ 内解析并有界的函数). 例外函数的个数最多有一个.

(iii) 如果
$$\varlimsup_{\sigma \to 0} \frac{\ln \ln h(\sigma)}{\ln \frac{1}{\sigma}} = \infty, \tag{7.1.5}$$

那么对于任意给定的 $t_0 \in \mathbf{R}$ 和 $\varepsilon > 0$，存在尾事件 $A_3 = A_3(t_0, \varepsilon)$，使得
$$P(A_3) \geqslant \frac{\beta^2}{4},$$

并且对于任意给定的 $\omega \in A_3$，
$$\varlimsup_{\sigma \to 0} \frac{\ln n(\sigma; t_0, \varepsilon; f_\omega = \varphi)}{\ln \ln h(\sigma)} \geqslant 1$$

(这里 $\varphi(s)$ 是任意一个在右半平面 $\operatorname{Re} s > 0$ 内解析并有界的函数). 例外函数的个数最多有一个.

这个定理取材于 [34]~[37].

证 对于任意给定的 $t_0 \in \mathbf{R}$ 和 $\varepsilon > 0$, 定义函数 (参见 (6.4.2))
$$g_\omega(z) = f_\omega\left(\frac{2\varepsilon}{\pi} \Psi(z) + it_0\right)$$
$$= \sum_{n=0}^{\infty} X_n(\omega) \exp\left\{-\lambda_n\left(\frac{2\varepsilon}{\pi} \Psi(z) + it_0\right)\right\}.$$

这是一个单位圆盘内的随机解析函数，其中的 $\Psi(z)$ 表示附录定理 3.1 定义的映射.

下面依次证明结论 (ii), (iii), (i).

证明结论 (ii). 先给出一个简单的结论：假设 $p_1(r), p_2(r)$ 是区间 $(r_0, 1)$ 内的正值绝对连续函数 ($0 < r_0 < 1$), 并且 $p_2(r)$ 是严格单调增的无界函数，那么
$$\varlimsup_{r \to 1} \frac{p_1(r)}{p_2(r)} \leqslant \varlimsup_{r \to 1} \frac{p_1'(r)}{p_2'(r)}. \tag{7.1.6}$$

把绝对连续函数的性质和极限运算的性质结合在一起，容易证明这个结论.

记

$$A_2 = A_2(t_0, \varepsilon) = \left\{ \omega : \varlimsup_{r \to 1} \frac{T(r, g_\omega)}{V\left(\frac{1}{1-r}\right)} \geq \frac{\beta^2}{2^6} \right\},$$

这里 $V(x) = x^{\rho_1(x)}$,而 $\rho_1(x)$ 是函数 $h\left(\frac{2\varepsilon}{\pi}, \frac{1}{x}\right)$ $(x>1)$ 的 Valiron 精确级(参见附录定理 2.2). 根据附录定理 2.2 (iii),A_2 是一个尾事件. 而根据定理 6.4.1 (ii),

$$P(A_2) \geq \frac{\beta^4}{2^{12+2\rho}}.$$

对于任意一个 $\omega \in A_2$,由附录定理 1.7,

$$\frac{\beta^2}{2^6} \leq \left(1 + \frac{2}{m}\right) \varlimsup_{r \to 1} \frac{1}{V\left(\frac{1}{1-r}\right)} \sum_{k=1}^{2} N\left(\frac{mr+1}{m+1}, g_\omega = \widetilde{\varphi}_k\right)$$

$$(\forall m > 0),$$

其中 $\widetilde{\varphi}_1(z), \widetilde{\varphi}_2(z)$ 是任意两个在单位圆盘内解析并有界的函数. 因此根据附录定理 2.2 (ii)给出的函数 $V(x)$ 的性质,

$$\frac{\beta^2}{2^6} \leq \left(1 + \frac{2}{m}\right) \left(1 + \frac{1}{m}\right)^\rho \varlimsup_{r \to 1} \frac{1}{V\left(\frac{1}{1-r}\right)} \sum_{k=1}^{2} N(r, g_\omega = \widetilde{\varphi}_k).$$

令 $m \to \infty$,然后再应用不等式(7.1.6)和附录定理 2.2 (ii),那么

$$\frac{\beta^4 \rho}{2^7} \leq \varlimsup_{r \to 1} \frac{n(r, g_\omega = \widetilde{\varphi})}{\frac{1}{1-r} V\left(\frac{1}{1-r}\right)}$$

(其中 $\widetilde{\varphi}(z)$ 是任意一个在单位圆盘内解析并有界的函数). 例外函数的个数最多有一个. 现在应用附录定理 3.2,那么

$$\frac{\beta^2 \rho}{2^7} \leq \varlimsup_{r \to 1} \frac{n\left(\frac{2\varepsilon}{\pi} \Psi(r); t_0, \varepsilon; f_\omega = \varphi\right)}{\frac{1}{1-r} V\left(\frac{1}{1-r}\right)} \qquad (7.1.7)$$

(其中 $\varphi(s)$ 是任意一个在右半平面内解析并有界的函数). 例外函数的个数最多有一个. 根据容易验证的结论:

$$\lim_{r\to 1}\frac{\Psi(r)}{1-r}=\lim_{r\to 1}\frac{\operatorname{sh}^{-1}\frac{1-r}{1+r}}{1-r}=\frac{1}{2}, \qquad (7.1.8)$$

再应用附录定理 2.2，可以推出

$$V\left(\frac{1}{1-r}\right)=[1+o(1)]\frac{1}{2^\rho}V\left(\frac{1}{\Psi(r)}\right)$$

$$\geqslant [1+o(1)]\frac{1}{2^\rho}h\left(\frac{2\varepsilon}{\pi}\frac{1}{\Psi(r)}\right).$$

把这个不等式和(7.1.7)结合起来，我们就可以得到结论(ii).

证明结论(iii)．记

$$A_3=A_3(t_0,\varepsilon)=\left\{\omega:\varlimsup_{r\to 1}\frac{\ln T(r,g_\omega)}{\ln H\left(\frac{1}{1-r}\right)}\geqslant 1\right\},$$

这里 $H(x)=x^{\rho_2(x)}$，而 $\rho_2(x)$ 是函数 $h\left(\frac{2\varepsilon}{\pi}\Psi\left(1-\frac{1}{x}\right)\right)$ $(x>1)$ 的熊庆来无穷级(参见附录定理 2.3). 类似于结论(ii)的证明，A_3 是一个尾事件，并且根据定理 6.4.1(iii)，

$$P(A_3)\geqslant \frac{\beta^2}{4}.$$

下面任意给定 $\omega\in A_3$. 考虑变量 r,R,x 和 x'，它们的关系是

$$x=\frac{1}{1-r},\ x'=x\left(1+\frac{1}{\ln H(x)}\right),\ x'=\frac{1}{1-R}.$$

根据熊庆来无穷级的性质，

$$\lim_{r\to 1}\frac{\ln\frac{1}{1-R}+\ln\frac{1}{R-r}}{\ln H\left(\frac{1}{1-r}\right)}=0.$$

现在应用附录定理 1.8 和定理 2.3，

$$1\leqslant \varlimsup_{r\to 1}\frac{1}{\ln H\left(\frac{1}{1-r}\right)}\ln\sum_{k=1}^2 N(r,g_\omega=\widetilde\varphi_k),$$

其中 $\widetilde\varphi_1(z),\widetilde\varphi_2(z)$ 是任意两个在单位圆盘内解析并有界的函数.

因此

$$1 \leqslant \varlimsup_{r \to 1} \frac{\ln N(r, g_\omega = \widetilde{\varphi})}{\ln H\left(\frac{1}{1-r}\right)}$$

(其中 $\widetilde{\varphi}(z)$ 是任意一个在单位圆盘内解析并有界的函数). 例外函数的个数最多有一个. 由明显的不等式:

$$N(r, g = \varphi) \leqslant N(r_0, g = \varphi) + n(r, g = \varphi) \ln \frac{1}{r_0} \quad (0 < r_0 < r < 1),$$

我们容易得到

$$1 \leqslant \varlimsup_{r \to 1} \frac{\ln n(r, g_\omega = \widetilde{\varphi})}{\ln H\left(\frac{1}{1-r}\right)}.$$

现在应用附录定理 3.2, 那么

$$1 \leqslant \varlimsup_{r \to 1} \frac{\ln n\left(\frac{2\varepsilon}{\pi} \Psi(r); t_0, \varepsilon; f_\omega = \varphi\right)}{\ln H\left(\frac{1}{1-r}\right)} \tag{7.1.9}$$

(其中 $\varphi(s)$ 是任意一个在右半平面内解析并有界的函数). 例外函数的个数最多有一个. 另外, 由附录定理 2.3, 熊庆来无穷级满足

$$H\left(\frac{1}{1-r}\right) \geqslant h\left(\frac{2\varepsilon}{\pi} \frac{1}{\Psi(r)}\right).$$

由此容易看出, 结论(iii)成立.

证明结论(i). 令

$$\rho(h) = \varlimsup_{\sigma \to 0} \frac{\ln^+ \ln^+ h(\sigma)}{\ln \frac{1}{\sigma}}.$$

根据条件(7.1.2), 指标 $\rho(h)$ 要么是无穷, 要么是正常数, 要么为 0.

首先假设 $\rho(h) = \infty$. 这就是条件(7.1.5), 因此根据结论(iii)的证明过程, 不等式(7.1.9)应该成立. 利用明显的结论:

$$\varliminf_{r\to 1}\frac{\ln \Psi(r)}{\ln H\left(\frac{1}{1-r}\right)}=0,$$

由(7.1.9)容易推出

$$1\leqslant \varlimsup_{r\to 1}\frac{\ln\left[\frac{2\varepsilon}{\pi}\Psi(r)n\left(\frac{2\varepsilon}{\pi}\Psi(r);t_0,\varepsilon;f_\omega=\varphi\right)\right]}{\ln H\left(\frac{1}{1-r}\right)}$$

(其中 $\varphi(s)$ 是任意一个在右半平面内解析并有界的函数). 例外函数的个数最多有一个. 而

$$\varlimsup_{r\to 1}\frac{2\varepsilon}{\pi}\Psi(r)n\left(\frac{2\varepsilon}{\pi}\Psi(r);t_0,\varepsilon;f_\omega=\varphi\right)=\infty,$$

由此推出不等式(7.1.3).

其次假设指标 $\rho(h)$ 是正常数. 这就是条件(7.1.4),因而结论(ii)成立,从而不等式(7.1.3)更应该成立.

最后假设指标 $\rho(h)=0$. 令

$$A_1=A_1(t_0,\varepsilon)=\left\{\omega:\varlimsup_{r\to 1}\frac{T(r,g_\omega)}{\ln\frac{1}{1-r}}=\infty\right\}.$$

显然 A_1 是尾事件,并且由定理 6.4.1,

$$P(A_1)\geqslant \frac{\beta^4}{2^{12}}.$$

对于任意给定的 $\omega\in A_2$,由附录定理 1.7,

$$\varlimsup_{r\to 1}\frac{1}{\ln\frac{1}{1-r}}\sum_{k=1}^{2}N\left(\frac{mr+1}{m+1},g_\omega=\widetilde{\varphi}_k\right)=\infty\quad(\forall\,m>0),$$

其中 $\widetilde{\varphi}_1(z),\widetilde{\varphi}_2(z)$ 是任意两个在单位圆盘内解析并有界的函数. 因此

$$\varlimsup_{r\to 1}\frac{N(r,g_\omega=\widetilde{\varphi})}{\ln\frac{1}{1-r}}=\infty$$

(其中 $\widetilde{\varphi}(z)$ 是任意一个在单位圆盘内解析并有界的函数). 例外函数的个数最多有一个. 再应用结论(7.1.6),

$$\varlimsup_{r \to 1} \frac{n(r, g_\omega = \widetilde{\varphi})}{\dfrac{1}{1-r}} = \infty.$$

这样一来, 根据附录定理 3.2,

$$\varlimsup_{r \to 1}(1-r) n\left(\frac{2\varepsilon}{\pi}\Psi(r); t_0, \varepsilon; f_\omega = \varphi\right) = \infty.$$

最后根据关系式(7.1.8), 我们就可以得到不等式(7.1.3). □

7.2 收敛半平面情形(Ⅱ)

在上一节中, 要求随机 Dirichlet 级数的系数是鞅差序列, 研究的是有例外值的值分布问题. 在这一节中, 要求系数是一致非退化独立随机变量, 研究的是无例外值的值分布问题.

考虑随机 Dirichlet 级数

$$\sum_{n=0}^{\infty} a_n X_n(ж) \mathrm{e}^{-s\lambda_n}. \qquad (7.2.1)$$

在这一节里, 假定

(i) $\{X_n\}$ 是一列独立的随机变量, 并且是一致非退化的, 即

$$\varlimsup_{n \to \infty} \sup_{a \in \mathbf{C}} P\{X_n = a\} < 1.$$

(ii) 在右半平面 $\operatorname{Re} s > 0$ 内, 级数(7.2.1)是几乎必然收敛的.

在这些条件下, 级数(7.2.1)定义了右半平面 $\operatorname{Re} s > 0$ 内的随机解析函数 $f_\omega(s)$.

在条件(i)下, 根据附录定理 7.1, 存在正常数列 $\{R_n\}$, 使得级数 $\sum_{n=0}^{\infty}|a_n|^2 R_n^2 \mathrm{e}^{-2\sigma\lambda_n}\,(\sigma > 0)$ 是收敛的. 以下用 δ_0 表示不等式(6.5.2)中出现的常数, 记

$$h(\sigma) = \sqrt{\sum_{n=0}^{\infty}|a_n|^2 R_n^2 \mathrm{e}^{-2\sigma\lambda_n}} \quad (\sigma > 0).$$

7.2 收敛半平面情形(II)

定理 7.2.1 (i) 如果

$$\varlimsup_{\sigma \to 0} \frac{\ln h(\sigma)}{\ln \frac{1}{\sigma}} = \infty, \qquad (7.2.2)$$

那么以概率为 1,

$$\inf_{\varepsilon > 0} \inf_{t_0 \in \mathbf{R}} \inf_{a \in \mathbf{C}} \varlimsup_{\sigma \to 0} \frac{n(\sigma; t_0, \varepsilon; f_\omega = a)}{\frac{1}{\sigma}} = \infty. \qquad (7.2.3)$$

(ii) 如果

$$\varlimsup_{\sigma \to 0} \frac{\ln \ln h(\sigma)}{\ln \frac{1}{\sigma}} = \rho \in (0, \infty), \qquad (7.2.4)$$

那么以概率 1,

$$\inf_{\varepsilon > 0} \inf_{t_0 \in \mathbf{R}} \inf_{a \in \mathbf{C}} \varlimsup_{\sigma \to 0} \frac{n(\sigma; t_0, \varepsilon; f_\omega = a)}{\frac{\varepsilon}{\sigma} \ln h(\sigma)} \geqslant \frac{\delta_0^2}{2^{7+\rho}} \frac{1}{\pi}.$$

(iii) 如果

$$\varlimsup_{\sigma \to 0} \frac{\ln \ln h(\sigma)}{\ln \frac{1}{\sigma}} = \infty, \qquad (7.2.5)$$

那么以概率 1,

$$\inf_{\varepsilon > 0} \inf_{t_0 \in \mathbf{R}} \inf_{a \in \mathbf{C}} \varlimsup_{\sigma \to 0} \frac{\ln n(\sigma; t_0, \varepsilon; f_\omega = a)}{\ln \ln h(\sigma)} \geqslant 1.$$

这个定理取材于 [39],[34],[35].

下面分阶段证明定理 7.2.1.

现在给出一组引理.

引理 7.2.1 假定 $g(z)$ 是单位圆盘内的解析函数, 并且

$$\lim_{r \to 1} T(r, g) = \infty.$$

对于在单位圆盘内解析的任意函数 $g_0(z)$, 如果 $T(r, g_0) = O(1)$ (当 $r \to 1$ 时), 那么

$$\overline{\lim_{r\to 1}}\frac{N(r,g=g_0)}{\ln\frac{1}{1-r}}\geqslant\frac{1}{2}\left(\overline{\lim_{r\to 1}}\frac{T(r,g)}{\ln\frac{1}{1-r}}-1\right),$$

例外函数的个数最多有一个.

证 记 $\tau=\overline{\lim\limits_{r\to 1}}\dfrac{T(r,g)}{\ln\dfrac{1}{1-r}}$,挑选数列 $\{\rho_n\}$,使得

$$0<\rho_n\uparrow 1,\quad\frac{T(\rho_n,g)}{\ln\dfrac{1}{1-\rho_n}}\to\tau\quad(\text{当 }n\to\infty\text{ 时}).$$

另外,对于任意一个集合 $J\subset(0,1)$,如果它的勒贝格测度是有限正数 c_0,那么相关于数列 $\{\rho_n\}$,我们可以在区间 $(0,1)$ 内挑选数列 $\{r_n\}$,使得 $r_n\in J$, $\rho_n<r_n$,

$$\frac{1}{1-\rho_n}<\frac{1}{1-r_n}<\frac{e^{c_0+1}}{1-\rho_n}\quad(\forall n\geqslant 1).$$

由此可以推出

$$\lim_{n\to\infty}\frac{T(r_n,g)}{\ln\dfrac{1}{1-r_n}}=\tau.$$

根据这个结论,应用附录定理 1.5 就可以得到引理 7.2.1. □

以下用 $\Psi(z)$ 表示由附录定理 3.1 定义的映射.

引理 7.2.2 假定函数 $\rho_1(x)$ 具有附录定理 2.2 所限定的性质. 假设 $g(z)$ 是单位圆盘内的解析函数,并且

$$\lim_{r\to 1}T(r,g)=\infty.$$

对于在单位圆盘内解析的任意函数 $g_0(z)$,如果 $T(r,g_0)=O(1)$(当 $r\to 1$ 时),那么

$$\overline{\lim_{r\to 1}}\frac{N(r,g=g_0)}{V(x)}\geqslant\frac{1}{2}\overline{\lim_{r\to 1}}\frac{T(r,g)}{V(x)},$$

其中, $V(x)=x^{\rho_1(x)}$, $\dfrac{1}{x}=\dfrac{6\varepsilon}{\pi}\Psi(r)$,例外函数的个数最多有一个.

7.2 收敛半平面情形(II)

证 只需应用附录定理 1.7,并注意利用等式

$$\lim_{c \to 1^+} \lim_{x \to +\infty} \frac{V(cx)}{V(x)} = 1.$$

引理 7.2.3 假定函数 $\rho_2(x)$ 具有附录定理 2.3 所限定的性质. 假设 $g(z)$ 是单位圆盘内的解析函数,并且

$$\lim_{r \to 1} T(r, g) = \infty.$$

对于在单位圆盘内解析的任意函数 $g_0(z)$,如果 $T(r, g_0) = O(1)$ (当 $r \to 1$ 时),那么

$$\varlimsup_{r \to 1} \frac{\ln N(r, g = g_0)}{\rho_2(x) \ln x} \geqslant \frac{1}{2} \varlimsup_{r \to 1} \frac{\ln T(r, g)}{\rho_2(x) \ln x},$$

其中, $\dfrac{1}{x} = \dfrac{6\varepsilon}{\pi} \Psi(r)$,例外函数的个数最多有一个.

证 设变量 r 等通过下面的等式相联系:

$$\frac{1}{x} = \frac{6\varepsilon}{\pi}\Psi(r),\quad x' = x\left[1 + \frac{1}{\rho_2(x)\ln x}\right],\quad x' = \frac{6\varepsilon}{\pi}\Psi(R).$$

通过初等运算可以验证:

$$\lim_{r \to 1} \frac{\ln \dfrac{1}{1-R} + \ln \dfrac{1}{R-r}}{\rho_2(x) \ln x} = 0.$$

这样一来,根据附录定理 1.8,

$$\ln T(r, g) \leqslant \sum_{k=1}^{2} \ln N(R, g = g_k) + o(\rho_2(x) \ln x) \\ + O(1) \quad (0 < r \to 1).$$

现在根据函数 $\rho_2(x)$ 的性质,就可以得到引理 7.2.3. □

引理 7.2.4 假设 $g(z)$ 是单位圆盘内的解析函数, $\alpha(x)$ 和 $\beta(x)$ 是某个区间 (x_0, ∞) 上的非负单调增无界函数,记

$$\rho_N(a) = \varlimsup_{r \to 1} \frac{\alpha[N(r, g = a)]}{\beta\left(\dfrac{1}{1-r}\right)} \quad (a \in \mathbf{C}).$$

那么 $\rho_N(a)$ 是变量 a 的 Borel 可测函数.

证 Jensen-Nevenlinna 公式表明:
$$\frac{1}{2\pi}\int_0^{2\pi} \ln|g(re^{i\theta})-a|\,d\theta = N(r,g=a)+\ln|C_s|,$$
C_s 是函数 $g(z)-a$ 的 Maclaurin 展开式的第一个非零系数. 根据这个公式, 由积分的定义, $N(r,g=a)$ 是变量 (r,a) 的 Borel 可测函数. 根据以上事实, 由极限的性质可以看出: 引理 7.2.4 的结论成立. □

下面给出另一组引理. 先引入一些记号. 任意给定 $t_0 \in \mathbf{R}$ 和 $\varepsilon > 0$, 定义函数 (参见 6.5 节)
$$\begin{aligned}
g_\omega(z) &= f_\omega\left(\frac{2\varepsilon}{\pi}\Psi(z)+it_0\right) \\
&= \sum_{n=0}^\infty a_n X_n(\omega)\exp\left\{-\lambda_n\left(\frac{2\varepsilon}{\pi}\Psi(z)+it_0\right)\right\}. \quad (7.2.6)
\end{aligned}$$
这是单位圆盘内的随机解析函数.

引理 7.2.5 (i) 当条件 (7.2.2) 成立时,
$$\inf_{a\in\mathbf{C}} \varlimsup_{r\to 1} \frac{N(r,g_\omega=a)}{\ln\dfrac{1}{1-r}} = \infty \quad \text{a.s.}$$

(ii) 当条件 (7.2.4) 成立时,
$$\inf_{a\in\mathbf{C}} \varlimsup_{r\to 1} \frac{N(r,g_\omega=a)}{V(x)} \geqslant \frac{\delta_0}{2}\varlimsup_{r\to 1}\frac{\ln h\left(\dfrac{1}{x}\right)}{V(x)} \quad \text{a.s.}$$

其中, $\dfrac{1}{x} = \dfrac{6\varepsilon}{\pi}\Psi(r)$, 这里的函数 $V(x)$ 见引理 7.2.2.

(iii) 当条件 (7.2.5) 成立时,
$$\inf_{a\in\mathbf{C}} \varlimsup_{r\to 1} \frac{\ln N(r,g_\omega=a)}{\ln H(x)} \geqslant \varlimsup_{r\to 1}\frac{\ln\ln h\left(\dfrac{1}{x}\right)}{\ln H(x)} \quad \text{a.s.}$$

其中, $\dfrac{1}{x} = \dfrac{6\varepsilon}{\pi}\Psi(r)$, 这里的函数 $H(x)$ 见引理 7.2.3.

证 三个结论的证法类似. 下面给出结论(i)的证明细节.

记 $Z_n = X_n e^{it_0}$. 在空间 $(\mathbf{C}^\infty, \mathscr{B}(\mathbf{C}^\infty))$ 上定义 Borel 测度 μ_0：
$$\mu_0\{B\} = P\{(Z_0, Z_1, \cdots) \in B\} \quad (B \in \mathscr{B}(\mathbf{C}^\infty)).$$
用 $(\mathbf{C}^\infty, \overline{\mathscr{B}(\mathbf{C}^\infty)}, \mu)$ 表示测度空间 $(\mathbf{C}^\infty, \mathscr{B}(\mathbf{C}^\infty), \mu_0)$ 的完备化. 记
$$\varphi_n(z) = a_n \exp\left\{-\lambda_n \left[\frac{2\varepsilon}{\pi} \Psi(z)\right]\right\},$$
考虑级数
$$g(z; z_0, z_1, \cdots) = \sum_{n=0}^{\infty} z_n \varphi_n(z), \quad |z| < 1, \quad (7.2.7)$$
其中, $(z_0, z_1, \cdots) \in \mathbf{C}^\infty$. 比较级数 (7.2.6) 和 (7.2.7) 可以看出,
$$g_\omega\left(\frac{2\varepsilon}{\pi} \Psi(z) + it_0\right) = g(z; Z_0(\omega), Z_1(\omega), \cdots).$$
因此, 根据映射 $\Psi(z)$ 的性质 (参见附录定理 3.1) 和测度 μ 的定义可知：对几乎所有的 $(z_0, z_1, \cdots) \in \mathbf{C}^\infty$ (关于测度 μ), $g(z; z_0, z_1, \cdots)$ 是单位圆盘内的解析函数.

设 $\alpha(x)$ 和 $\beta(x)$ 是定义在某个区间 (x_0, ∞) 内的非负单调增无界连续函数, 并且
$$\alpha(x+y) \leq \alpha(x) + \alpha(y) + O(1).$$
记 $g(z) = g(z; z_0, z_1, \cdots),$
$$\rho_N(a; z_0, z_1, \cdots; \alpha, \beta) = \varlimsup_{r \to 1} \frac{\alpha[N(r, g=a)]}{\beta\left(\frac{1}{1-r}\right)}, \quad (7.2.8)$$
$$\underline{\rho}_N(a; z_0, z_1, \cdots; \alpha, \beta) = \varliminf_{r \to 1} \frac{\alpha[N(r, g=a)]}{\beta\left(\frac{1}{1-r}\right)},$$
$$\rho_N(z_0, z_1, \cdots; \alpha, \beta) = \inf_{a \in \mathbf{C}} \rho_N(a; z_0, z_1, \cdots; \alpha, \beta)$$
(为了证明结论(i), 我们只需取函数 $\alpha(x) = x$, $\beta(x) = \ln x$; 为了证明结论(ii)和(iii), 就要取其他形式的函数). 现在取函数 $\alpha(x) = x$, $\beta(x) = \ln x$, 记
$$\rho_N(z_0, z_1, \cdots) = \inf_{a \in \mathbf{C}} \rho_N(a; z_0, z_1, \cdots; \alpha, \beta),$$

即
$$\rho_N(z_0,z_1,\cdots)=\inf_{a\in\mathbf{C}}\varlimsup_{r\to 1}\frac{N(r,g(\cdot;z_0,z_1,\cdots)=a)}{\ln\dfrac{1}{1-r}}.$$
(7.2.9)

根据 0-1 律, 存在常数 τ_0(可以为 ∞)使得
$$\tau_0=\varlimsup_{r\to 1}\frac{T(r,g_\omega)}{\ln\dfrac{1}{1-r}}\quad\text{a.s.}$$

另外由定理 6.5.1, 当条件(7.2.2)成立时, $\tau_0=\infty$. 因此
$$\varlimsup_{r\to 1}\frac{T(r,g_\omega)}{\ln\dfrac{1}{1-r}}=\infty\quad\text{a.s.}$$

这样一来, 根据概率测度 μ 的定义以及函数 $g(z;z_0,z_1,\cdots)$ 的定义, 以概率 1 (关于概率 μ)有下面的等式:
$$\varlimsup_{r\to 1}\frac{T(r,g(\cdot;z_0,z_1,\cdots))}{\ln\dfrac{1}{1-r}}=\infty. \qquad (7.2.10)$$

以下不妨认为: 这个等式对任意的 $(z_0,z_1,\cdots)\in\mathbf{C}^\infty$ 都成立.

为了完成引理 7.2.5 的证明, 以下只需证明:
$$\rho_N(Z_0(\omega),Z_1(\omega),\cdots)=\infty\quad\text{a.s.}$$

假设这个结论不成立, 那么一定存在某个正常数 τ, 使得
$$P(B)>0,\quad B=\{\omega:\rho_N(Z_0(\omega),Z_1(\omega),\cdots)<\tau\}.$$
(7.2.11)

下面证明这个不等式是不成立的.

事实上, 由引理 7.2.4, 函数 $\rho_N(z_0,z_1,\cdots)$ 关于变量 $(z_0,z_1,\cdots)$ 是 Borel 可测的. 因此可以对事件 B 的示性函数 $I(B)$ 应用附录定理 5.1. 这样一来, 对于任意给定的自然数 $m\geqslant 2$,
$$P(B)=E\big(P(B|Z_0,Z_{m+1},Z_{m+2},\cdots)\big)$$
$$=E\big(\psi(Z_0,Z_{m+1},Z_{m+2},\cdots)\big),$$

7.2 收敛半平面情形(Ⅱ)

这里 $\psi(z_0, z_{m+1}, z_{m+2}, \cdots) = P(B_m)$,
$$B_m = B_m(z_0, z_{m+1}, z_{m+2}, \cdots)$$
$$= \{\omega: \rho_N(z_0, Z_1(\omega), Z_2(\omega), \cdots, Z_m(\omega),$$
$$z_{m+1}, z_{m+2}, \cdots) < \tau\}.$$

记
$$\varepsilon_m = \prod_{k=1}^{m} \sup_{a \in \mathbf{C}} P\{X_k = a\}.$$

根据一致非退化条件(参见本节的基本条件(i)),
$$\lim_{m \to \infty} \varepsilon_m = 0.$$

因此为了证明(7.2.11)不成立,下面只需证明:
$$\psi_m(z_0, z_{m+1}, z_{m+2}, \cdots) \leqslant \varepsilon_m \quad (\forall (z_0, z_{m+1}, z_{m+2}, \cdots) \in \mathbf{C}^\infty).$$

以下任意固定 $(z_0, z_{m+1}, z_{m+2}, \cdots) \in \mathbf{C}^\infty$. 不妨认为
$$\psi_m(z_0, z_{m+1}, z_{m+2}, \cdots) > 0.$$

这样一来,集合 B_m 就不是空集. 对于任意给定的 $\omega \in B_m$,
$$\rho_N(z_0, Z_1(\omega), Z_2(\omega), \cdots, Z_m(\omega), z_{m+1}, z_{m+2}, \cdots) < \tau.$$

因此根据定义表达式(7.2.9),存在数值 $a = a(\omega) \in \mathbf{C}$, 使得
$$\varlimsup_{r \to 1} \frac{N(r, R_m(\cdot) = a(\omega) - g_m(\cdot; \omega))}{\ln \frac{1}{1-r}} < \tau, \quad (7.2.12)$$

这里
$$g_m(z, \omega) = \sum_{k=1}^{m} Z_k(\omega) \varphi_k(z),$$
$$R_m(z) = z_0 + \sum_{k=m+1}^{\infty} z_k \varphi_k(z).$$

另外,显然 $|a_n| \leqslant |\varphi_n(z)|$, 所以根据等式(7.2.11)和特征函数的性质,
$$\varlimsup_{r \to 1} \frac{T(r, R_m)}{\ln \frac{1}{1-r}} = \varlimsup_{r \to 1} \frac{T(r, g(\cdot; z_0, z_1, \cdots))}{\ln \frac{1}{1-r}} = \infty.$$

(7.2.13)

设 L_m 是 $\mathbf{C}^m$ 的一个子集:
$$L_m = L_m(z_0, z_{m+1}, z_{m+2})$$
$$= \{(Z_1(\omega), Z_2(\omega), \cdots, Z_n(\omega)): \omega \in \Omega,$$
不等式(7.2.12)成立$\}$.

我们来证明: 集合 L_m 中最多有一个元素. 事实上, 如果 L_m 中有两个不同元素 $(c_1^{(k)}, c_2^{(k)}, \cdots, c_m^{(k)})$ $(k = 1, 2)$, 那么必存在 Ω 的两个不同元素 $\omega_k (k = 1, 2)$ 使得两个函数
$$\psi_k(z) = a(\omega_k) - g_m(z, \omega_k) = a(\omega_k) - \sum_{i=1}^m c_i^{(k)} \varphi_i(z)$$
满足不等式
$$\varlimsup_{r \to 1} \frac{N(r, R_m = \psi_k)}{\ln \frac{1}{1-r}} < \tau \quad (k = 1, 2).$$

但是函数族 $\{\varphi_n\}$ 线性无关(这里不妨认为数列 $\{a_n\}$ 的每一项都不等于0), 因而函数 $\psi_1(z), \psi_2(z)$ 是不相同的. 这样一来, 这个不等式跟引理 7.2.1 矛盾. 这样我们就证明了集合 L_m 中最多有一个元素.

根据这个结论和关系式
$$B_m \subset \{\omega: (Z_1(\omega), Z_2(\omega), \cdots, Z_m(\omega)) \in L_m\},$$
我们可以看出: $P(B_m) \leqslant \varepsilon_m$. 这样就证明了引理 7.2.5 的结论 (i).

采用类似的证法, 应用引理 7.2.2 和定理 6.5.1, 可以证明结论(ii); 应用引理 7.2.3 和定理 6.5.1, 可以证明结论(iii). □

定理 7.2.1 的证明 (i) 记
$$\Omega_1(t_0, \varepsilon) = \left\{\omega: \inf_{a \in \mathbf{C}} \varlimsup_{r \to 1} \frac{n(r, g_\omega = a)}{\frac{1}{1-r}} = \infty\right\}.$$

应用结果(7.1.6), 由引理 7.2.5 (i)可以推出
$$P(\Omega_1(t_0, \varepsilon)) = 1.$$

这里的 t_0 是任意实数,ε 是任意正数. 现在设 t_j 是任意的有理数,ε_j 是任意的正有理数. 那么 $P(\Omega_1(t_j,\varepsilon_j))=1$. 又记

$$\Omega_1 = \prod_{j=1}^{\infty} \Omega_1(t_j,\varepsilon_j).$$

那么 $P(\Omega_1)=1$. 任取 $\omega \in \Omega_1$,根据附录定理 3.2,对于任意的 $j \geqslant 1$,

$$\inf_{a \in C} \varlimsup_{r \to 1} \frac{n\left(\frac{2\varepsilon_j}{\pi}\Psi(r);t_j,\varepsilon_j;f_\omega=a\right)}{\frac{1}{1-r}} = \infty.$$

再应用结论:

$$\lim_{r \to 1} \frac{\Psi(r)}{1-r} = \lim_{r \to 1} \frac{\operatorname{sh}^{-1}\frac{1-r}{1+r}}{1-r} = \frac{1}{2},$$

可以看出

$$\inf_{a \in C} \varlimsup_{\sigma \to 0} \frac{n(\sigma;t_j,\varepsilon_j;f_\omega=a)}{\frac{\varepsilon_j}{\pi}\frac{1}{\sigma}} = \infty.$$

进一步根据有理数的稠密性,对于任意给定的实数 t_0 和正实数 ε,一定存在有理数 t_{j_0} 和正有理数 ε_{j_0},使得

$$(t_{j_0}-\varepsilon_{j_0},t_{j_0}+\varepsilon_{j_0}) \subset (t_0-\varepsilon,t_0+\varepsilon), \quad \varepsilon_{j_0} > \frac{\varepsilon}{2}. \tag{7.2.14}$$

这样一来,

$$\inf_{a \in C} \varlimsup_{\sigma \to 0} \frac{n(\sigma;t_0,\varepsilon;f_\omega=a)}{\frac{1}{\sigma}} = \infty.$$

这就是要证的结论(i).

(ii) 对函数 $p(x) = h\left(\frac{1}{x}\right)$ 应用附录定理 2.2,由此得到的函数 $V(x)$ 使得引理 7.2.5 (ii) 成立. 现在应用结论(7.1.6),得到

$$\inf_{a \in C} \varlimsup_{r \to 1} \frac{n(r,g_\omega=a)}{\frac{6\varepsilon}{\pi}xV(x)} \geqslant \frac{\delta_0}{2}\rho \quad \left(\frac{1}{x} = \frac{6\varepsilon}{\pi}\Psi(r)\right) \quad \text{a.s.}$$

这里应用了等式

$$\frac{dx}{dr} = -\frac{6\varepsilon}{\pi}x^2 \Psi'(r) = [1+o(1)]\frac{6\varepsilon}{\pi}x^2 \quad (\text{当 } r \to 1 \text{ 时}).$$

采用类似于结论(i)的证法,可以证明:存在概率为 1 的事件 Ω_2,使得当 $\omega \in \Omega_2$ 时,对于给定的有理数 t_j 和正有理数 ε_j,

$$\inf_{a \in C} \overline{\lim_{\sigma \to 0}} \frac{n(\sigma; t_j, \varepsilon_j; f_\omega = a)}{\frac{6\varepsilon_j}{\pi} \frac{1}{\sigma} V\left(\frac{1}{\sigma}\right)} \geqslant \frac{\delta_0}{2}\rho.$$

注意到函数 $V\left(\frac{1}{\sigma}\right) \geqslant \ln h(\sigma)$,根据(7.2.14)就可以推出结论(ii).

(iii) 对函数 $p(x) = h\left(\frac{1}{x}\right)$ 应用附录定理 2.3,由此得到的函数 $H(x)$ 使得引理 7.2.5(iii) 成立,从而有

$$\inf_{a \in C} \overline{\lim_{r \to 1}} \frac{\ln n(r, g_\omega = a)}{\ln H(x)} \geqslant 1 \quad \left(\frac{1}{x} = \frac{6\varepsilon}{\pi}\Psi(r)\right) \quad \text{a.s.}$$

采用类似于结论(i)的证法,可以证明:存在概率为 1 的事件 Ω_3,使得当 $\omega \in \Omega_3$ 时,对于给定的有理数 t_j 和正有理数 ε_j,

$$\inf_{a \in C} \overline{\lim_{\sigma \to 0}} \frac{\ln n(\sigma; t_j, \varepsilon_j; f_\omega = a)}{\ln H\left(\frac{3}{\sigma}\right)} \geqslant 1.$$

注意到函数 $H\left(\frac{1}{\sigma}\right) \geqslant \ln h(\sigma)$,根据(7.2.14)就可以推出结论(iii). □

下面给出定理 7.2.1 的推论. 对级数(7.2.1),以下假定

条件 1 $\{X_n\}$ 是一列独立的随机变量,存在常数 $\delta \in (0,1)$ 和常数 $p > 1$,使得对任意的 $n \geqslant 0$,

$$E(X_n) = 0, \quad 0 < \delta \sqrt[p]{E(|X_n|^p)} \leqslant E(|X_n|).$$

条件 2 级数 $\sum_{n=0}^{\infty} |a_n|^2 E^2(|X_n|) e^{-2\sigma\lambda_n}$ 当 $\sigma > 0$ 时收敛,当

$\sigma = 0$ 时发散.

在这两个条件之下,根据附录定理 7.2,本节最初给出的条件(i)和(ii)对 $R_n = \dfrac{E(|X_n|)}{4}$ 保持成立. 如果把系数 $\dfrac{1}{4}$ 换为 1,并不影响本质. 因此定理 7.2.1 有下面的推论:

推论 7.2.1 在条件(1),(2)之下,在定理 7.2.1 中取
$$R_n = E(|X_n|).$$
那么定理 7.2.1 的所有结论都成立.

7.3 收敛半平面情形(Ⅲ)

对于 5.5 节及 6.1 节中所引进的随机 Dirichlet 级数,本节就随机收敛半平面情形讨论其值分布. 先引进下列引理:

引理 7.3.1 设 $\{X_n(\omega)\}$ 是概率空间 $(\Omega, \mathscr{A}, P)$ 中的对称、同分布的随机变量序列,并且对任意的 n,
$$0 < E(|X_n(\omega)|^2) < +\infty. \tag{7.3.1}$$
那么 $\exists \beta \in (0,1)$,使得
$$\sup\{P\{X_n(\omega) = c\} : c \in \mathbf{C}, n \in \mathbf{N}\} < \beta.$$

证 只需对某一固定的 $X_n(\omega)$ 证明引理. 假定
$$\sup\{P\{X_n(\omega) = c\} : c \in \mathbf{C}\} = 1.$$
那么由于 $X_n(\omega)$ 是非退化的,应有序列 $\{c_k\} \subset \mathbf{C}$,使得
$$P\{X_n(\omega) = c_k\} = p_k \uparrow 1.$$

由(7.3.1),$E(|X_n(\omega)|) \in (0, +\infty)$. 于是应有 $R_0 > 0$,使得
$$P\{|X_n(\omega)| > R_0\} < \dfrac{1}{2}.$$
因此,当 k 充分大时,$|c_k| \leqslant R_0$. 于是 $\{c_k\}$ 应有一子序列 $\{c_{k_j}\}$ 收

敛于 $c_0 \in \mathbf{C}$, 并且
$$d_j = |c_{k_j} - c_0| \downarrow 0.$$
令 $E_j = \{|X_n(\omega) - c_0| \leqslant d_j\}$. 那么 $E_1 \supset E_2 \supset \cdots$, 并且
$$\{X_n(\omega) = c_0\} = \bigcap_{j=1}^{\infty} E_j.$$
另一方面, $\{X_n(\omega) = c_{k_j}\} \subset E_j$, 从而
$$P(E_j) \geqslant P\{X_n(\omega) = c_{k_j}\} = p_{k_j}.$$
于是
$$P\{X_n(\omega) = c_0\} = \lim_{j \to \infty} P(E_j) \geqslant \lim_{j \to \infty} p_{k_j} = 1.$$
与 $X_n(\omega)$ 非退化相矛盾. 引理得证. □

本节与 5.5 节中一样, 要用到一些简单的保形映射. 现将这些映射用另一形式表述如下:

引理 7.3.2 设 $z = g(s) = \mathrm{e}^{-s + \mathrm{i} t_0}$, $Z = h(z) = z^{\frac{\pi}{2\varepsilon}}$,
$$w = k(Z) = -\frac{Z^2 + 2Z - 1}{Z^2 - 2Z - 1},$$
其中, $t_0 \in \mathbf{R}$, $\varepsilon \in \left(0, \frac{\pi}{2}\right)$. 考虑 s-, z-, Z- 及 w-平面上的区域:
$$D_s = \{s = \sigma + \mathrm{i}t : \sigma > 0, |t - t_0| < \varepsilon\},$$
$$D_z = \{z : |z| < 1, |\arg z| < \varepsilon\},$$
$$D_Z = \{Z : |Z| < 1, |\arg Z| < \frac{\pi}{2}\},$$
$$D_w = \{w : |w| < 1\},$$
那么

(i) $D_z = g(D_s)$, $D_Z = h(D_z)$, $D_w = k(D_Z)$;
$\mathrm{e}^{\pm \mathrm{i}\varepsilon} = g(\mathrm{i}(t \mp \varepsilon))$, $0 = g(\infty)$; $\pm \mathrm{i} = h(\mathrm{e}^{\pm \mathrm{i}\varepsilon})$,
$0 = h(0)$; $\pm \mathrm{i} = k(\pm \mathrm{i})$, $-1 = k(0)$.

(ii) $1 - |z| = \sigma(1 + o(1))$ $(\sigma \to 0^+)$;
$$1 - |z| = \frac{2\varepsilon}{\pi}(1 - |Z|)[1 + O(1 - |Z|)] \quad (|Z| \uparrow 1);$$

$$\frac{1}{5}(1-|Z|) < 1-|w| < 6(1-|Z|)$$

($A < |Z| < 1$, $|\arg Z| < \delta$; $A_1 < |w| < 1$, $|\arg w| < \delta_1$, 其中 $1-A(>0)$, $1-A_1(>0)$, δ 及 δ_1 充分小).

证 (i) $g(s)$ 及 $h(s)$ 容易求得. 要求 $k(Z)$, 只需先把 D_Z 映射成第三象限 ($Z = i$ 及 $-i$ 分别映射成 0 及 ∞), 通过取平方把第三象限映射成上半平面, 再把上半平面映射成 w 平面上的单位圆盘; 注意 (i) 中所列区域的某些边界点的对应关系, 就可求得 $k(Z)$.

(ii) 我们有
$$1-|z| = 1 - e^{-\sigma} = 1 - \left(1 - \sigma + \frac{\sigma^2}{2!} + \cdots\right)$$
$$= \sigma(1 + o(1)) \quad (\sigma \to 0^+),$$
$$1-|z| = 1 - |Z|^{\frac{2\varepsilon}{\pi}}$$
$$= 1 - \left[1 + \frac{2\varepsilon}{\pi}(|Z|-1) + \frac{2\varepsilon}{2\pi}\left(\frac{2\varepsilon}{\pi}-1\right)(|Z|-1)^2 + \cdots\right]$$
$$= -\frac{2\varepsilon}{\pi}(|Z|-1)[1 + O(|Z|-1)] \quad (|Z| \to 1).$$

其次, 令 $Z = Re^{i\varphi}$. 于是
$$1-|w|^2 = 1 - \left|\frac{R^2 e^{2i\varphi} + 2Re^{i\varphi} - 1}{R^2 e^{2i\varphi} - 2Re^{i\varphi} - 1}\right|^2$$
$$= (1-|Z|^2)\frac{8R\cos\varphi}{R^4 - 4R^3\cos\varphi + 2R^2(2-\cos 2\varphi) + 4R\cos\varphi + 1}$$

当 $A < |Z| < 1$, $|\arg Z| < \delta$, $A_1 < |w| < 1$, $|\arg w| < \delta_1$, 其中 $1-A(>0)$, $1-A_1(>0)$, δ 及 δ_1 充分小时,
$$3 < R^4 - 4R^3\cos\varphi + 2R^2(2-\cos 2\varphi) + 4R\cos\varphi + 1 < 10,$$
$$2 < 8R\cos\varphi < 8;$$

又
$$1-|w| \leqslant 1-|w|^2 \leqslant 2(1-|w|),$$
$$1-|Z| \leqslant 1-|Z|^2 \leqslant 2(1-|Z|),$$

因此这时

$$1-|w| \leqslant 1-|w|^2 \leqslant \frac{8}{3}(1-|Z|^2) < 6(1-|Z|),$$

$$1-|w| \geqslant \frac{1}{2}(1-|w|^2) > \frac{1}{2} \cdot \frac{2}{10}(1-|Z|^2) > \frac{1}{5}(1-|Z|).$$

证毕. □

要证明下列定理:

定理 7.3.1 在随机 Dirichlet 级数

$$f(s,\omega) = \sum_{n=0}^{\infty} a_n X_n(\omega) e^{-\lambda_n s} \quad (0 \leqslant \lambda_n \uparrow \infty, \ s = \sigma + it) \tag{7.3.2}$$

中,$\{X_n(\omega)\}$ 满足引理 7.3.1 中的条件,并且

$$\varlimsup_{n\to\infty} \frac{n}{\lambda_n} < +\infty, \quad \varlimsup_{n\to\infty} \frac{\ln|a_n|}{\lambda_n} = 0, \tag{7.3.3}$$

$$\varlimsup_{n\to\infty} \frac{\ln^+\ln^+|a_n|}{\ln \lambda_n} = \frac{\rho}{\rho+1} \quad (0 < \rho < +\infty), \tag{7.3.4}$$

那么 a.s. 直线 $\operatorname{Re} s = 0$ 上每一点是 $f(s,\omega)$ 的无例外值的 $\rho+1$ 级 Borel 点. 这就是说,$\exists E \in \mathscr{A}$, $P(E) = 0$, $\forall \omega \in \Omega - E$, $\forall t_0 \in \mathbf{R}$, $\forall \eta > 0$ 并且 $\forall \alpha \in \mathbf{C}$,

$$\varlimsup_{\sigma_0 \downarrow 0} \frac{\ln n(\sigma_0, t_0, \eta, \omega, f = \alpha)}{-\ln \sigma} = \rho + 1, \tag{7.3.5}$$

这里

$$n(\sigma_0, t_0, \eta, \omega, f = \alpha) = \#\{s: f(s,\omega) = \alpha, \ \operatorname{Re} s > \sigma_0,$$
$$|\operatorname{Im} s - t_0| < \eta, \ \omega \in \Omega - E\}.$$

在证明定理 7.3.1 前,再证明几个引理.

引理 7.3.3 在定理 7.3.1 的假设下,

(i) $f(s,\omega)$ 在 $\operatorname{Re} s > 0$ 内 a.s. 收敛,而且 a.s. 在 $\operatorname{Re} s$ 中任何水平半带形内有级 ρ;这就是说,$\exists E \in \mathscr{A}$,$P(E) = 0$, $\forall \omega \in \Omega - E$, $\forall t_0 \in \mathbf{R}$, $\forall \eta > 0$,

7.3 收敛半平面情形(Ⅲ)

$$\varlimsup_{\sigma \downarrow 0} \frac{\ln^+ \ln^+ M(\sigma, t_0, \eta, \omega, f)}{-\ln \sigma} = \rho, \tag{7.3.6}$$

其中, $M(\sigma, t_0, \eta, \omega, f) = \sup\{|f(\sigma + it, \omega)| : |t - t_0| < \eta, \omega \in \Omega - E\}$ $(\sigma > 0)$;

(ii) 如果 $\{s_m\}$ 满足

$$\frac{B}{Q^m} < \operatorname{Re} s_m = \sigma_m < \frac{A}{Q^m} \quad (m \in \mathbf{N}),$$

其中 A, B 及 $Q(>c)$ 是正的常数, 那么

$$\varlimsup_{m \to +\infty} \frac{\ln^+ \ln^+ |f(s_m, \omega)|}{-\ln \sigma_m} = \rho \quad \text{a.s.}$$

证 (i) 由定理 5.5.1 及 6.1.2, $f(s, \omega)$ 在 $\operatorname{Re} s > 0$ 内 a.s. 收敛, 并且 a.s. 有级 ρ. 如定理 6.7.4 及定理 6.7.5 之间已指出, 应用引理 6.7.4, 可以证明: $f(s, \omega)$ a.s. 在 $\operatorname{Re} s > 0$ 中任何水平半带形内有级 ρ.

(ii) 要证 $P(H) = 0$, 其中,

$$H = \left\{ \omega : \varlimsup_{m \to +\infty} \frac{\ln^+ \ln^+ |f(s_m, \omega)|}{-\ln \sigma_m} < \rho \right\}.$$

假设 $P(H) > 0$. 取 $(\rho >) \varepsilon_j \downarrow 0$, 令

$$H_j = \left\{ \omega : \varlimsup_{m \to +\infty} \frac{\ln^+ \ln^+ |f(s_m, \omega)|}{-\ln \sigma_m} < \rho - \varepsilon_j \right\}.$$

于是 $H = \bigcup_j H_j$. 因此 $\exists j_0$, 使得 $P(H_{j_0}) > 0$. 取 $M_k \uparrow \infty$, 令

$$H'_k = \left\{ \omega \in H_{j_0} : \forall m > M_k, \sum_{n=0}^{\infty} a_n X_n(\omega) e^{-\lambda_n s_m} < \exp\left\{ \left(\frac{1}{\sigma_m}\right)^{\rho - \varepsilon_{j_0}} \right\} \right\}.$$

于是 $H_{j_0} = \bigcup_k H'_k$. 因此 $\exists k_0$, 使得 $P(H') > 0$, 其中, $H' = H'_{k_0}$.

由引理 6.7.4, 因 $P(H') > 0$, $\exists N = N(H') \in \mathbf{N}$, $\exists p > 0$, 使得 $\forall N' \geqslant N$,

$$\sum_{n=N'}^{\infty} |a_n|^2 e^{-2\lambda_n \sigma_m} \leqslant \frac{1}{p} \int_{H'} \left| \sum_{n=N'}^{\infty} a_n X_n(\omega) e^{-\lambda_n s_m} \right|^2 P(d\omega)$$

$$\leqslant \frac{1}{p}\int_{H'}\left|f(s_m,\omega)-\sum_{n=0}^{N'-1}a_nX_n(\omega)\mathrm{e}^{-\lambda_n s_m}\right|^2 P(\mathrm{d}\omega)$$

$$\leqslant \frac{2}{p}\int_{H'}|f(s_m,\omega)|^2 P(\mathrm{d}\omega)$$

$$+\frac{2}{p}\int_{H'}\left|\sum_{n=0}^{N'-1}a_nX_n(\omega)\mathrm{e}^{-\lambda_n s_m}\right|^2 P(\mathrm{d}\omega).$$

取 $m>M_{k_0}$,就有

$$\sum_{n=N'}^{\infty}|a_n|^2\mathrm{e}^{-2\lambda_n\sigma_m}\leqslant \frac{2}{p}\exp\left\{2\left(\frac{1}{\sigma_m}\right)^{\rho-\varepsilon_{j_0}}\right\}+\frac{2}{p}\left(\sum_{n=0}^{N'-1}|a_n|c^2\mathrm{e}^{-2\lambda_n\sigma_m}\right)$$

$$<K\exp\left\{2\left(\frac{1}{\sigma_m}\right)^{\rho-\varepsilon_{j_0}}\right\},$$

这里 K 是一常数, $c^2=E(|X_n|^2)\in(0,+\infty)$. 于是 $\forall n>N'$, $\forall m>M_{k_0}$,

$$|a_n|\mathrm{e}^{-\lambda_n\sigma_m}<\sqrt{K}\exp\left\{\left(\frac{1}{\sigma_m}\right)^{\rho-\varepsilon_{j_0}}\right\},$$

从而

$$\ln^+|a_n|<\ln\sqrt{K}+\lambda_n\sigma_m+\left(\frac{1}{\sigma_m}\right)^{\rho-\varepsilon_{j_0}}, \qquad (7.3.6)'$$

取 n 充分大,并取 $m=m(n)$,使得

$$Q^m\leqslant \lambda_n^{\frac{1}{\rho+1-\varepsilon_{j_0}}}\leqslant Q^{m+1}.$$

于是

$$\frac{1}{B}\lambda_n^{\frac{1}{\rho+1-\varepsilon_{j_0}}}\geqslant \frac{Q^m}{B}\geqslant \frac{1}{\sigma_m}\geqslant \frac{Q^m}{A}\geqslant \frac{1}{AQ}\lambda_n^{\frac{1}{\rho+1-\varepsilon_{j_0}}}.$$

由 $(7.3.6)'$,

$$\ln^+|a_n|\leqslant \ln\sqrt{K}+QA\lambda_n^{\frac{\rho-\varepsilon_{j_0}}{\rho+1-\varepsilon_{j_0}}}+B^{-\rho+\varepsilon_{j_0}}\lambda_n^{\frac{\rho-\varepsilon_{j_0}}{\rho+1-\varepsilon_{j_0}}}.$$

因此

$$\varlimsup_{n\to+\infty}\frac{\ln^+\ln^+|a_n|}{\ln\lambda_n}\leqslant \frac{\rho-\varepsilon_{j_0}}{\rho+1-\varepsilon_{j_0}}<\frac{\rho}{\rho+1},$$

7.3 收敛半平面情形(Ⅲ)

与(7.3.4)相矛盾. 于是不可能有 $P(H)>0$. □

引理 7.3.4 在引理 7.3.1～引理 7.3.3 的假设下,令

$$F(w,\omega)=f(\psi(w),\omega)=\sum_{n=0}^{\infty}a_n X_n(\omega)e^{-\lambda_n\psi(w)}, \quad (7.3.7)$$

其中, $\psi=g^{-1}\circ h^{-1}\circ k^{-1}$. 那么 $F(w,\omega)$ 在单位圆盘 $|w|<1$ 内 a.s. 是全纯函数,并且

$$\varlimsup_{u\uparrow 1}\frac{\ln T(u,\omega,F)}{-\ln(1-u)}=\rho \quad \text{a.s.} \quad (7.3.8)$$

其中, $T(u,\omega,F)=\dfrac{1}{2\pi}\displaystyle\int_0^{2\pi}\ln^+|F(ue^{i\varphi},\omega)|d\varphi$.

证 令 $M(u,\omega,F)=\max\{|F(ue^{i\varphi},\omega)|:0\leqslant\varphi\leqslant 2\pi\}$ $(0<u<1)$. 令 $u=e^{-\sigma}$, 由引理 7.3.3,

$$\begin{aligned}\varlimsup_{u\uparrow 1}\frac{\ln T(u,\omega,F)}{-\ln(1-u)}&\leqslant\varlimsup_{u\uparrow 1}\frac{\ln^+\ln^+ M(u,\omega,F)}{-\ln(1-u)}\\ &\leqslant\varlimsup_{u\uparrow 1}\frac{\ln^+\ln^+ M(\sigma,t_0,\eta,\omega,f)}{-\ln\sigma}\\ &=\rho \quad \text{a.s.}\end{aligned}$$

要证明这个引理,只需证明 $P(H)=0$, 其中,

$$H=\left\{\omega:\varlimsup_{u\uparrow 1}\frac{\ln T(u,\omega,F)}{-\ln(1-u)}<\rho\right\}.$$

假定 $P(H)>0$. 在这假定下,仿照上述引理证明(ii)中的方法,可导出 $\exists\varepsilon\in\left(0,\dfrac{\rho}{2}\right)$, $\exists S\in\mathscr{A}, P(S)>0$, $\exists b\in(A_1,1)$, 使得 $\forall\omega\in S$, $\forall u\in(b,1)$,

$$\frac{1}{2\pi}\int_0^{\delta_1}\ln^+|F(ue^{i\varphi},\omega)|d\varphi$$

$$\leqslant\frac{1}{2\pi}\int_0^{2\pi}\ln^+|F(ue^{i\varphi},\omega)|d\varphi<\frac{1}{(1-u)^{\rho-2\varepsilon}},$$

其中 A_1 及 δ_1 都是在引理 7.3.2 (ii) 中给出的.

取 $(b<)u_n\uparrow 1$, 使得 $(1-u_n)^\varepsilon=\dfrac{\delta_1}{4}\cdot\dfrac{1}{2^n}$. 令

$$A_n(\varphi,\omega) = \left\{(\varphi,\omega): \omega \in S, \ \varphi \in (0,\delta_1),\right.$$

$$\left. |F(u_n e^{i\varphi})| > \exp\left\{\left(\frac{1}{1-u_n}\right)^{\rho-\varepsilon}\right\}\right\}.$$

于是对于固定的 ω,

$$mA_n(\varphi,\omega) < (1-u_n)^{\varepsilon},$$

其中 m 是 $[0,2\pi]$ 上的 Lebesgue 测度. 从而对于固定的 ω,

$$m(\bigcup_n A_n(\varphi,\omega)) < \sum_n (1-u_n)^{\varepsilon} = \sum_n \frac{\delta_1}{4} \cdot \frac{1}{2^n} \leqslant \frac{\delta_1}{2}.$$

令 $B(\varphi,\omega) = [0,\delta_1] \times S - \bigcup_n A_n(\varphi,\omega)$. 于是

$$(m \times P)B(\varphi,\omega) > \delta_1 P(S) - \frac{\delta_1}{2} \cdot P(S) = \frac{\delta_1}{2} \cdot P(S). \quad (7.3.9)$$

另一方面,假定 $\forall \varphi \in (0,\delta_1), P(B(\varphi,\delta_1)) < \frac{1}{2}P(S)$. 那么

$$(m \times P)B(\varphi,\omega) = \int_0^{\delta_1} d\varphi \int_S \mathbf{1}_{B(\varphi,\omega)} P(d\omega)$$

$$= \int_0^{\delta_1} P(B(\varphi,\omega)) d\varphi < \frac{\delta_1}{2} P(S),$$

与 (7.3.9) 相矛盾. 因此

$$P(B(\varphi,\omega)) \geqslant \frac{1}{2} P(S) > 0,$$

从而 $\exists \varphi_0 \in (0,\delta_1)$, 使得

$$P(B(\varphi_0,\omega)) \geqslant \frac{1}{2} P(S) > 0.$$

于是 $\forall u_n, \forall \omega \in B(\varphi_0,\omega)$,

$$|F(u_n e^{i\varphi_0},\omega)| \leqslant \exp\left\{\left(\frac{1}{1-u_n}\right)^{\rho-\varepsilon}\right\}. \quad (7.3.10)$$

令 $s_n = \psi(u_n e^{i\varphi_0})$. 那么 $u_n e^{i\varphi_0} = \psi^{-1}(s_n)$. 令 $\mathrm{Re}\, s_n = \sigma_n$. 由引理 7.3.2 导出

$$1 - u_n = O(1)\sigma_n(1 + o(1))$$

$$= \left(\frac{\delta_1}{4}\right)^{\frac{1}{\varepsilon}} (2^{\frac{1}{\varepsilon}})^{-n} \quad (n \to \infty).$$

由 (7.3.10), $\forall u_n$, $\forall \omega \in B(\varphi_0, \omega)$,

$$|f(s_n, \omega)| = |F(u_n e^{-i\varphi_0}, \omega)|$$
$$= \exp\left\{\left(\frac{1}{O(1)\sigma_n(1+o(1))}\right)^{\rho-\varepsilon}\right\} \quad (n \to \infty).$$

于是

$$\varlimsup_{n \to \infty} \frac{\ln^+ \ln^+ |f(s_n, \omega)|}{-\ln \sigma_n} \leqslant \rho - \varepsilon < \rho$$

$(\omega \in B(\varphi_0, \omega), P(B(\varphi_0, \omega)) > 0).$

这样就得到了与引理 7.3.3 (i) 及 (ii) 相矛盾的结果. 因此不可能有 $P(H) > 0$, 即 $P(H) = 0$. 证毕. □

系 7.3.1 在引理 7.3.4 的假设下, $\forall \alpha \in \mathbf{C}$, 至多有一例外值,

$$\varlimsup_{u \uparrow 1} \frac{\ln N(u, \omega, F = \alpha)}{-\ln(1-u)} = \rho \quad \text{a.s.}, \tag{7.3.11}$$

其中,

$$N(u, \omega, F = \alpha) = \int_{u_0}^{u} \frac{n(v, \omega, F = \alpha)}{v} dv, \quad u_0 \in (0, 1),$$

$$n(u, \omega, F = \alpha) = \#\{w: F(w, \omega) = \alpha, |w| < u\}.$$

由 (7.3.9) 及附录中 Nevanlinna 第二基本定理, 可导出 (7.3.11).

设 $\{a_n\}, \{\lambda_n\}$ 及 ψ 同上. 取 $c = \{c_n\} \in \mathbf{C}^\infty$, 使得

$$\Psi(w, c) = \sum_{n=0}^{\infty} a_n c_n e^{-\lambda_n \psi(w)} \tag{7.3.12}$$

满足

$$\varlimsup_{n \to \infty} \frac{\ln |a_n||c_n|}{\lambda_n} = 0, \quad \varlimsup_{n \to \infty} \frac{\ln^+ \ln^+ |a_n||c_n|}{\ln \lambda_n} = \frac{\rho}{\rho+1},$$

$$\tag{7.3.13}$$

并且使得 $|w|<1$ 内的全纯函数 $\Psi(w,c)$ 有级 ρ, 即

$$\varlimsup_{u\uparrow 1}\frac{\ln T(u,\Psi)}{-\ln(1-u)}=\rho. \tag{7.3.14}$$

那么如同系 7.3.1, $\forall \alpha\in\mathbf{C}$, 至多有一例外值,

$$\varlimsup_{u\uparrow 1}\frac{\ln N(u,\Psi=a)}{-\ln(1-u)}=\rho. \tag{7.3.15}$$

记 $E_\infty=\{c:(7.3.13)\sim(7.3.15)成立\}$.

现证下列引理:

引理 7.3.5 设 $\{a_n\},\{\lambda_n\},\psi$ 及 $\{c_n\}$ 同上. $\forall K(>0)\in\mathbf{N}$, 令

$$\Psi_K(w,c)=\sum_{n=K+1}^{\infty}a_n c_n e^{-\lambda_n\psi(w)}.$$

那么存在着至多一点 $(\alpha',c_0',c_1',\cdots,c_K')\in\mathbf{C}^{K+2}$, 使得

$$\varlimsup_{u\uparrow 1}\frac{\ln N\!\left(u,\sum_{n=0}^{K}a_n c_n' e^{-\lambda_n\psi(w)}+\Psi_K(w,c)=\alpha'\right)}{-\ln(1-u)}<\rho. \tag{7.3.16}$$

证 先假定 $\lambda_0>0$. 如果存在着一点 $(\alpha',c_0',c_1',\cdots,c_K')\in\mathbf{C}^{K+2}$ 满足 (7.3.16) 外, 还有另一不相同的点 $(\alpha'',c_0'',c_1'',\cdots,c_K'')$ 满足类似条件. 那么在 $|w|<1$ 内有两个级小于 ρ 且不相同的全纯函数

$$g_1(w)=\alpha'-\sum_{n=0}^{K}a_n c_n' e^{-\lambda_n\psi(w)},$$

$$g_2(w)=\alpha''-\sum_{n=0}^{K}a_n c_n'' e^{-\lambda_n\psi(w)}$$

满足

$$\varlimsup_{u\uparrow 1}\frac{N(u,\Psi_K(w,c)-g_j(w))}{-\ln(1-u)}<\rho,$$

与附录定理 1.7 相矛盾. $\lambda_0>0$ 时情形证毕.

7.3 收敛半平面情形(Ⅲ)

假定 $\lambda_0 = 0$. 同以上证明，至多存在一点 $(\alpha', c_1', c_2', \cdots, c_K')$，使得

$$\varlimsup_{u\uparrow 1} \frac{\ln N\left(u, \sum_{n=1}^{K} a_n c_n' e^{-\lambda_n \psi(w)} + \Psi_K(w,c) = \alpha'\right)}{-\ln(1-u)} < \rho.$$

把上式中 $|w|<1$ 内的函数记为 $\Psi^*(w,c)$. 那么至多存在一数 c_0'，使得

$$\varlimsup_{u\uparrow 1} \frac{\ln N(u, \Psi^*(w,c) = \alpha' - a_0 c_0')}{-\ln(1-u)} < \rho.$$

证毕. □

记 $E_{\infty,K} = \{(c_{K+1}, c_{K+2}, \cdots): c \in E_\infty\}$.

现证明下列引理：

引理 7.3.6 对于引理 7.3.4 中的 $F(w,\omega)$，$\forall \alpha \in \mathbf{C}$，

$$\varlimsup_{u\uparrow 1} \frac{\ln n(u,\omega, F=\alpha)}{-\ln(1-u)} = \rho + 1 \quad \text{a.s.} \quad (7.3.17)$$

证 先计算下列事件的概率：

$$S = \left\{\omega: \exists\, \alpha \in \mathbf{C}, \text{使得} \varlimsup_{u\uparrow 1} \frac{\ln N(u, F(w,\omega) = \alpha)}{-\ln(1-u)} = \rho\right\}.$$

令

$$S_\infty = \{(X_0(\omega), X_1(\omega), \cdots): \omega \in S\} \subset E_\infty.$$

考虑随机变量 $X_n(\omega)$ 所产生的概率空间 $(\mathbf{C}, \mathscr{B}, \mu_n)$，并且令

$$\mu_\infty = \prod_{n=0}^{\infty} \mu_n, \quad \widetilde{\mu}_K = \prod_{n=0}^{K} \mu_n, \quad \mu_{\infty,K} = \prod_{n=K+1}^{\infty} \mu_n,$$

$z = (z_0, z_1, \cdots)$, $\widetilde{z}_K = (z_0, z_1, \cdots, z_K)$, $z_{\infty,K} = (z_{K+1}, z_{K+2}, \cdots)$.

由引理 7.3.1，

$$P(S) = \int_\Omega \mathbf{1}_S P(d\omega) = \int_{\mathbf{C}^\infty} \mathbf{1}_{S_\infty} \mu_\infty(dz) \leqslant \int_{\mathbf{C}^\infty} \mathbf{1}_{E_\infty} \mu_\infty(dz)$$

$$= \int_{E_{\infty,K}} \mu_{\infty,K}(dz_{\infty,K}) \int_{\mathbf{C}^{K+1}} \mathbf{1}_{(z_0 = c_0', \cdots, z_K = c_K')} \mu(d\widetilde{z}_K)$$

$$\leqslant \int_{E_{\infty,K}} \prod_{n=0}^{K} (\{Z_n(\omega) = c'_n\}) \mu_{\infty,K}(\mathrm{d}z_{\infty,K})$$
$$< \beta^{K+1}.$$

令 $K \uparrow +\infty$, 即得 $P(S) = 0$, 亦即 $\forall \alpha \in \mathbf{C}$,

$$\varlimsup_{u \uparrow 1} \frac{\ln N(u, F(w, \omega) = \alpha)}{-\ln(1-u)} = \rho \quad \text{a.s.}$$

于是 $\forall \alpha \in \mathbf{C}$,

$$\int^1 N(u, F(w, \omega) = \alpha)(1-u)^{\mu-1} \mathrm{d}u$$

在 $\mu > \rho$ 时 a.s. 收敛, 在 $\mu < \rho$ 时 a.s. 发散. 由此可见, $\forall \alpha \in \mathbf{C}$,

$$\int^1 n(u, F(w, \omega))(1-u)^{\mu} \mathrm{d}u$$

在 $\mu > \rho + 1$ 时 a.s. 收敛, 在 $\mu < \rho + 1$ 时 a.s. 发散. 亦即 (7.3.16) 成立. □

定理 7.3.1 的证明 由引理 7.3.2 及引理 7.3.6, $\forall \alpha \in \mathbf{C}$,

$$\frac{\ln n(u, \omega, F = \alpha)}{-\ln(1-u)}$$
$$= \frac{\ln n(\sigma, t_0, \eta, \omega, f = \alpha) + O(1)}{-\ln O(1)\sigma(1+o(1))} \quad (\sigma \to 0),$$

因而 (7.3.5) a.s. 成立.

为了完成证明, 选取所有有理数构成的数列 $\{t_k\}$ 及数列 $\{\eta_m\}$ ($\eta_m \downarrow 0$). 用 t_k 及 η_m 代替 t_0 及 η 进行讨论, 于是类似于 (7.3.5) 的结果当 $\omega \in \Omega - E_{k,m}$ 时成立, 其中 $P(\Omega - E_{k,m}) = 1$. 然后作 $\bigcap_{k,m} (\Omega - E_{k,m})$, 就可完成证明. □

7.4 收敛全平面情形

现研究一般随机 Dirichlet 级数 $\sum_{n=0}^{\infty} X_n \mathrm{e}^{-\lambda_n s}$ 所表示整函数的值分布. 在适当条件下, 对于 ρ 级随机 Dirichlet 级数 ($0 < \rho < \infty$), a.s.在任何宽为 $\frac{\pi}{\rho}$ 的水平带形内,至少有一条 ρ 级没有有穷例外值的 Borel 线;对无穷级或 (p,q)(R)-级随机 Dirichlet 级数,任何水平线为没有有穷例外值无穷级或 (p,q)(R)-级的 Borel 线.

对随机 Taylor 级数 $\sum_{n=0}^{\infty} X_n z^n$,在一定条件下,$\rho$ $(0<\rho<\infty)$ 级随机 Taylor 级数 a.s. 没有例外亏小函数;每一方向 $\arg z = \alpha$ 为没有有穷例外值的 Borel 方向.

先讨论随机 Dirichlet 级数所表示整函数的值分布.

我们考虑随机 Dirichlet 级数

$$f_\omega(s) = \sum_{n=0}^{\infty} X_n(\omega) e^{-\lambda_n s}, \tag{7.4.1}$$

其中,$0 \leqslant \lambda_0 < \lambda_1 < \lambda_2 < \cdots < \lambda_n \uparrow +\infty$,$\{X_n\}$ 为某概率空间 $(\Omega, \mathscr{A}, P)$ 上独立复随机变量序列,$s = \sigma + it$,$\sigma, t \in \mathbf{R}$.

恒假定 $\{X_n\}$ 满足下列条件:$\forall n \geqslant 0$,$E(X_n) = 0$,且存在一正数 d,使得

$$d^2 \sigma_n^2 = d^2 E(|X_n|^2) \leqslant E^2(|X_n|) < +\infty. \tag{7.4.2}$$

定义 若单调增加函数 $h(r)$ $(0 \leqslant r \leqslant 1)$ 满足

$$\varlimsup_{r \to 1} \frac{\ln h(r)}{\ln \frac{1}{1-r}} = \rho,$$

那么称 $h(r)$ **有级** ρ.

设 $f(s)$ 是扇形

$$A(t,b) = \{z : |z| < 1\} \cap \{z : |\arg z - t| < b\}$$

上的亚纯函数,若 $a \in \mathbf{C} \cup \{\infty\}$(至多有两个例外值),并且 $\forall \delta \in (0,b)$,$n(r, A(t,\delta), f=a)$ 有级 ρ,那么称 e^{it} 是 $f(z)$ 的 ρ **级Borel 点**,这里 $n(r, A(t,\delta), f=a)$ 是 $f(z) = a$ 在区域 $A(t,\delta) \cap \{z : |z| < r\}$ 内根的个数.

令

$$s(r, A(t,b), f) = \frac{1}{\pi} \iint_{A(t,b) \cap \{z: |z|<r\}} \left(\frac{|f'(z)|}{1+|f(z)|^2} \right)^2 r \mathrm{d}r \mathrm{d}\theta,$$

$$H(\rho,t,b) = \{\{\psi\} \cup \mathbf{C} \cup \{\infty\} : \psi \text{ 在 } |z|<1 \text{ 内亚纯},$$
$$\text{并且 } s(r,A(t,b),\psi) \text{ 的级} < \rho\},$$

其中, $0 < \rho \leq +\infty$.

我们将带形上解析函数转化为单位圆盘上的解析函数.

引理 7.4.1 设 $\{Z_n\}$ 是某概率空间 $(\Omega, \mathscr{A}, P)$ 上独立随机变量列且满足

$$K = \sup\{P\{Z_n = c\} : c \in \mathbf{C}, n \in \mathbf{N}^+\} < 1. \quad (7.4.3)$$

设它及函数列 $\{\varphi_n(z)\} \subset H(\rho, \theta, b) - \{\infty\}$ ($\rho > 1$, $\theta \in \mathbf{R}$, $0 < b < 1$) a.s. 定义 $\{z: |\arg z - \theta| < b\} \cap \{z: |z| < 1\}$ 上解析函数

$$g_\omega(z) = \sum_{n=1}^{\infty} Z_n(\omega) \varphi_n(z).$$

$e^{i\theta}$ a.s. 是 $g_\omega(z)$ 的一个 ρ ($\rho > 1$) 级 Borel 点. 那么 $e^{i\theta}$ a.s. 是 g_ω 的没有有穷例外值 Borel 点.

见 [65] 引理 4.

注 由引理 6.7.3 知, 若 (7.4.2) 成立, 则 (7.4.3) 一定成立.

由定理 6.7.4 可得, $\exists E \in \mathscr{A}$, $P(E) = 1$, 对 $\omega \in E$, $t_0 \in \mathbf{R}$, $\eta > 0$ 有

$$\varlimsup_{\sigma \to -\infty} \frac{\ln \ln M(\sigma, t_0 - \eta, t_0 + \eta, f_\omega)}{-\sigma} = \rho. \quad (7.4.4)$$

现考虑单射 $z = \varphi_1(s) = \exp\left\{-\dfrac{\pi}{2\eta}(s - it_0)\right\}$ 和

$$W = \varphi_2(z) = \frac{z-1}{z+1}, \quad (7.4.5)$$

记其逆映射为 $s = \Phi_1(z)$ 和 $z = \Phi_2(W)$,
$$s = \Phi_1 \circ \Phi_2(W) = \Phi(W).$$

令 $H_1 = \left\{z: |\arg z| < \dfrac{\pi}{2}\right\}$, $H_2 = \left\{z: |\arg z| < \dfrac{\pi}{4}\right\}$,
$$H_k^*(r) = \{z: |z| \leq r\} \cap H_k, \quad k = 1, 2,$$
$$D(R) = \{W: |W| < R\} \quad (R \in (0,1)).$$

那么
$$\Phi(D(1)) = B(t_0, \eta) \triangleq \{s: |\operatorname{Im} s - t_0| < \eta\}.$$
令
$$B^*(\sigma, t_0, \eta) = \{s: \operatorname{Re} s \geqslant \sigma\} \bigcap B(t_0, \eta),$$
$$n(\sigma_0, t_0, \eta, f_\omega(s) = a) \triangleq \#\{s: f_\omega(s) = a, s \in B^*(\sigma, t_0, \eta)\}.$$

引理 7.4.2 对 $R \in (0,1)$，令 $r = \dfrac{1+R}{1-R}$，$\sigma = -\dfrac{2\eta}{\pi}\ln r$.
那么
$$B^*\left(\sigma - \frac{2\eta}{\pi}\ln k_1, t_0, \frac{\eta}{2}\right) \bigcap \left\{s: \operatorname{Re} s = \sigma - \frac{2\eta}{\pi}\ln k_1\right\}$$
$$\subset \Phi(D(R)) \subset B^*(\sigma, t_0, \eta) \quad \left(\frac{1}{2} < k_1 < \frac{1}{\sqrt{2}}\right) \quad (7.4.6)$$
和
$$-\frac{\pi\sigma}{2\eta} - \ln 2 < -\ln(1-R) < -\frac{\pi\sigma}{2\eta}. \quad (7.4.7)$$

证 对 $R \in (0,1]$,
$$\Phi_2(\partial D(R)) = \left\{z = x + iy: \left(x - \frac{1+r^2}{2r}\right)^2 + y^2 = \left(\frac{r^2-1}{2r}\right)^2\right\},$$
其中 $\partial D(R)$ 表示 $D(R)$ 的边界. 因此
$$\Phi_2(D(R)) \subset H_1^*(r),$$
$$\Phi_1(H_1^*(r)) = B^*(\sigma, t_0, \eta),$$
$$\Phi(D(R)) \subset B^*(\sigma, t_0, \eta).$$
又直线 $y = x$ 与 $\Phi_2(\partial D(R))$ 相交于两点 $(k_1 r, k_1 r)$ 和 $(k_2 r, k_2 r)$，这里 $\dfrac{1}{2} < k_1 \leqslant \dfrac{1}{\sqrt{2}} \leqslant k_2 < 1$. 因为
$$\left.\begin{array}{l}\sqrt{2}x = \sqrt{2}|x| = |z| \geqslant \dfrac{1+r^2}{2r} + \dfrac{1-r^2}{2r} = \dfrac{1}{r}, \\ \sqrt{2}x = \sqrt{2}|x| = |z| \leqslant \dfrac{1+r^2}{2r} - \dfrac{1-r^2}{2r} = r\end{array}\right\}$$

$$\Rightarrow \frac{1}{\sqrt{2}r} \leqslant x \leqslant \frac{r}{\sqrt{2}} \ (r>1) \text{以及} k_1 k_2 = \frac{1}{2}$$

$$\text{与} k_1 r \geqslant \frac{1-r^2}{2r},\ k_1 \geqslant \frac{1}{2},\ k_2 < 1,$$

所以
$$\Phi_2(D(R)) \supset H_2^*(k_1 r) \cap \{z: |z| = k_1 r\}$$

和
$$\Phi_1(H_2^*(k_1 r)) \cap \{z: |z| = k_1 r\}$$
$$= B^*\left(\sigma - \frac{2\eta}{\pi}\ln k_1, t_0, \frac{\eta}{2}\right) \cap \left\{s: \operatorname{Re} s = \sigma - \frac{2\eta}{\pi}\ln k_1\right\}.$$

这样(7.4.6)式成立.

(7.4.7)是由于
$$\frac{1}{1-R} < r = \frac{1+R}{1-R} < \frac{2}{1-R}.$$

在定理 6.7.3 条件下,由映射(7.4.5)把级数(7.4.1)变为 $D(1)$ 上随机级数

$$\psi(W,\omega) = \sum_{n=0}^{\infty} X_n(\omega)\exp\{-\lambda_n \Phi(W)\}. \qquad (7.4.8)$$

$\square$

引理 7.4.3 关于 $\psi(W,\omega)$,当 $\eta > \frac{\pi}{2\rho}$ 时,我们有

$$\varlimsup_{R\to 1} \frac{\ln^+ T(R,\psi(W,\omega))}{-\ln(1-R)} = \frac{2\eta\rho}{\pi} - 1 \quad \text{a.s.} \qquad (7.4.9)$$

这表明 ψ 级为 $\frac{2\eta\rho}{\pi} - 1$ a.s.,并且对于所有 $a \in \mathbf{C}$,

$$\varlimsup_{R\to 1} \frac{\ln^+ N(R,\psi(W,\omega) = a)}{-\ln(1-R)} = \frac{2\eta\rho}{\pi} - 1 \quad \text{a.s.} \qquad (7.4.10)$$

从而
$$\varlimsup_{R\to 1} \frac{\ln^+ n(R,\psi(W,\omega) = a)}{-\ln(1-R)} = \frac{2\eta\rho}{\pi} \quad \text{a.s.}, \qquad (7.4.11)$$

其中,

7.4 收敛全平面情形

$$T(R,\psi(W,\omega)) = \frac{1}{2\pi}\int_0^{2\pi}\ln^+|\psi(Re^{i\theta},\omega)|\,d\theta,$$

$$N(R,\psi(W,\omega)=a) = \int_{R_0}^R \frac{n(u,\psi(W,\omega)=a)}{u}du,$$

$$n(u,\psi(W,\omega)=a) \stackrel{\Delta}{=} \#\{W:\psi(W,\omega)=a,|W|<u\},$$

R_0 是 $(0,1)$ 中一个固定的数.

证 由 (7.4.6) 式与 (7.4.7) 式得

$$M\left(\sigma-\frac{2\eta}{\pi}\ln k_1,t_0-\frac{\eta}{2},t_0+\frac{\eta}{2},f_\omega\right)$$
$$\leqslant M_\psi(R,\omega) \leqslant M(\sigma,f_\omega) \qquad (7.4.12)$$

和

$$\frac{\ln^+\ln^+ M\left(\sigma-\frac{2\eta}{\pi}\ln k_1,t_0-\frac{\eta}{2},t_0+\frac{\eta}{2},f_\omega\right)}{-\frac{\pi\sigma}{2\eta}}$$
$$\leqslant \frac{\ln^+\ln^+ M_\psi(R,\omega)}{-\ln(1-R)} \leqslant \frac{\ln^+\ln^+ M(\sigma,f_\omega)}{-\frac{\pi\sigma}{2\eta}-\ln 2},$$

其中, $M_\psi(R,\omega) = \max_{|W|=R}|\psi(W,\omega)|$. 由定理 6.7.4 得

$$\varlimsup_{R\to 1}\frac{\ln^+\ln^+ M_\psi(R,\omega)}{-\ln(1-R)} = \frac{2\eta\rho}{\pi} \quad \text{a.s.} \qquad (7.4.13)$$

由 [16],

$$\ln^+ M_\psi(R,\omega) \geqslant T(R,\psi(W,\omega))$$
$$\geqslant \frac{1-R}{3R+1}\ln^+ M_\psi(2R-1,\omega),$$

得

$$\frac{2\eta\rho}{\pi}-1 \leqslant \varlimsup_{R\to 1}\frac{\ln^+ T(R,\psi(W,\omega))}{-\ln(1-R)} \leqslant \frac{2\eta\rho}{\pi}.$$
$$(7.4.14)$$

由 0-1 律, 可设

$$\overline{\lim_{R\to 1}} \frac{\ln^+ T(R,\psi(W,\omega))}{-\ln(1-R)} = t \quad \text{a.s.}$$

则 $t+1 \geqslant \frac{2\eta\rho}{\pi}$. 由 Nevanlinna 第二定理,至多有一个有限例外值,$\forall a \in \mathbf{C}$,

$$\overline{\lim_{R\to 1}} \frac{\ln^+ N(R,\psi(W,\omega)=a)}{-\ln(1-R)} = t \quad \text{a.s.}$$

相应由[61]得

$$\overline{\lim_{R\to 1}} \frac{\ln^+ n(R,\psi(W,\omega)=a)}{-\ln(1-R)} = t+1 \quad \text{a.s.}$$

又

$$\frac{\ln^+ n(R,\psi(W,\omega)=a)}{-\ln(1-R)} \leqslant \frac{\ln^+ n(\sigma,t_0-\eta,\eta+t_0,f_\omega=a)}{-\frac{\pi\sigma}{2\eta}-\ln 2},$$

所以

$$1 < t+1 = \overline{\lim_{R\to 1}} \frac{\ln^+ n(R,\psi(W,\omega)=a)}{-\ln(1-R)}$$

$$\leqslant \overline{\lim_{\sigma\to -\infty}} \frac{\ln^+ n(\sigma,t_0-\eta,\eta+t_0,f_\omega=a)}{-\frac{\pi\sigma}{2\eta}-\ln 2}$$

$$\leqslant \frac{2\eta}{\pi}\rho \quad \text{a.s.} \tag{7.4.15}$$

由(7.4.14)式与(7.4.15)式得 $t = \frac{2\eta\rho}{\pi}-1$. 由引理 6.7.3 和引理 7.4.1 知(7.4.10)及(7.4.11)对所有 $a \in \mathbf{C}$ 成立. □

由于 $\eta > \frac{\pi}{2\rho}$ 的任意性及 t_0 的任意性,(7.4.15)式表明,在宽为 $\frac{\pi}{\rho}$ 的任何带形内,至少有一条 ρ 级 Borel 线,且无有穷例外值. 由引理 7.4.3 及定理 7.3.1 的证明之末得

定理 7.4.1 在定理 6.7.3 条件下,a.s. f_ω 在任何宽为 $\frac{\pi}{\rho}$ 的带形内,有一条 ρ 级没有有限例外值的 Borel 线.

对于 $\rho = +\infty$ 时，相应于(7.4.13)，有

$$\varlimsup_{R\to 1}\frac{\ln^+\ln^+ M_\psi(R,\omega)}{-\ln(1-R)} = +\infty \quad \text{a.s.} \quad (7.4.16)$$

再由

$$\ln^+ M_\psi(R,\omega) \geqslant T(R,\psi(R,\omega))$$
$$\geqslant \frac{1-R}{3R+1}\ln^+ M_\psi\Big(\frac{1+R}{2},\omega\Big),$$

得

$$\varlimsup_{R\to 1}\frac{\ln^+ T(R,\psi(W,\omega))}{-\ln(1-R)} = +\infty \quad \text{a.s.} \quad (7.4.17)$$

由 Nevanlinna 第二定理，$\forall a \in \mathbf{C}$，ψ 至多有一个有限例外值：

$$\varlimsup_{R\to 1}\frac{\ln^+ N(R,\psi(W,\omega)=a)}{-\ln(1-R)} = +\infty \quad \text{a.s.}$$

相应由引理 7.4.1 有：对所有 $a \in \mathbf{C}$，

$$\varlimsup_{R\to 1}\frac{\ln^+ n(R,\psi(W,\omega)=a)}{-\ln(1-R)} = +\infty \quad \text{a.s.}$$

由此有：

定理 7.4.2 设级数(7.4.1)满足(7.4.2)和

(i) $\varlimsup\limits_{n\to\infty}\dfrac{\ln n}{\lambda_n} < +\infty$；

(ii) $\varlimsup\limits_{n\to\infty}\dfrac{\ln\sigma_n}{\lambda_n\ln\lambda_n} = 0$.

则

$$\inf_{a\in\mathbf{C}}\varlimsup_{\sigma\to -\infty}\frac{\ln n(\sigma,t-\eta,t+\eta,f_\omega=a)}{-\sigma} = +\infty \quad \text{a.s.}$$

表明 a.s. 任何水平线为 f_ω 的无穷级的没有有限例外值的 Borel 线.

现在讨论 (p,q) (R)-级的随机 Dirichlet 级数的 Borel 线.

定理 7.4.3 若级数(7.4.1)满足(7.4.2)和

(i) $\varlimsup\limits_{n\to\infty}\dfrac{\ln n}{\lambda_n} < +\infty$；

(ii) $\varlimsup\limits_{n\to\infty}\dfrac{\ln^{[p]}\lambda_n}{\ln^{[q]}\left(\dfrac{1}{\lambda_n}\ln\dfrac{1}{|\sigma_n|}\right)}=\rho\begin{cases}=+\infty, & \text{若 } p=q; \\ \in(0,+\infty), & \text{若 } p>q.\end{cases}$

那么 a.s. 每条水平直线是 f_ω 的没有有限例外值的 (p,q) (R)-级 Borel 线，即 $\forall\, a\in\mathbf{C}$, $\forall\, \eta>0$,

$$\varlimsup_{\sigma\to-\infty}\frac{\ln^{[q]}n(\sigma,t-\eta,t+\eta,f_\omega=a)}{\ln^{[q]}(-\sigma)}=\rho \quad \text{a.s.} \quad (7.4.18)$$

注意 (ii) $\Rightarrow \varlimsup\limits_{n\to\infty}\dfrac{\ln\sigma_n}{\lambda_n}=-\infty$.

证 由定理 6.7.5、定理 6.7.6 及系，得 $\forall\, t\in\mathbf{R}$, $\eta>0$,

$$\varlimsup_{\sigma\to-\infty}\frac{\ln^{[p+1]}M(\sigma,t-\eta,t+\eta,f_\omega)}{\ln^{[q]}(-\sigma)}=\rho \quad \text{a.s.} \quad (7.4.19)$$

又由

$$\ln^+ M_\psi(R,\omega) \geqslant T(R,\psi(W,\omega))$$
$$\geqslant \frac{1-R}{3R+1}\ln^+ M_\psi\left(\frac{1+R}{2},\omega\right),$$

并结合 (7.4.7) 式与 (7.4.12) 式得

$$\varlimsup_{R\to 1}\frac{\ln^{[p]}T(R,\psi(W,\omega))}{\ln^{[q+1]}\dfrac{1}{1-R}}=\rho \quad \text{a.s.} \quad (7.4.20)$$

由 Nevalinna 第二定理,

$$\varlimsup_{R\to 1}\frac{\ln^{[p]}N(R,\psi(W,\omega)=a)}{\ln^{[q+1]}\dfrac{1}{1-R}}=\rho \quad \text{a.s.} \quad (7.4.21)$$

对任何 $a\in\mathbf{C}$（至多有一个例外）成立.

$\forall$ 自然数 M, 定义 $\{c_j\}_{M+1}^\infty\subset\mathbf{C}$ 满足

$$\varlimsup_{n\to\infty}\frac{\ln^{[p]}\lambda_n}{\ln^{[q]}\left(\dfrac{1}{\lambda_n}\ln\left|\dfrac{1}{c_n}\right|\right)}=\rho.$$

那么

$$G(W)=\sum_{n=M+1}^{\infty}c_n\exp\{-\lambda_n\Phi(W)\} \quad (7.4.22)$$

7.4 收敛全平面情形

是 $D(1)$ 上，$(p,q)(R)$-级为 ρ 的解析函数.

由附录定理 1.7 得：至多存在一个点 $(c_0', c_1', c_2', \cdots, c_M') \in \mathbf{C}^{M+1}$ 和复数 $a' \in \mathbf{C}$，使得

$$\varlimsup_{R \to 1} \frac{\ln N^{[p]}(R, G_1(W,c) = a')}{\ln^{[q+1]} \frac{1}{1-R}} < \rho, \quad (7.4.23)$$

其中,

$$G_1(W,c) = \sum_{n=0}^{M} c_n' \exp\{-\lambda_n \Phi(W)\} + G(W), \quad (7.4.24)$$
$$c = (c_0', c_1', c_2', \cdots, c_M', c_{M+1}, \cdots).$$

令 $E_\infty = \{c : c \in \mathbf{C}^\infty \text{满足上述条件}\}$，记

$$S = \left\{\omega: \exists \alpha_\omega \in \mathbf{C}, \text{使得} \varlimsup_{R \to 1} \frac{\ln^{[p]} N(R, \psi(W,\omega) = \alpha_\omega)}{\ln^{[q+1]} \frac{1}{1-R}} < \rho\right\},$$

$$S_\infty = \{(X_0(\omega), X_1(\omega), \cdots) : \omega \in S\} \subset E_\infty.$$

记 $(c, \mathscr{B}_n, \mu_n)$ 为 $X_n(\omega)$ 产生的概率空间，令

$$\mu_\infty = \prod_{n=0}^{\infty} \mu_n, \quad \mu_M^* = \prod_{n=0}^{M} \mu_n, \quad \mu_{\infty,M} = \prod_{n=M+1}^{\infty} \mu_n,$$
$$z = (z_0, z_1, \cdots), \quad z_M = (z_0, z_1, \cdots, z_M), \quad z_{\infty,M} = (z_{M+1}, z_{M+2}, \cdots).$$

由引理 6.7.3, 得

$$P(S) = \int_\Omega I_S P(\omega) = \int_{\mathbf{C}^\infty} I_{S_\infty} \mu_\infty(\mathrm{d}z)$$
$$\leqslant \int_{E_{\infty,M}} \mu_{\infty,M}(\mathrm{d}z_{\infty,M}) \int_{\mathbf{C}^{M+1}} I\{X_0 = c_0', \cdots, X_M = c_M'\} \mu_M^*(\mathrm{d}z_M^*)$$
$$= \int_{E_{\infty,M}} \prod_{n=0}^{M} P\{X_n = c_n'\} \mu_{\infty,M}(\mathrm{d}z_{\infty,M})$$
$$\leqslant \beta^{M+1} \to 0 \quad (M \to \infty).$$

故 $P(S) = 0$，这就证明了对所有 $a \in \mathbf{C}$, (7.4.21)式成立.

又

$$\frac{\ln^{[p]} n(R, \psi(W,\omega) = a)}{\ln^{[q+1]} \frac{1}{1-R}} \leqslant \frac{\ln^{[p]} n(\sigma, t_0 - \eta, t_0 + \eta, f_\omega = a)}{\ln^{[q]} \left(-\frac{2\sigma}{2\eta} - \ln 2\right)}$$

$$\leqslant \frac{\ln^{[p]} n(R_1, \psi(W, \omega) = a)}{\ln^{[q+1]} \frac{1}{1-R_1}}, \qquad (7.4.25)$$

其中, $R < R_1 < 1$, $\frac{\ln(1-R)}{\ln(1-R_1)} \to 1$, 当 $R \to 1$. 因此, 由(7.4.25)式得(7.4.18)式. 参照定理 7.3.1 的证明之末. □

现考虑随机 Taylor 级数表示整函数的值分布.

定理 7.4.4 若随机 Taylor 级数

$$g_\omega(z) = \sum_{n=0}^{\infty} X_n(\omega) z^n \qquad (7.4.26)$$

满足条件:

(i) $EX_n = 0$; 存在 $d > 0$, 使得 $\forall n \geqslant 1$,
$$d^2 \sigma_n^2 = d^2 E|X_n|^2 \leqslant (E|X_n|)^2 < +\infty;$$

(ii) $\varlimsup_{n \to \infty} \frac{\ln \sigma_n}{n \ln n} = 0,$

那么 a.s. 每一方向 $\arg z = \alpha$ 为 $g_\omega(z)$ 的无穷级没有有限例外值的 Borel 方向.

证 由定理 7.4.2 可得. □

对于有限正级的随机 Taylor 级数, 由简化原理[41], 我们有更深刻的结果.

由定理 6.6.1 及定理 6.6.2, 作变换 $z = e^{-s}$, 得

级数 $g_\omega(z)$ 增长级 a.s. 是 ρ $(0 < \rho < \infty)$

$$\Leftrightarrow \varlimsup_{n \to \infty} \frac{\ln|X_n(\omega)|}{n \ln n} = -\frac{1}{\rho} \quad \text{a.s.}$$

$$\Leftrightarrow \varlimsup_{n \to \infty} \frac{\ln \sigma_n}{n \ln n} = -\frac{1}{\rho}. \qquad (7.4.27)$$

定理 7.4.5 若 $\{X_n\}$ 独立对称且满足(7.4.2)和

$$\varlimsup_{n \to \infty} \frac{\ln \sigma_n}{n \ln n} = -\frac{1}{\rho}, \qquad (7.4.28)$$

那么 a.s. 每一方向 $\arg z = \alpha$ 是 g_ω 的没有有限例外值的 ρ 级 Borel 方向.

证 $\{X_n(\omega)\}$ 是概率空间 $(\Omega, \mathscr{A}, P)$ 中随机变量序列，现引入另一概率空间 $(\Omega', \mathscr{A}', P')$ 上 Rademacher 序列 $\{\varepsilon_n(\omega')\}$ 并考虑 $(\Omega \times \Omega', \mathscr{A} \times \mathscr{A}', P \times P')$ 及相应级数

$$\sum_{n=0}^{\infty} \varepsilon(\omega') X_n(\omega) z^n. \tag{7.4.29}$$

由(7.4.27)式知

$$\varlimsup_{n\to\infty} \frac{\ln|X_n(\omega)|}{n \ln n} = -\frac{1}{\rho} \quad \text{a.s.}$$

对于 $\omega \in \Omega$, 当 $\varlimsup\limits_{n\to\infty} \dfrac{\ln|X_n(\omega)|}{n \ln n} = -\dfrac{1}{\rho}$ 时, a.s. $\omega' \in \Omega'$, 每个方向是 $\sum\limits_{n=0}^{\infty} \varepsilon(\omega') X_n(\omega) z^n$ 的没有有限例外值的 ρ 级 Borel 方向[49]. 由 Fubini 定理,

$$P'\left\{\omega': 每个方向是 \sum_{n=0}^{\infty} \varepsilon(\omega') X_n(\omega) z^n 的没有有限\right.$$

$$\left. 例外值的 \rho 级 Borel 方向\, \text{a.s.}\, \omega \in \Omega \right\} = 1.$$

因此存在一列 $\{\pm 1\}$ 使得 a.s. $\omega \in \Omega$, 每一方向是级数 $\sum\limits_{n=0}^{\infty} \pm X_n(\omega) e^{-\lambda_n s}$ 的 ρ 级没有有限例外值的 Borel 方向, 由于 $-X_n$ 与 X_n 同分布, 本定理得证. □

现讨论亏小函数:

定理 7.4.6 若 $\{X_n\}$ 是独立且满足: $EX_n = 0$ 存在 $-d > 0$ 使得 $0 \leqslant d^2 \sigma_n^2 = d^2 E|X_n|^2 \leqslant (E|X_n|)^2 < \infty$ 及

$$\varlimsup_{n\to\infty} \frac{\ln \sigma_n}{n \ln n} = -\frac{1}{\rho} \quad (0 < \rho < \infty)$$

或者

$$\varlimsup_{n\to\infty}\frac{n\ln n}{-\ln\sigma_n}=\rho,$$

那么随机幂级数(7.4.26) a.s.没有亏小函数,即

$$P\left\{\omega:\inf\left\{\varlimsup_{n\to\infty}\frac{N\left(r,\dfrac{1}{g_\omega-\psi}\right)}{T(r,g_\omega)},\ \psi\in\Psi(\rho)\right\}<1\right\}=0,$$
(7.4.30)

其中,

$$\Psi(\rho)=\left\{\psi=\sum_{n=0}^{\infty}\beta_n z^n,\ \varlimsup_{n\to\infty}\frac{n\ln n}{-\ln\beta_n}<\rho\right\}. \quad (7.4.31)$$

证 取 $\eta_k\in(0,\dfrac{\rho}{3})$, $\eta_k\downarrow 0$, $\Delta>0$. 令
$\Psi(\rho-3\eta_k,\Delta)$

$$=\left\{\psi=\sum_{n=0}^{\infty}\beta_n z^n\in\Psi(\rho-3\eta_k),\ \frac{n\ln n}{-\ln\beta_n}<\rho-2\eta_k,\ n>\Delta\right\}.$$

取充分大自然数 p,并令

$$\begin{aligned}E&=E(p,\Delta,\eta_k)\\&=\left\{\omega:g_\omega(z)\text{有亏小函数 }\psi\in\Psi(\rho-3\eta_k,\Delta),\right.\\&\quad\left.\text{且其亏值}>\frac{1}{p}\right\}.\end{aligned}\quad(7.4.32)$$

因为

$$\{\omega:g_\omega(z)\text{有亏小函数}\}=\bigcup_{k=1}^{\infty}\bigcup_{\Delta=1}^{\infty}\bigcup_{p=1}^{\infty}E(p,\Delta,\eta_k),$$

我们只需证明 $\forall\Delta\geqslant 1$, $p>1$, $\eta_k>0$,

$$P(E(p,\Delta,\eta_k))=0. \quad (7.4.33)$$

由引理 6.7.3, 我们有

$$\sup_{\sigma_n>0}\sup_{a\in\mathbf{C}}P\left\{|X_n-a|<\frac{d}{4}\sigma_n\right\}$$

$$=\sup_{\sigma_n>0}\sup_{a\in\mathbf{C}}P\left\{|X_n-a|<\frac{d}{4}\sigma_n\right\}$$

7.4 收敛全平面情形

$$\leqslant 1 - \frac{d^2}{4(4+d^2)} = \beta < 1. \tag{7.4.34}$$

取自然数列 $\{n(t)\}_{t=1}^{\infty}$, $n(1) > \Delta$, 使得 $\forall\, t \geqslant 1$,

$$\frac{n(t)\ln n(t)}{-\ln u\sigma_{n(t)}} > \rho - \eta, \tag{7.4.35}$$

其中, $u = \dfrac{d}{8}$. 记

$$\widetilde{E} = \{X_0(\omega), X_1(\omega), X_2(\omega), \cdots, \omega \in E\},$$
$$E = E(p, \Delta, \eta_k).$$

$(\mathbf{C}^{n(N)+1}, \mathscr{B}_{n(N)+1}, \overline{P})$ 是由 $\{X_0(\omega), X_1(\omega), \cdots, X_{n(N)}(\omega)\}$ 产生的概率空间, $(\mathbf{C}^{\infty}, \mathscr{B}_{\infty}, \overline{\overline{P}})$ 是由 $\{X_{n(N)+1}, X_{n(N)+2}, \cdots\}$ 产生的概率空间.

$\forall\, x = (x_0, x_1, x_2, \cdots, x_{n(N)}, x_{n(N)+1}, \cdots) \in \mathbf{C}^{\infty}$, 记

$$\bar{x} = (x_0, x_1, \cdots, x_{n(N)}), \quad \bar{\bar{x}} = (x_{n(N+1)}, x_{n(N+2)}, \cdots),$$

$x = (\bar{x}, \bar{\bar{x}})$ 和 $\widetilde{E^{\bar{\bar{x}}}} = \{\bar{x}: (\bar{x}, \bar{\bar{x}}) \in \widetilde{E}\}$.

$\forall\, \bar{\bar{x}}$, 若 $\widetilde{E^{\bar{\bar{x}}}} = \emptyset$, 那么 $\bar{P}(\widetilde{E^{\bar{\bar{x}}}}) = 0$; 若 $\widetilde{E^{\bar{\bar{x}}}} \neq \emptyset$, 我们现在证明, 对任意在 $\widetilde{E^{\bar{\bar{x}}}}$ 中元素:

$$\bar{x}^{(k)} = (x_0^{(k)}, x_1^{(k)}, \cdots, x_{n(N)}^{(k)}) \in \widetilde{E^{\bar{\bar{x}}}}, \quad k = 1, 2, \cdots, p+2,$$

存在 $k', k'' \in \{1, 2, \cdots, p+2\}$, 使得 $\forall\, j \in \{n(1), n(2), \cdots, n(N)\}$,

$$|x_j^{(k')} - x_j^{(k'')}| < 2u\sigma_j.$$

若不然, 将存在 $p+2$ 个不同函数

$$f_k(z) = \sum_{n=n(N)+1}^{\infty} x_n z^n + \sum_{n=0}^{n(N)} x_n^{(k)} z^n$$

和相应亏小函数 $\psi_k = \sum_{n=0}^{\infty} \beta_n^{(k)} z^n \in \Psi(\rho - 3\eta_k, \Delta)$, 使得 $\sum_{n=n(N)+1}^{\infty} x_n z^n$ 将至少有 $p+2$ 个不同于亏小函数

$$\psi_k^\# = \psi_k - \sum_{n=0}^{n(N)} x_n^{(k)} z^n, \quad k = 1, 2, \cdots, p+2,$$

$\forall k, l \in \{1, 2, \cdots, p+2\}$,将存在 $j = j(k, l) \in \{n(1), n(2), \cdots, n(N)\}$,使得

$$|x_j^{(k)} - x_j^{(l)}| \geqslant 2u\sigma_j,$$

由(7.4.32)和(7.4.35),

$$|x_j^{(k)} - x_j^{(l)}| > |\beta_j^{(k)} - \beta_j^{(l)}|,$$

那么 $\psi_k^\# \neq \psi_l^\#$ 将有关于函数 $\sum_{n=n(N)+1}^{\infty} x_n z^n$,$p+2$ 个不同于亏小函数.由[21]中庄圻泰定理至多有 $p+1$ 个不同于亏小函数,这是个矛盾.

因此存在

$$\overline{x}^{(k)} = (x_0^{(k)}, x_1^{(k)}, \cdots, x_{n(N)}^{(k)}) \in \widetilde{E}^{\overline{\overline{x}}}, \quad k = 1, 2, \cdots, p+1,$$

使得 $\forall \bar{x} \in \widetilde{E}^{\overline{\overline{x}}}$,

$$\bar{x} \in \bigcup_{k=1}^{p+1} \{x_j : |x_j - x_j^{(k)}| < 2u\sigma_j, j = n(1), n(2), \cdots, n(N)\}.$$

由 $\{X_n\}$ 的独立性和(7.4.34),

$$\overline{P}(\widetilde{E}^{\overline{\overline{x}}}) \leqslant \sum_{k=1}^{p+1} \prod_{t=1}^{N} P\{X_{n(t)} : |X_{n(t)} - x_{n(t)}^{(k)}| < 2u\sigma_{n(t)}\}$$

$$\leqslant \sum_{k=1}^{p+1} \beta^N = (p+1)\beta^N.$$

由 Fubini 定理,

$$P(E) = \overline{\overline{P}} \times \overline{P}(\widetilde{E}) = \int_{\mathbf{C}^\infty} \overline{P}(\widetilde{E}^{\overline{\overline{x}}}) \overline{\overline{P}}(\mathrm{d}\bar{\bar{x}})$$

$$\leqslant \int_{\mathbf{C}^\infty} (p+1)\beta^N \overline{\overline{P}}(\mathrm{d}\bar{\bar{x}})$$

$$= (p+1)\beta^N \to 0 \quad (N \to \infty).$$

因此 $P(E) = 0$. □

附 录

本附录介绍函数论、概率论、测度论等方面的有关知识.

随机 Dirichlet 级数理论是函数论和概率论的交叉理论,涉及的方面较广. 为了突出本书的主题,凡属经典性的结论,不再给出证明,只给出参考文献.

§1 Nevanlinna 理论概要

Nevanlinna 理论是随机 Dirichlet 级数值分布的基础之一.

本节介绍 Nevanlinna 理论的一些概念和结论.

本节的参考文献是 Hayman [9]、Tsuji [17]、杨乐[21]、张广厚[24]、庄圻泰[4].

在本节中,所有的函数都在单位圆盘内或全平面上亚纯.

1.1 特征函数

用 $n(r, f = f_0)$ 表示方程 $f(z) = f_0(z)$ 在圆盘 $|z| \leqslant r$ 上根的个数(计算重数),用 $n(r, f = \infty)$ 表示函数 $f(z)$ 在圆盘 $|z| \leqslant r$ 上极点的个数(计算重数). 记

$$\ln^+ x = \begin{cases} 0, & \text{若 } 0 \leqslant x \leqslant 1; \\ \ln x, & \text{若 } x > 1; \end{cases}$$

$$m(r, f) = \frac{1}{2\pi} \int_0^{2\pi} \ln^+ |f(re^{i\theta})| \, d\theta;$$

$$N(r, f=f_0) = \int_0^r \frac{n(r, f=f_0) - n(0, f=f_0)}{r} dr$$
$$+ n(0, f=f_0)\ln r;$$
$$N(r, f=\infty) = \int_0^r \frac{n(r, f=\infty) - n(0, f=\infty)}{r} dr$$
$$+ n(0, f=\infty)\ln r;$$
$$S(r,f) = \frac{1}{\pi} \int_{|z| \leqslant r} \left(\frac{|f'(z)|}{1+|f(z)|^2} \right)^2 r dr d\theta \quad (z = re^{i\theta});$$
$$T(r,f) = m(r,f) + N(r, f=\infty);$$
$$T_0(r,f) = \int_0^r \frac{S(r,f)}{r} dr.$$

对函数 $f(z)$ 而言，$T(r,f)$ 称为 **Nevanlinna 特征函数**，$T_0(r,f)$ 称为 **Ahlfors-Shimizu 特征函数**.

定理 1.1 $T(r,f) \leqslant T_0(r,f) + C_0(f) \leqslant T(r,f) + \ln\sqrt{2}$, 其中,

$$C_0(f) = \begin{cases} \ln\sqrt{1+|f(0)|^2}, & \text{若 } f(0) \neq \infty; \\ \ln|C_s|, & \text{若 } f(0) = \infty, \end{cases}$$

这里 C_s 是函数 $f(z)$ 的 Maclaurin 展式中第一个非零系数.

关于这个定理，参阅张广厚[24], p.13.

从形式上看，两种特征函数 $T(r,f)$ 和 $T_0(r,f)$ 是不同的，但是由定理 1.1 可知，它们的差别仅仅是一个有界量. 因此在本书中，我们用 $T(r,f)$ 既表示 Nevanlinna 特征函数，又表示 Ahlfors-Shimizu 特征函数.

1.2 特征函数的一些性质

定理 1.2 (i) $T(r,f)$ 是非负单调增函数.

(ii) $T(r,f)$ 是变量 $\ln r$ 的凸函数.

(iii) 当 $f(z)$ 是全纯函数时，
$$T(r,f) \leqslant \ln^+ M(r,f) \leqslant \frac{R+r}{R-r} T(R,f) \quad (0 < r < R).$$

(iv) $T\left(r, \sum_{k=1}^{p} f_k\right) \leqslant \sum_{k=1}^{p} T(r, f_k) + \ln p$
$$+ \left[\sum_{k=1}^{p} n(0, f_k = \infty) - n\left(0, \sum_{k=1}^{p} f_k = \infty\right)\right] \ln \frac{1}{r}.$$

(v) $T\left(r, \prod_{k=1}^{p} f_k\right) \leqslant \sum_{k=1}^{p} T(r, f_k)$
$$+ \left[\sum_{k=1}^{p} n(0, f_k = \infty) - n\left(0, \sum_{k=1}^{p} f_k = \infty\right)\right] \ln \frac{1}{r}.$$

关于性质(i)~(iii)的证明,参见庄圻泰[4],p. 55~57. 下面只证明性质(iv). 记

$$N^*(r, f = \infty) = \int_0^r \frac{n(r, f = \infty) - n(0, f = \infty)}{r} dr,$$

$$T^*(r, f) = m(r, f) + N^*(r, f = \infty).$$

根据不等式

$$\ln^+ \left|\sum_{k=1}^{p} a_k\right| \leqslant \sum_{k=1}^{p} \ln^+ |a_k| + \ln p,$$

我们有

$$m\left(r, \sum_{k=1}^{p} f_k\right) \leqslant \sum_{k=1}^{p} m(r, f_k) + \ln p.$$

另外显然有

$$T(r, f) = T^*(r, f) + n(0, f = \infty) \ln r.$$

由最后这两式可以看出,

$$T^*\left(r, \sum_{k=1}^{p} f_k\right) = m\left(r, \sum_{k=1}^{p} f_k\right) + N^*\left(r, \sum_{k=1}^{p} f_k = \infty\right)$$

$$\leqslant \sum_{k=1}^{p} m(r, f_k) + \ln p + \sum_{k=1}^{p} N^*(r, f_k = \infty)$$

$$= \sum_{k=1}^{p} T^*(r, f_k) + \ln p$$

$$= \sum_{k=1}^{p} T(r, f_k) + \ln p - \sum_{k=1}^{p} n(0, f_k = \infty) \ln r.$$

因此
$$T\left(r, \sum_{k=1}^{p} f_k\right) = \sum_{k=1}^{p} T^*(r, f_k) + n\left(0, \sum_{k=1}^{p} f_k = \infty\right) \ln r$$
$$\leqslant \sum_{k=1}^{p} T(r, f_k) + \ln p + \left[\sum_{k=1}^{p} n(0, f_k = \infty) - n\left(0, \sum_{k=1}^{p} f_k = \infty\right)\right] \ln \frac{1}{r}.$$

这样就证明了性质(iv).

1.3 Jensen-Nevanlinna 公式

定理 1.3 设 $a \in \mathbf{C}$. 那么
$$\frac{1}{2\pi} \int_0^{2\pi} \ln |f(re^{i\theta}) - a| \, d\theta$$
$$= N(r, f=a) - N(r, f=\infty) + \ln |C_s|,$$

这里 C_s 表示函数 $f(z) - a$ 的 Maclaurin 展式中第一个非零系数.

关于这个定理,参见 Hayman [9], p. 3.

1.4 Nevanlinna 第一基本定理

定理 1.4 设 $a \in \mathbf{C}$. 那么
$$T\left(r, \frac{1}{f-a}\right) = T(r, f) - \ln |C_s| + \varepsilon(r, a),$$

这里 C_s 表示函数 $f(z) - a$ 的 Maclaurin 展式中第一个非零系数,并且
$$|\varepsilon(r, a)| \leqslant \ln^+ |a| + \ln 2.$$

1.5 Nevanlinna 第二基本定理

这个说法是一类定理的统称. 本书将用到下述几个结论.

定理 1.5 设函数 $f(z)$ 在单位圆盘内亚纯. 那么对于任意的 $\varepsilon > 0$, 存在集合 $J \subset (0,1)$, 使得

$$\int_J \ln\frac{1}{1-r}\,dr<\infty,$$

并且
$$T(r,f)\leqslant N(r,f=0)+N(r,f=1)+N(r,f=\infty)$$
$$+O(\ln T(r,f))+(1+\varepsilon)\ln\frac{1}{1-r},$$

这里 $r\notin J$, $r\to 1^-$.

这个定理由 Tsuji [17] 中定理 V.14B 直接给出.

定理 1.6 设函数 $f(z), f_1(z), f_2(z)$ 在单位圆盘内亚纯, 两两互异, 并且
$$T(r,f)\to\infty,\ T(r,f_k)=O(1)\ (r\to 1^-,\ k=1,2).$$
那么对于任意的 $\varepsilon>0$, 存在集合 $J\subset(0,1)$, 使得
$$\int_J \ln\frac{1}{1-r}\,dr<\infty,$$

并且
$$(1+o(1))T(r,f)$$
$$\leqslant N(r,f=f_1)+N(r,f=f_2)+(1+\varepsilon)\ln\frac{1}{1-r},$$

这里 $r\notin J$, $r\to 1^-$.

证 记
$$F(z)=\frac{f(z)-f_1(z)}{f(z)-f_2(z)}.$$

根据定理 1.2 和定理 1.4,
$$T(r,F)=T(r,f)+O(1).$$

另外显然有
$$N(r,F=0)+N(r,F=1)+N(r,F=\infty)$$
$$\leqslant N(r,f=f_1)+N(r,f=f_2)+O(1).$$

现在把定理 1.5 应用于函数 $F(z)$, 可得定理 1.6. □

定理 1.7 设函数 $f(z), f_1(z), f_2(z)$ 满足定理 1.6 中条件. 那么对于任意给定的常数 $m>0$,

$$T(r,f) \leqslant \left(1 + \frac{1}{m}\right) \sum_{k=1}^{2} N\left(\frac{mr+1}{m+1}, f = f_k\right)$$

$$+ A(m+2)\ln\frac{1}{1-r} + B,$$

这里 A 是绝对常数, B 是依赖于函数 $f(z), f_1(z), f_2(z)$ 的常数.

这个定理是孙道椿和余家荣[65]中引理 1 的特例.

定理 1.8 设函数 $f(z), f_1(z), f_2(z)$ 满足定理 1.6 中条件. 那么对于任意的 $0<r<R<1$,

$$T(r,f) \leqslant \frac{2}{1-R} \sum_{k=1}^{2} N(R, f = f_k) + \frac{A}{R-r}\ln\frac{1}{1-r} + B,$$

这里 A, B 是定理 1.7 中的常数.

证 任取 $0<r_0<R<1$, 在定理 1.7 中取 $m = \frac{1-R}{R-r_0}$, 我们有

$$T(r,f) \leqslant \frac{2}{1-R} \sum_{k=1}^{2} N(R, f = f_k)$$

$$+ \frac{A}{R-r_0}\ln\frac{1}{1-r} + B \quad (0<r<r_0).$$

现在令 $r \to r_0$, 即可完成证明. □

1.6 $N(r, f=a)$ 的一个性质

对于平面上的点集 A, 可以定义"内容度" $\gamma(A)$, 参见 Tsuji [17], p. 55. 像点集的外测度一样, 内容度是对点集的一种几何度量, 具有下面的性质:

定理 1.9 (i) 如果 $A \subseteq B$, 那么 $\gamma(A) \leqslant \gamma(B)$.

(ii) 如果 A 是连续统, 那么 $\gamma(A) > 0$.

(iii) 对任意自然数 n，如果 A_n 是 Borel 集，且 $\gamma(A_n)=0$，那么 $\gamma(\bigcup_{n=1}^{\infty} A_n)=0$.

(iv) 如果 A 是有界闭集，那么
$$\gamma(A) \geqslant \sqrt{\frac{m(A)}{\pi \mathrm{e}}},$$
这里 $m(A)$ 表示集合 A 的 Lebesgue 测度.

关于这个定理，参见 Tsuji [17], p. 54~59.

利用内容度的概念，我们可以刻画亚纯函数的值分布.

定理 1.10 设函数 $f(z)$ 在单位圆盘内亚纯，并且
$$T(r,f) \to \infty \quad (r \to 1^-).$$
那么存在内容度为 0 的点集 A，使当 $a \notin A$ 时，
$$\lim_{r \to 1^-} \frac{N(r, f=a)}{T(r,f)} = 1.$$

这个结论是 Tsuji [17] 中定理 V.5 的等价形式.

§2 型 函 数

型函数提供了刻画函数增长性的手段.

定理 2.1 设 $p(x)$ $(x>1)$ 是单调增正值连续函数，并且
$$\varlimsup_{x \to \infty} \frac{\ln p(x)}{\ln x} = \infty, \quad \varlimsup_{x \to \infty} \frac{\ln^+ \ln^+ p(x)}{\ln x} = 0.$$
那么存在连续函数 $U(x)$ $(x>1)$，其具有如下性质：

(i) $\ln p(x) \leqslant U(x)$，并且在某个单调趋于无穷的数列上，等式成立；

(ii) $\lim_{x \to \infty} \frac{U(x)}{\ln x} = \infty$；

(iii) 在某个区间 (x_0, ∞) 上，函数 $U_1(x) = \frac{\ln U(x)}{\ln x}$ 单调

减,并且 $\lim_{x\to\infty} U_1(x) = 0$;

(iv) 对于任意的常数 $c > 1$, $\varliminf_{x\to\infty} \dfrac{U(x)}{U(cx)} \geq 1$.

这里不妨把函数 $U(x)$ 称为函数 $p(x)$ 的**型函数**.

关于性质(i)~(iii),参见李国平[12],p. 39. 下面证明性质(iv). 实际上,明显有
$$U(x) = x^{U_1(x)} \quad (x > x_0).$$
而由性质(iii),函数 $U_1(x)$ 是单调减的,所以对于任意的常数 $c > 1$,
$$U(cx) = (cx)^{U_1(cx)} \leq c^{U_1(x)} x^{U_1(x)}.$$
因此
$$\frac{U(x)}{U(cx)} \geq c^{-U_1(x)}.$$
现在由性质(iii)就可以推出性质(iv).

定理 2.2 设 $p(x)$ $(x > 1)$ 是单调增无界正值连续函数,并且
$$\varlimsup_{x\to\infty} \frac{\ln^+ \ln^+ p(x)}{\ln x} = \rho < \infty.$$
那么存在分段连续可微函数 $\rho_1(x)$ $(x > 1)$,使得
$$\ln p(x) \leq V(x) = x^{\rho_1(x)}, \tag{2.1}$$
$$\lim_{x\to\infty} \rho_1(x) = \rho, \quad \lim_{x\to\infty} \rho_1'(x) x \ln x = 0,$$
$$\lim_{x\to\infty} \frac{V([1+o(1)]x)}{V(x)} = c^\rho \quad (\forall c > 0).$$
并且在某个单调趋于无穷的数列上,不等式(2.1)中的等式成立.

函数 $\rho_1(x)$ $(x > 1)$ 称为函数 $p(x)$ 的 **Valiron 精确级**,函数 $V(x)$ 称为函数 $p(x)$ 的型函数.

定理 2.3 设 $p(x)$ $(x > 1)$ 是单调增正值连续函数,并且
$$\lim_{x\to\infty} \frac{\ln^+ \ln^+ p(x)}{\ln x} = \infty.$$

那么存在单调增无界连续函数 $\rho_2(x)$ $(x>1)$,使得
$$\ln p(x) \leqslant H(x) = x^{\rho_2(x)}, \tag{2.2}$$
$$\lim_{x \to \infty} \frac{H(x')}{H(x)} = 1, \quad x' = x + \frac{x}{\ln H(x)},$$
并且在某个单调趋于无穷的数列上,不等式(2.2)中的等式成立.

函数 $\rho_2(x)$ $(x>1)$ 称为函数 $p(x)$ 的**熊庆来无穷级**,函数 $H(x)$ 称为函数 $p(x)$ 的**型函数**.

关于以上两个定理,参见庄圻泰[4]中第四章.

§3 水平带形到单位圆盘的映射及其性质

我们知道,Nevanlinna 理论直接适用于圆盘上的亚纯函数. 本节要介绍一个映射,使我们可以在带形上应用 Nevanlinna 理论.

本节得到的结果,可以看成 Nevanlinna 理论与随机 Dirichlet 级数理论之间的桥梁.

定理 3.1 设
$$z = \frac{1-\mathrm{sh}\, s}{1+\mathrm{sh}\, s}, \quad s \in B = \left\{s: \mathrm{Re}\, s > 0,\ |\mathrm{Im}\, s| < \frac{\pi}{2}\right\}.$$
那么

(i) 这个映射把水平带形 B 单叶映射为单位圆盘 $|z|<1$,并且逆映射为
$$s = \Psi(z) = \mathrm{sh}^{-1} \frac{1-z}{1+z}; \tag{3.1}$$

(ii) $\min\limits_{0 \leqslant \theta \leqslant 2\pi} \mathrm{Re}\, \Psi(re^{i\theta}) \geqslant \Psi(r)$ $(0<r<1)$;

(iii) $\max\limits_{0 \leqslant \theta \leqslant \frac{\pi}{4}} \mathrm{Re}\, \Psi(re^{i\theta}) \leqslant \Psi(r^2)$ $(0<r<1)$;

(iv) $\Psi(\{z: |z|<r\}) \subseteq \left\{s: \mathrm{Re}\, s > \Psi(r),\ |\mathrm{Im}\, s| < \frac{\pi}{2}\right\}$ $(0<r<1)$.

证 (i) 我们知道(参见余家荣[99], p. 127),正弦函数 $\sin s'$ 把垂直带形 $\{s': |\operatorname{Re} s'| < \frac{\pi}{2}, \operatorname{Im} s' > 0\}$ 单叶映射为上半平面. 因此双曲正弦 $\operatorname{sh} s = -\mathrm{i}\sin \mathrm{i} s$ 把水平带形

$$\{s: \operatorname{Re} s > 0, |\operatorname{Im} s| < \frac{\pi}{2}\}$$

单叶映射为右半平面. 另外,分式线性函数 $z = \dfrac{1-\zeta}{1+\zeta}$ 把右半平面单叶映射为单位圆盘. 根据以上分析,我们就可以得到结论(i).

(ii) 记 $z = r\mathrm{e}^{\mathrm{i}\theta}$, $s = \sigma + \mathrm{i}t$. 显然,

$$\operatorname{sh} s = \frac{1-z}{1+z}, \quad \operatorname{sh} s = \operatorname{sh}\sigma \cos t + \mathrm{i}\operatorname{ch}\sigma \sin t.$$

比较实虚部,

$$\operatorname{sh}\sigma \cos t = \frac{1-r^2}{1+2r\cos\theta + r^2}, \quad \operatorname{ch}\sigma \sin t = \frac{-2r\sin\theta}{1+2r\cos\theta + r^2}. \tag{3.2}$$

因此对任意的 $\theta \in [0, 2\pi]$,

$$\operatorname{sh}\sigma \geqslant \frac{1-r^2}{1+2r\cos\theta + r^2} \geqslant \frac{1-r^2}{1+2r+r^2} = \frac{1-r}{1+r}.$$

因而有

$$\operatorname{Re}\Psi(r\mathrm{e}^{\mathrm{i}\theta}) = \sigma \geqslant \operatorname{sh}^{-1}\frac{1-r}{1+r}.$$

这就是结论(ii).

(iii) 任取 $\theta \in [0, \frac{\pi}{4}]$, 根据等式(3.2)的第二式,

$$|\sin t| \leqslant \frac{2r\sin\theta}{1+2r\cos\theta + r^2} \leqslant \frac{\sqrt{2}r}{1+\sqrt{2}r + r^2}.$$

由此推出

$$\cos t \geqslant \left(1 - \left(\frac{\sqrt{2}r}{1+\sqrt{2}r+r^2}\right)^2\right)^{\frac{1}{2}}.$$

因此根据等式(3.2)的第一式,

$$\mathrm{sh}\,\sigma \leqslant \frac{1}{\cos t}\frac{\sqrt{2}\,r}{1+\sqrt{2}\,r+r^2} \leqslant \frac{1-r^2}{\sqrt{(1+\sqrt{2}\,r+r^2)^2-2r^2}} \leqslant \frac{1-r^2}{1+r^2}.$$

这样一来,当 $\theta \in [0, \frac{\pi}{4}]$ 时,

$$\mathrm{Re}\,\Psi(re^{i\theta}) = \sigma \leqslant \mathrm{sh}^{-1}\frac{1-r^2}{1+r^2} = \Psi(r^2).$$

这就是结论(iii).

(iv) 根据结论(i),映射 $s = \Psi(z)$ 把圆盘 $|z|<r$ 单叶映射为水平带形 $\{s: \mathrm{Re}\,s>0, |\mathrm{Im}\,s|<\frac{\pi}{2}\}$ 的真子集;而根据结论(ii),当 $|z|<r$ 时,

$$\mathrm{Re}\,\Psi(z) \geqslant \Psi(|z|) > \Psi(r).$$

由此可见,结论(iv)也成立. □

下面根据定理 3.1 研究另外一个问题. 假定函数 $f(s)$ 和 $f_0(s)$ 在右半平面 $\mathrm{Re}\,s>0$ 内解析. 任取 $t_0 \in \mathbf{R}, \varepsilon>0$,记

$$\left.\begin{aligned} g(z) &= f\Big(\frac{2\varepsilon}{\pi}\Psi(z)+it_0\Big), \\ g_0(z) &= f_0\Big(\frac{2\varepsilon}{\pi}\Psi(z)+it_0\Big) \end{aligned}\right\} \quad (|z|<1),$$

其中 $\Psi(z)$ 表示函数(3.1).

定理 3.2 函数 $g(z)$ 和 $g_0(z)$ 都在单位圆盘内解析,并且

$$n(r, g=g_0) \leqslant n\Big(\frac{2\varepsilon}{\pi}\Psi(r); t_0, \varepsilon; f=f_0\Big) \quad (0<r<1),$$

这里记号 $n(\sigma; t_0, \varepsilon; f=f_0)$ 表示方程 $f(s) = f_0(s)$ 在半带形 $\{s: \mathrm{Re}\,s>\sigma, |\mathrm{Im}\,s-t_0|<\varepsilon\}$ 中根的个数(考虑重根的重数).

证 因为函数 $\Psi(z)$ 在单位圆盘内解析,所以函数 $g(z)$ 和 $g_0(z)$ 都在单位圆盘内解析.

现在任取 $r_0 \in (0,1)$,考虑映射

$$s = \psi(z) = \frac{2\varepsilon}{\pi}\Psi(z) + it_0 \quad (|z|<r_0).$$

根据定理 3.1 (i)~(ii),

$$\text{Re}\,\psi(z) = \frac{2\varepsilon}{\pi}\text{Re}\,\Psi(z) > \frac{2\varepsilon}{\pi}\Psi(r_0),$$

$$|\text{Im}\,\psi(z) - t_0| = \frac{2\varepsilon}{\pi}|\text{Im}\,\Psi(z)| < \varepsilon.$$

这些事实说明：映射 $s = \psi(z)$ 使得

$$\psi\{z: |z| < r_0\} \subseteq B(r_0, \varepsilon)$$
$$= \left\{s: \text{Re}\,s > \frac{2\varepsilon}{\pi}\Psi(r_0),\ |\text{Im}\,s - t_0| < \varepsilon\right\}.$$

由此可见，函数 $g(z) - g_0(z)$ 在圆盘 $|z| < r_0$ 内零点的个数不超过函数 $f(s) - f_0(s)$ 在水平带形 $B(r_0, \varepsilon)$ 内零点的个数. □

§4 概率空间　数学期望

本节的参考文献是严士健,王隽骧,刘秀芳[22].

4.1　概率空间

假定 Ω 是非空集合，$\mathscr{F}$ 是由 Ω 的某些子集组成的集类，并且具有下面的性质：

(i) $\Omega \in \mathscr{F}$;

(ii) $\mathscr{F}$ 对逆运算封闭：如果 $A \in \mathscr{F}$，那么 $\Omega - A = A^c \in \mathscr{F}$;

(iii) $\mathscr{F}$ 对可列并集运算封闭：如果 $\{A_n\}$ 是集类 $\mathscr{F}$ 中的一列集合，那么这些集合的并集 $\bigcup\limits_{n=1}^{\infty} A_n \in \mathscr{F}$.

这时，称集类 $\mathscr{F}$ 是 Ω 上的 σ-**代数**，把 $(\Omega, \mathscr{F})$ 称为**可测空间**.

下面介绍概率及其概率空间.

假定 P 是 σ-代数上的实值函数，并且具有下面的性质：

(i) $0 \leqslant P(A) \leqslant 1\ (\forall A \in \mathscr{F})$;

(ii) $P(\Omega) = 1$;

(iii) 如果 $A_1, A_2, \cdots, A_n, \cdots$ 是 σ-代数 $\mathscr{F}$ 中两两互斥的集合，

那么
$$P(\bigcup_{n=1}^{\infty} A_n) = \sum_{n=1}^{\infty} P(A_n).$$
这时,函数 P 称可测空间 $(\Omega, \mathscr{F})$ 上的**概率**,$(\Omega, \mathscr{F}, P)$ 称**概率空间**,σ-代数 $\mathscr{F}$ 中的每个集合称**随机事件**,数值 $P(A)$ 称随机事件 A 的**概率**.

对于概率空间中任意一个概率为 0 的随机事件,如果它的任何子集都是随机事件,就称该概率空间是**完备的**.

以后假定所涉及的概率空间都是完备的.

4.2 随机变量

定义在概率空间 $(\Omega, \mathscr{F}, P)$ 上的可测函数,称**随机变量**,简称变量. 随机变量的值可以是实数,也可以是复数.

由 n 个随机变量 $X_1, X_2, \cdots, X_n$ 可以组成 n 维随机向量
$$(X_1, X_2, \cdots, X_n).$$
由可列个随机变量 $X_1, X_2, \cdots, X_n, \cdots$ 可以组成随机向量
$$(X_1, X_2, \cdots, X_n, \cdots).$$
对于两个随机变量 X 和 Y,如果
$$P\{\omega: X(\omega) = Y(\omega)\} = 1,$$
就称变量 X 和 Y **几乎必然是相等的**,记为
$$X = Y \quad \text{a.s.}$$

4.3 随机变量序列的收敛性

设 $\{X_n\}$ 是一列随机变量,X 是一个随机变量. 如果存在概率为 1 的随机事件 Ω',使得 $\forall \omega \in \Omega'$,数列 $\{X_n(\omega)\}$ 收敛于数值 $X(\omega)$,那么称随机变量序列 $\{X_n\}$ **以概率 1** 或**几乎必然收敛于随机变量** X,记为
$$\lim_{n \to \infty} X_n = X \quad \text{a.s.}$$

根据这个定义,复值随机变量序列 $\{X_n\}$ 以概率 1 收敛的等价

条件是：

$$P\{\omega: -\infty < \varliminf_{n\to\infty} \mathrm{Re}\, X_n(\omega) = \varlimsup_{n\to\infty} \mathrm{Re}\, X_n(\omega) < \infty\} = 1,$$

$$P\{\omega: -\infty < \varliminf_{n\to\infty} \mathrm{Im}\, X_n(\omega) = \varlimsup_{n\to\infty} \mathrm{Im}\, X_n(\omega) < \infty\} = 1.$$

4.4 积分

假定 X 为某个随机变量.

(i) 当 X 是非负随机变量时，X 关于 P 的 Lebesgue-Stieltjes 积分用记号 $\int_\Omega X\mathrm{d}P$ 表示，称之为**随机变量 X 的积分**. 当积分是有限值时，称随机变量 X 是**可积的**.

(ii) 当 X 是实值随机变量时，记

$$X^- = \min\{X, 0\}, \quad X^+ = \max\{X, 0\}.$$

如果变量 X^-, X^+ 有一个是可积的，就把变量 X 的积分定义为

$$\int_\Omega X\mathrm{d}P = \int_\Omega X^-\,\mathrm{d}P + \int_\Omega X^+\,\mathrm{d}P.$$

如果变量 X^-, X^+ 都是可积的，就称变量 X 是**可积的**.

(iii) 当 X 是复值随机变量时，把它的积分定义为

$$\int_\Omega X\mathrm{d}P = \int_\Omega \mathrm{Re}\, X\,\mathrm{d}P + \mathrm{i}\int_\Omega \mathrm{Im}\, X\,\mathrm{d}P.$$

4.5 数学期望

如果随机变量 X 的积分可积，就把该积分值定义为变量 X 的**数学期望**，记为 $E(X)$：

$$E(X) = \int_\Omega X\mathrm{d}P.$$

用 I_A 或 $\mathbf{1}_A$ 表示随机事件 A 的示性函数，即

$$I_A(\omega) = \begin{cases} 1, & \text{若 } \omega \in A; \\ 0, & \text{若 } \omega \notin A. \end{cases}$$

记号 $\int_A X\mathrm{d}P$ 的意义是
$$\int_A X\mathrm{d}P = \int_\Omega I_A X\mathrm{d}P = E(I_A X).$$

以后约定：凡涉及随机变量的数学期望时，都认为变量是可积的．

可以证明，数学期望具有下面的性质：

(1) **线性性质** 对常数 a_1, a_2，
$$E(a_1 X_1 + a_2 X_2) = a_1 E(X_1) + a_2 E(X_2).$$

(2) **保向性** 对于两个随机变量 X_1 和 X_2，如果 $X_1 \leqslant X_2$ a.s.，即 $P\{\omega : X_1(\omega) \leqslant X_2(\omega)\} = 1$，那么
$$E(X_1) \leqslant E(X_2).$$

(3) $|E(X)| \leqslant E(|X|)$.

(4) **Hölder 不等式** 设正的常数 p, q 满足 $\dfrac{1}{p} + \dfrac{1}{q} = 1$. 那么
$$E(|XY|) \leqslant E^{\frac{1}{p}}(|X|^p) E^{\frac{1}{q}}(|Y|^q).$$

(5) **Minkovski 不等式** 对常数 $p > 1$，
$$E^{\frac{1}{p}}(|X_1 + X_2|^p) \leqslant E^{\frac{1}{p}}(|X_1|^p) + E^{\frac{1}{p}}(|X_2|^p).$$

(6) **Jensen 不等式** 设 $\varphi(x)$ 是凸函数，X 是实值随机变量，并且 $\varphi(X)$ 有意义．那么
$$\varphi(E(X)) \leqslant E(\varphi(X)).$$

(7) 对于非负随机变量 X，
$$\sum_{n=1}^\infty P\{X \geqslant n\} \leqslant E(X) \leqslant 1 + \sum_{n=1}^\infty P\{X \geqslant n\}.$$

(8) 如果随机变量 X_1 和 X_2 是相互独立的，那么对于任意的可测函数 $\varphi_1(x)$ 和 $\varphi_2(x)$，
$$E(\varphi_1(X_1)\varphi_2(X_2)) = E(\varphi_1(X_1)) E(\varphi_2(X_2)).$$

4.6 Kolmogrov 0-1 律

对一列随机变量

$$X_1, X_2, \cdots, X_n, \cdots, \qquad (4.1)$$

用符号 $\sigma(X_n, X_{n+1}, \cdots)$ 表示"由随机变量 $X_n, X_{n+1}, \cdots$ 产生的最小 σ-代数".

对于任意自然数 n,如果事件 A 都是 $\sigma(X_n, X_{n+1}, \cdots)$ 可测的,那么称事件 A 是关于随机变量列(4.1)的**尾事件**.

对于任意自然数 n,如果变量 X 都是 $\sigma(X_n, X_{n+1}, \cdots)$ 可测的,那么称变量 X 是关于随机变量列(4.1)的**尾变量**.

Kolmogrov 0-1 律 如果(4.1)是一列相互独立的随机变量,那么

(i) 尾事件的概率要么是 0,要么是 1;

(ii) 尾变量几乎必然是常数.

关于这个结论,参见 Doob [6], p.102.

4.7 Borel-Cantelli 引理

设 $A_1, A_2, \cdots, A_n, \cdots$ 是一列随机事件,用 A 表示上极限 $\overline{\lim}_{n \to \infty} A_n$,即

$$\overline{\lim_{n \to \infty}} A_n = \bigcap_{N=1}^{\infty} \bigcup_{n=N}^{\infty} A_n.$$

(i) 如果 $\sum_{n=1}^{\infty} P(A_n) < \infty$,那么 $P(A) = 0$.

(ii) 当随机事件 $A_1, A_2, \cdots, A_n, \cdots$ 相互独立时,如果

$$\sum_{n=1}^{\infty} \{P(A_n)\} = \infty,$$

那么概率 $P(A) = 1$.

关于这个结论,参见 Doob [6], p.104.

4.8 Paley-Zygmund 不等式

对非负随机变量 X,如果

$$0 < E(X^2) < \infty,$$

那么对于任意的常数 $\lambda \in (0,1)$,

$$P\{X \geqslant \lambda E(X)\} \geqslant (1-\lambda)^2 \frac{E^2(X)}{E(X^2)}.$$

关于这个不等式,参见 Kahane [10], p. 9.

§5 条件数学期望

本节的参考文献是严士健,王隽骧,刘秀芳[22].

在本节里,假定 X 是定义在概率空间 $(\Omega, \mathscr{F}, P)$ 上的可积复值随机变量,$\mathscr{A}$ 是 σ-代数 $\mathscr{F}$ 的子 σ-代数.

5.1 给定 σ-代数下的条件数学期望

相对于 σ-代数 $\mathscr{A}$ 和随机变量 X,设随机变量 ξ 具有下面的性质:

(1) ξ 是 $\mathscr{A}$-可测的;

(2) 对于任意的随机事件 $A \in \mathscr{A}$,

$$\int_A \xi \mathrm{d}P = \int_A X \mathrm{d}P.$$

这时,称随机变量 ξ 是随机变量 X 在 σ-代数 $\mathscr{A}$ 下的**条件数学期望**,记为 $E(X|\mathscr{A})$.

对于随机事件 B,记

$$P(B|\mathscr{A}) = E(I_B|\mathscr{A}).$$

这是一个随机变量,叫做随机事件 B 在 σ-代数 $\mathscr{A}$ 下的**条件概率**.

5.2 条件数学期望的基本性质

性质 1 $E(E(X|\mathscr{A})) = E(X)$.

性质 2 如果随机变量 X 是 $\mathscr{A}$-可测的,那么

$$E(X|\mathscr{A}) = X \quad \text{a.s.}$$

性质 3（线性性质） 对常数 a_1, a_2，
$$E(a_1X_1 + a_2X_2 | \mathscr{A}) = a_1E(X_1|\mathscr{A}) + a_2E(X_2|\mathscr{A}) \quad \text{a.s.}$$

性质 4（保向性） 对于两个随机变量 X_1 和 X_2，如果 $X_1 \leqslant X_2$ a.s.，那么
$$E(X_1|\mathscr{A}) \leqslant E(X_2|\mathscr{A}) \quad \text{a.s.}$$

性质 5 $|E(X|\mathscr{A})| \leqslant E(|X||\mathscr{A})$ a.s.

性质 6 设 $\mathscr{A}_1$ 和 $\mathscr{A}_2$ 都是 $\mathscr{F}$ 的子 σ-代数，并且 $\mathscr{A}_1 \subseteq \mathscr{A}_2$. 那么
$$E(E(X|\mathscr{A}_2)|\mathscr{A}_1) = E(X|\mathscr{A}_1) \quad \text{a.s.}$$

5.3 关于条件数学期望的收敛定理

1. 单调收敛定理 如果 $0 \leqslant X_1 \leqslant X_2 \leqslant \cdots \leqslant X_n \to X$ ($n \to \infty$) a.s.，那么
$$\lim_{n \to \infty} E(X_n|\mathscr{A}) = E(X|\mathscr{A}) \quad \text{a.s.}$$

2. Fatou 引理 如果 (4.1) 里的随机变量都是非负的，那么
$$E(\varliminf_{n \to \infty} X_n | \mathscr{A}) \leqslant \varliminf_{n \to \infty} E(X_n|\mathscr{A}) \quad \text{a.s.}$$

3. Lebesgue 控制收敛定理 设随机变量 Y 是可积的，并且 $|X_n| \leqslant |Y|$ ($\forall n \geqslant 1$)，$\lim_{n \to \infty} X_n = X$ a.s. 那么
$$\lim_{n \to \infty} E(X_n|\mathscr{A}) = E(X|\mathscr{A}) \quad \text{a.s.}$$

5.4 关于条件数学期望的不等式

1. Hölder 不等式 设正常数 p, q 满足 $\frac{1}{p} + \frac{1}{q} = 1$. 那么
$$E(|XY||\mathscr{A}) \leqslant E^{\frac{1}{p}}(|X|^p|\mathscr{A}) E^{\frac{1}{q}}(|Y|^q|\mathscr{A}) \quad \text{a.s.}$$

2. Minkovski 不等式 对常数 $p > 1$，
$$E^{\frac{1}{p}}(|X+Y|^p|\mathscr{A}) \leqslant E^{\frac{1}{p}}(|X|^p|\mathscr{A}) + E^{\frac{1}{p}}(|Y|^p|\mathscr{A}) \quad \text{a.s.}$$

3. **Jensen 不等式** 设 $\varphi(x)$ 是凸函数，X 是实值随机变量，并且 $\varphi(X)$ 有意义. 那么
$$\varphi(E(X|\mathscr{A})) \leqslant E(\varphi(X)|\mathscr{A}) \quad \text{a.s.}$$

5.5 给定随机向量时的条件数学期望

用 Y 表示有限维随机向量 $(X_1, X_2, \cdots, X_n)$ 或无限维随机向量 $(X_1, X_2, \cdots, X_n, \cdots)$，即
$$Y = (X_1, X_2, \cdots, X_n) \text{ 或 } Y = (X_1, X_2, \cdots, X_n, \cdots).$$
用记号 $\sigma(Y)$ 表示由向量 Y 产生的最小 σ-代数. 记
$$E(X|Y) = E(X|\sigma(Y)).$$
这是一个随机变量，叫做"随机变量 X 关于随机向量 Y 的条件数学期望". 这样的条件数学期望具有下面的性质：

性质 1（特征性质） 随机变量 ξ 是 X 关于 Y 的条件数学期望，等价于

(i) 变量 ξ 是向量 Y 的可测函数；

(ii) 对任意可测函数 $\varphi(Y)$,
$$E(\xi\varphi(Y)) = E(X\varphi(Y)).$$

性质 2 如果 X 和 Y 是相互独立的，那么
$$E(X|Y) = E(X) \quad \text{a.s.}$$

性质 3 设 $f(x, y)$ 是可测函数（y 是 n 维数值向量或可列维数值向量），并且变量 $f(X, Y)$ 是可积的，记
$$g(y) = E(f(X, y)|Y).$$
这时，$E(f(X, Y)|Y) = g(y)|_{y=Y}$.

关于这个性质，参见 Gihman 和 Skorohod [7], p. 33.

根据性质 2、性质 3，我们有下面的重要结论：

定理 5.1 如果 X 和 Y 是相互独立的，那么
$$E(f(X, Y)|Y) = E(f(X, y))|_{y=Y} \quad \text{a.s.}$$

§6 鞅差序列

在概率空间$(\Omega, \mathscr{F}, P)$上,定义一列可积随机变量
$$X_1, X_2, \cdots, X_n, \cdots \tag{6.1}$$
用S_n表示前n个变量的和,用$\mathscr{F}_n$表示由前n个变量产生的最小σ-代数,即
$$S_n = \sum_{k=1}^n X_k, \quad \mathscr{F}_n = \sigma(X_1, X_2, \cdots, X_n).$$

6.1 鞅和鞅差序列的概念

如果随机变量序列(6.1)满足条件
$$E(X_{n+1} | \mathscr{F}_n) = X_n \quad \text{a.s.} \quad (\forall n \geqslant 1),$$
那么称$\{S_n, \mathscr{F}_n, n \geqslant 1\}$是**鞅序列**,称$\{X_n, \mathscr{F}_n, n \geqslant 1\}$是**鞅差序列**.

除了独立随机变量序列,鞅差序列是一类重要的随机变量序列,是相依随机变量列的典型代表之一.

6.2 一个序列是鞅差序列的条件

1. $\{X_n, \mathscr{F}_n, n \geqslant 1\}$是鞅差序列,等价于:对任意可测函数$\varphi(x_1, x_2, \cdots, x_n)$,
$$E(X_{n+1} \varphi(X_1, X_2, \cdots, X_n)) = 0.$$

2. 如果(6.1)是一列相互独立的随机变量,并且
$$E(X_{n+1}) = 0 \quad (\forall n \geqslant 1),$$
那么$\{X_n, \mathscr{F}_n, n \geqslant 1\}$是鞅差序列.

6.3 关于鞅差序列的极限性质

定理 6.1 假定$\{X_n, \mathscr{F}_n, n \geqslant 1\}$是鞅差序列,记
$$M = \lim_{n \to \infty} E(|S_n|).$$

(i) 如果 $M<\infty$,那么级数 $\sum_{n=1}^{\infty}X_n$ 几乎必然是收敛的. 这时,记 $S = \sum_{n=1}^{\infty}X_n$.

(ii) 下列性质相互等价:
(a) $M<\infty$, $E(S|X_1,X_2,\cdots,X_n) = S_n$;
(b) $M<\infty$, $E(|S|) = M$;
(c) $M<\infty$, $\lim_{n\to\infty} E(|S_n - S|) = 0$.

(iii) 如果存在常数 $p>1$,使得
$$\lim_{n\to\infty} E(|S_n|^p) < \infty,$$
那么结论(ii)中的性质(a)~(c)都成立,并且
$$E(|S|^p) < \infty, \quad \lim_{n\to\infty} E(|S_n - S|^p) = 0.$$

关于这个定理,参见 Doob [6].

6.4 鞅差序列的整体正则性

对鞅差序列 $\{X_n, \mathscr{F}_n, n \geq 1\}$,如果存在常数 $\alpha \in (0,1)$,使得

$$0 < \beta\sqrt{E(|X_n|^2)} \leq E(|X_n|) \quad (\forall n \geq 1), \tag{6.2}$$

那么称这个鞅差序列是**整体正则的**.

定理 6.2 对满足不等式(6.2)的整体正则鞅差序列,存在着仅仅依赖于常数 α 的另一个常数 $\beta \in (0,1)$,使得

$$\beta\sqrt{E(|S_n|^2)} \leq E(|S_n|) \quad (\forall n \geq 1).$$

关于这个定理,参见 Burkholder [106]中引理 4.

6.5 鞅差序列的局部正则性

对鞅差序列 $\{X_n, \mathscr{F}_n, n \geq 1\}$,如果存在常数 $\delta \in (0,1)$,使得

$$0 < \delta \sqrt{E(|X_n|^2 | \mathscr{F}_{n-1})} \leqslant E(|X_n| | \mathscr{F}_{n-1}) \quad \text{a.s.} \quad (\forall n \geqslant 2),$$
那么称这个鞅差序列是**局部正则的**.

相对而言，局部正则条件是较弱的. 例如，如果鞅差序列 $\{X_n, \mathscr{F}_n, n \geqslant 1\}$ 满足下列条件之一，那么它就是局部正则的：

(a) 存在正常数 M_1 和 M_2，使得
$$|X_n| \leqslant M_1, \quad E(|X_n|^2 | \mathscr{F}_{n-1}) \geqslant M_2 \quad \text{a.s.} \quad (\forall n \geqslant 2);$$

(b) $\{X_n\}$ 是相互独立的随机变量列，并且
$$E(X_n) = 0 \ (\forall n \geqslant 1), \quad \sup_{n \geqslant 1} \frac{\sqrt{E(|X_n|^2)}}{E(|X_n|)} < \infty.$$

理由如下：根据 5.5 节性质 2，在条件 (b) 下，$\{X_n, \mathscr{F}_n, n \geqslant 1\}$ 一定是局部正则的. 另外，在条件 (a) 成立时，根据条件数学期望的性质，我们容易推出下列各式：对于任意的自然数 n，
$$|X_n| \geqslant \frac{1}{M_1} |X_n|^2 \quad \text{a.s.},$$
$$E(|X_n| | \mathscr{F}_{n-1}) \geqslant \frac{1}{M_1} E(|X_n|^2 | \mathscr{F}_{n-1})$$
$$\geqslant \frac{M_2^2}{M_1} \sqrt{E(|X_n|^2 | \mathscr{F}_{n-1})} > 0 \quad \text{a.s.}$$

这说明要证的结论成立.

定理 6.3 设 $\{X_n, \mathscr{F}_n, n \geqslant 1\}$ 是局部正则的鞅差序列，A_n 是 $\mathscr{F}_{n-1}$-可测的随机变量 $(\mathscr{F}_0 = \{\varphi, \Omega\})$. 那么存在概率为 1 的事件 Ω_0，使得对于任意的 $\omega \in \Omega_0$，下述性质等价：

(a) 数项级数 $\sum\limits_{n=1}^{\infty} A_n(\omega) X_n(\omega)$ 收敛；

(b) 数项级数 $\sum\limits_{n=1}^{\infty} A_n(\omega) E(|X_n|^2 | \mathscr{F}_{n-1})$ 收敛；

(c) 数项级数 $\sum\limits_{n=1}^{\infty} |A_n(\omega) X_n(\omega)|^2$ 收敛.

当 A_n 和 X_n 都是实值随机变量时，这个定理就是 Chow

[107]中定理 1′. 对于 A_n 和 X_n 都是复值随机变量的情形，适当修改 Chow [107]中定理 1′的证明过程，就可以证得定理 6.3.

§7 独立随机变量列的一致非退化性

7.1 概述

对一列相互独立的随机变量 $\{X_n\}$，如果
$$\varlimsup_{n\to\infty} \sup_{a\in\mathbb{C}} P\{X_n = a\} < 1,$$
那么称序列 $\{X_n\}$ 是**一致非退化的**.

这一节的主要结论是

定理 7.1 对一致非退化的独立随机变量列 $\{X_n\}$，存在两个常数 $0 < \alpha_1, \alpha_2 < 1$，存在自然数 n_0，存在正常数列 $\{R_n\}$，只要复数列 $\{a_n\}$ 使得级数 $\sum_{n=1}^{\infty} a_n X_n(\omega)$ 几乎必然收敛，就有

$$P\left\{\left|\sum_{n=1}^{\infty} a_n X_n\right| \geq \alpha_1 \sqrt{\sum_{n=n_0}^{\infty} |a_n|^2 R_n^2}\right\} \geq \alpha_2.$$

这一节的另一个结论是

定理 7.2 假定独立随机变量列 $\{X_n\}$ 满足两个条件：

(1) $E(X_n) = 0$ ($\forall n \geq 1$);

(2) 满足逆 Hölder 不等式：存在常数 $p > 1$ 和常数 $\delta \in (0,1)$，使得

$$0 < \delta E^{\frac{1}{p}}(|X_n|^p) \leq E(|X_n|) \quad (\forall n \geq 1).$$

在这些条件下，有下面两个结论：

(i) 序列 $\{X_n\}$ 是一致非退化的；

(ii) 存在两个常数 $0 < \delta_1, \delta_2 < 1$，存在自然数 n_0，只要数列 $\{a_n\}$ 使级数 $\sum_{n=1}^{\infty} a_n X_n$ 几乎必然收敛，就有

$$P\left\{\left|\sum_{n=1}^{\infty} a_n X_n\right| \geqslant \delta_1 \sqrt{\sum_{n=n_0}^{\infty} |a_n|^2 E^2(|X_n|)}\right\} \geqslant \delta_2.$$

7.2 两个引理

引理 7.1 设 X 是复值随机变量. 那么

(i) 存在数值 a_0, 使得 $\sup\limits_{a \in \mathbf{C}} P\{X = a\} = P\{X = a_0\}$;

(ii) 存在正常数 R, 使得

$$\sup_{a \in \mathbf{C}} P\{|X - a| < R\} \leqslant \frac{1 + \sup\limits_{a \in \mathbf{C}} P\{X = a\}}{2}.$$

证 考虑函数

$$\varphi(r) = \sup_{a \in \mathbf{C}} P\{|X - a| \leqslant r\} \quad (r \geqslant 0).$$

(1) 证明: 当 $r > 0$ 时, $\varphi(r) > 0$.

用反证法. 假设对某个 $r_0 > 0$, 函数值 $\varphi(r_0) = 0$. 那么对任何数值 $a \in \mathbf{C}$,

$$P\left\{|X - a| < \frac{r_0}{2}\right\} \leqslant \varphi(r_0) = 0.$$

这样一来, 如果用 $\mathbf{Q}_z$ 表示实部和虚部都是有理数的复数集合, 用 $B(a, r)$ 表示圆盘 $|z - a| < r$, 那么

$$P\{X \in \mathbf{C}\} \leqslant \sum_{a \in \mathbf{Q}_z} P\left\{X \in B\left(a, \frac{r_0}{2}\right)\right\} = 0.$$

这是不对的. 这就证明了要证的结论.

(2) 证明: 对任意给定的 $r > 0$, 存在数值 $a(r)$, 使得

$$\varphi(r) = P\{|X - a(r)| \leqslant r\}. \tag{7.1}$$

实际上, 对给定的 r, 存在数列 $\{a_n(r)\}$, 使得

$$\varphi(r) = \lim_{n \to \infty} P\{|X - a_n(r)| \leqslant r\}. \tag{7.2}$$

另外, 因为 $\varphi(r) > 0$, 又

$$P\{|X - a| \leqslant r\} \leqslant P\{|X| \geqslant |a| - r\} \quad (\forall a \in \mathbf{C}), \tag{7.3}$$

所以数列 $\{a_n(r)\}$ 一定是有界的(否则根据(7.2)),

$$\varphi(r) = \varliminf_{n\to\infty} P\{|X - a_n(r)| \leqslant r\}$$
$$\leqslant \varliminf_{n\to\infty} P\{|X| \geqslant |a_n(r)| - r\} = 0.$$

因此不妨认为数列 $\{a_n(r)\}$ 自身是收敛的,设它收敛于数值 $a(r)$. 这样一来,根据等式(7.2),
$$\varphi(r) \leqslant P(\varlimsup_{n\to\infty}\{|X - a_n(r)| \leqslant r\})$$
$$\leqslant P\{|X - a(r)| \leqslant r\} \leqslant \varphi(r).$$
由此推出等式(7.1).

(3) 根据函数 $\varphi(r)$ 的定义,它是有界单调增的,因此右极限 $\varphi(0^+)$ 存在,并且由等式(7.1),
$$\varphi(0^+) = \lim_{n\to\infty} P\left\{\left|X - b\left(\frac{1}{n}\right)\right| \leqslant \frac{1}{n}\right\}. \tag{7.4}$$
下面证明:存在某个数值 a_0,使得
$$\sup_{a\in\mathbf{C}} P\{X = a\} \leqslant \varphi(0^+) \leqslant P\{X = a_0\}. \tag{7.5}$$

首先假设 $\varphi(0^+) > 0$. 根据(7.3)和(7.4),数列 $\left\{a\left(\frac{1}{n}\right)\right\}$ 应该是有界的,因此不妨认为这个数列自身收敛于某个常数 a_0. 现在由等式(7.4),
$$\varphi(0^+) \leqslant P\left(\varlimsup_{n\to\infty}\left\{\left|X - a\left(\frac{1}{n}\right)\right| \leqslant \frac{1}{n}\right\}\right)$$
$$\leqslant P\{|X - a_0| \leqslant 0\} = P\{X = a_0\}.$$
因此不等式(7.5)成立.

其次假设 $\varphi(0^+) = 0$. 这时,
$$\sup_{a\in\mathbf{C}} P\{X = a\} \leqslant \varphi\left(\frac{1}{n}\right) \to 0 \quad (n\to\infty).$$
从而
$$\sup_{a\in\mathbf{C}} P\{X = a\} = 0.$$
由此可见,不等式(7.5)也成立.

(4) 现在完成整个证明.

由不等式(7.5)立刻推出结论(i).

最后证明结论(ii). 利用不等式(7.5), 根据极限的性质, 存在常数 $R>0$, 使得

$$\varphi(R) \leqslant \frac{1+\varphi(0^+)}{2} \leqslant \frac{1+P\{X=a_0\}}{2}$$

$$\leqslant \frac{1+\sup\limits_{a\in\mathbf{C}} P\{X=a\}}{2}.$$

由此推出结论(ii). □

现在看另一个引理. 对于随机变量 X, 如果

$$P\{X=a\}<1 \quad (\forall a\in\mathbf{C}),$$

那么称变量 X 是非退化的.

引理 7.2 如果随机变量 X 是非退化的, 那么

(i) $\sup\limits_{a\in\mathbf{C}} P\{X=a\}<1$;

(ii) 存在常数 $R>0$, 使得

$$\sup\limits_{a\in\mathbf{C}} P\{|X-a|\leqslant R\} \leqslant \frac{1+\sup\limits_{a\in\mathbf{C}} P\{X=a\}}{2}<1.$$

根据一致非退化的假设, 由引理 7.1 直接可以推出引理 7.2.

7.3 独立随机变量列的一个性质

本段假定 $\{Z_n, n\geqslant 1\}$ 是一列相互独立的随机变量列, 记

$$\pi(r) = \varlimsup_{n\to\infty} \sup_{a\in\mathbf{C}} P\{|Z_n-a|<r\},$$

$$p(r) = \varlimsup_{n\to\infty} \sup\left\{P\left\{\left|b_0+\sum_{k=n}^{\infty} b_k Z_k\right| < r\sqrt{\sum_{k=n}^{\infty}|b_k|^2}\right\}:\right.$$

$$\left. b_0, b_k \in \mathbf{C}, N\geqslant n\right\}.$$

引理 7.3 存在正数 r_1 使 $p(r_1)<1$ 的等价条件是: 存在正数 r_2 使 $\pi(r_2)<1$.

关于这个结论, 参见 Burkholder [106] 中引理 3.

引理 7.4 设 A 是概率为正的随机事件，r_0 和 ε 都是正的常数. 那么存在自然数 n_0，使得下述结论成立：只要复数列 $\{b_n\}$ 使级数 $\sum_{n=1}^{\infty} b_n Z_n$ 几乎必然收敛，就有

$$P\left\{\left\{\left|b_0 + \sum_{n=1}^{N} b_k Z_k\right| < r_0 \sqrt{\sum_{k=n_0}^{N} |b_k|^2}\right\} \Big| A\right\} < p(r_0) + \varepsilon$$

(左端表示的是条件概率).

关于这个结论，参见 Burkholder [106] 中定理 1.

7.4 定理 7.1 的证明

根据引理 7.1，对每个变量 X_n，存在正常数 R_n，使得

$$\sup_{a \in \mathbb{C}} P\{|X_n - a| \leqslant R_n\} \leqslant \frac{1 + \sup_{a \in \mathbb{C}} P\{X_n = a\}}{2}.$$

因此，根据"一致非退化"这个假设，

$$\varlimsup_{n \to \infty} \sup_{a \in \mathbb{C}} P\{|X_n - a| \leqslant R_n\} < 1. \tag{7.6}$$

另外，如果令 $Z_n = \dfrac{X_n}{R_n}$，那么

$$\sup_{a \in \mathbb{C}} P\{|X_n - a| \leqslant R_n\} = \sup_{a \in \mathbb{C}} P\{|Z_n - a| \leqslant 1\}.$$

这样一来，根据不等式 (7.6)，

$$\varlimsup_{n \to \infty} \sup_{a \in \mathbb{C}} P\{|Z_n - a| \leqslant 1\} < 1.$$

依据这个不等式，我们可以对下面的级数应用引理 7.3 和引理 7.4：

$$\sum_{n=1}^{\infty} a_n X_n(\omega) = \sum_{n=1}^{\infty} a_n R_n Z_n(\omega).$$

在引理 7.4 中取 $A = \Omega$，并让 ε 足够小，就可以得到定理 7.1.

7.5 定理 7.2 的证明

引理 7.5 假定随机变量 X 满足逆 Hölder 不等式：存在常数 $p > 1$ 和常数 $\delta \in (0,1)$，使得

$$0 < \delta E^{\frac{1}{p}}(|X|^p) \leqslant E(|X|) < \infty. \qquad (7.7)$$

如果 $E(X) = 0$，那么

$$\sup_{n \geqslant 1} \sup_{a \in \mathbf{C}} P\left\{|X-a| \leqslant \frac{1}{4} E(|X|)\right\} \leqslant 1 - \left(\frac{1}{2} \frac{\delta}{2+\delta}\right)^q,$$

这里常数 q 满足 $\frac{1}{p} + \frac{1}{q} = 1$。

证 任意给定数值 $a \in \mathbf{C}$。因为 $E(X) = 0$，所以

$$E(|X-a|) \geqslant |E(X) - a| = |a|,$$
$$E(|X-a|) \geqslant E(|X|) - |a|.$$

因此由明显的不等式：

$$\inf_{y \geqslant 0} \max\{y, x-y\} \geqslant \frac{x}{2} \quad (x \geqslant 0),$$

我们推出

$$E(|X-a|) \geqslant \max\{|a|, E(|X|) - |a|\}$$
$$\geqslant \frac{E(|X|)}{2}. \qquad (7.8)$$

记 $\mu = E(|X-a|)$。根据 Hölder 不等式，对任意的 $\lambda \in (0,1)$，

$$\mu = \int_\Omega |X-a| I\{|X-a| \leqslant \lambda\mu\} dP$$
$$+ \int_\Omega |X-a| I\{|X-a| > \lambda\mu\} dP$$
$$\leqslant \lambda\mu + E^{\frac{1}{p}}(|X-a|^p) P^{\frac{1}{q}}\{|X-a| > \lambda\mu\}$$

(这里 I 表示示性函数)。由此推出

$$P^{\frac{1}{q}}\{|X-a| > \lambda\mu\} \geqslant (1-\lambda) \frac{E(|X-a|)}{E^{\frac{1}{p}}(|X-a|^p)}.$$

应用不等式(7.8)，又对分母应用 Minkowski 不等式，

$$P^{\frac{1}{q}}\left\{|X-a| > \lambda \frac{E(|X|)}{2}\right\} \geqslant P^{\frac{1}{q}}\{|X-a| > \lambda\mu\}$$

$$\geqslant (1-\lambda)\frac{\max\{|a|, E(|X|)-|a|\}}{E^{\frac{1}{p}}(|X|^p)+|a|}.$$

现在取 $\lambda = \frac{1}{2}$，应用明显的等式：

$$\inf_{y\geqslant 0}\frac{\max\{y, x_1-y\}}{x_2+y} = \inf_{y\geqslant 0}\max\left\{\frac{y}{x_2+y}, \frac{x_1-y}{x_2+y}\right\}$$

$$= \frac{x_1-y}{x_2+y}\bigg|_{y=\frac{x_1}{2}} = \frac{x_1}{2x_2+x_1},$$

我们可以推出

$$P^{\frac{1}{q}}\left\{|X-a|>\frac{E(|X|)}{4}\right\} \geqslant \frac{1}{2}\frac{E(|X|)}{2E^{\frac{1}{p}}(|X|^p)+E(|X|)}.$$

因此由不等式(7.6)，

$$P\left\{|X-a|\leqslant \frac{E(|X|)}{4}\right\} \geqslant 1-\left(\frac{1}{2}\frac{\delta}{2+\delta}\right)^q.$$

注意到数值 a 的任意性，我们就可以得到引理 7.5． □

定理 7.2 的证明 根据引理 7.5 可以推出结论(i)．

以结论(i)为基础，对序列 $\{X_n\}$ 应用定理 7.1，同时在不等式(7.6)中根据引理 7.5 选取数值 $R_n = \frac{1}{4}E(|X_n|)$，我们就可以得到定理 7.2． □

§8 测度论中的几个结论

关于本节内容，参阅 Cohn [5]．

8.1 可测空间

假定 X 是非空集合；$\mathscr{A}$ 是由 X 的某些子集组成的 σ-代数，把 $(X, \mathscr{A})$ 称**可测空间**，把集族 $\mathscr{A}$ 的元素称 $\mathscr{A}$-**可测集**，简称可测集．

关于 σ-代数的存在性, 有下面的结论:

命题 8.1 设 $\mathscr{A}_0$ 是 X 的某些子集组成的集族. 那么惟一存在着包含 $\mathscr{A}_0$ 的最小 σ-代数 $\sigma(\mathscr{A}_0)$.

所谓"最小"是指:凡包含集族 $\mathscr{A}_0$ 的 σ-代数都包含 $\sigma(\mathscr{A}_0)$.

$\sigma(\mathscr{A}_0)$ 称为由 $\mathscr{A}_0$ 产生的 σ-代数.

8.2 拓扑空间上的 Borel σ-代数

假定 $(X,\mathscr{T})$ 是 Hausdoff 空间. 由拓扑 $\mathscr{T}$ 产生的 σ-代数 $\sigma(\mathscr{T})$ 称集合 X 上的 **Borel σ-代数**, 记为 $\mathscr{B}(X)$.

在复平面 $\mathbf{C}$ 上, 用 $\mathscr{A}_0$ 表示所有开圆盘组成的集合, 用 $\mathscr{T}$ 表示所有开集形成的拓扑, 用 $\mathscr{B}$ 表示 Borel 集构成的集族, 那么可以证明:

$$\sigma(\mathscr{A}_0) = \sigma(\mathscr{T}) = \mathscr{B}.$$

8.3 测度

假定 $(X,\mathscr{A})$ 是可测空间. 设 μ 是定义在 σ-代数 $\mathscr{A}$ 上的非负函数, 并且具有下面的性质:

(i) $\mu(\emptyset) = 0$ ($\emptyset$ 表示空集);

(ii) μ 是 σ-可加的: 对两两互斥的可列个集合 $A_1, A_2, \cdots, A_n, \cdots$, 总有

$$\mu\left(\bigcup_{n=1}^{\infty} A_n\right) = \sum_{n=1}^{\infty} \mu(A_n).$$

这时, 函数 μ 称可测空间 $(X,\mathscr{A})$ 的**测度**, $(X,\mathscr{A},\mu)$ 称**测度空间**, $\mu(A)$ 称**集合 A 的测度**. 概率空间及概率是测度空间及测度的特例.

如果集合 X 的测度 $\mu(X)$ 是有限的, 那么 μ 称**有限测度**.

8.4 测度空间的完备性

对测度空间 $(X,\mathscr{A},\mu)$ 而言, 如果测度为 0 的集合的子集都是

可测集,那么称这个测度空间是**完备的**.

设 A 是 X 的任何一个子集,定义
$$\mu^*(A) = \inf\{\mu(E): E \in \mathscr{A}, A \subseteq E\},$$
$$\mu_*(A) = \sup\{\mu(E): F \in \mathscr{A}, F \subseteq A\}.$$

这时,对集合 X 的任何子集,函数 μ^* 和 μ_* 都有定义;这两个函数分别称**外测度**和**内测度**.

内外测度相等的集合组成一个集族:
$$\overline{\mathscr{A}} = \{A: A \subseteq X, \mu_*(A) = \mu^*(A)\}.$$

在这个集族上定义函数 $\overline{\mu}$:
$$\overline{\mu}(A) = \mu^*(A), \quad \forall A \in \overline{\mathscr{A}}.$$

现在可以证明下面的结论:

命题 8.2 (i) 集族 $\overline{\mathscr{A}}$ 是集合 X 上的 σ-代数;
(ii) $(X, \overline{\mathscr{A}}, \overline{\mu})$ 是测度空间,并且是完备的.

这时,称 $(X, \overline{\mathscr{A}}, \overline{\mu})$ 是测度空间 $(X, \mathscr{A}, \mu)$ 的**完备化**.

8.5 乘积 σ-代数

设 $(X_1, \mathscr{A}_1)$ 和 $(X_2, \mathscr{A}_2)$ 是两个可测空间,记
$$\mathscr{A}_1 \times \mathscr{A}_2 = \sigma(\{A_1 \times A_2: A_1 \in \mathscr{A}_1, A_2 \in \mathscr{A}_2\}).$$

相对于可测空间 $(X_1, \mathscr{A}_1)$ 和 $(X_2, \mathscr{A}_2)$,集族 $\mathscr{A}_1 \times \mathscr{A}_2$ 称为**乘积 σ-代数**,$(X_1 \times X_2, \mathscr{A}_1 \times \mathscr{A}_2)$ 称为**乘积空间**.

用类似的方式,可以定义可列个 σ-代数的乘积 σ-代数,也可以定义可列个测度空间的乘积空间. 细节如下:

设 $(X_n, \mathscr{A}_n)$ $(n = 1, 2, \cdots)$ 是一列可测空间,记
$$\mathscr{D} = \{A_1 \times A_2 \times \cdots \times A_k \times X_{k+1} \times X_{k+2} \times \cdots:$$
$$1 \leqslant k \leqslant n, A_n \in \mathscr{A}_n, n = 1, 2, \cdots\},$$
$$\prod_{n=1}^{\infty} \mathscr{A}_n = \sigma(\mathscr{D}).$$

这时，相对于上述可测空间列，$\prod_{n=1}^{\infty} \mathscr{A}_n$ 称乘积 σ-代数，可测空间 $\left(\prod_{n=1}^{\infty} X_n, \prod_{n=1}^{\infty} \mathscr{A}_n\right)$ 称乘积空间.

现在把所有的 X_n 都取作复平面 **C**，把所有的 $\mathscr{A}_n$ 都取作平面 **C** 上的 Borel 集的全体 $\mathscr{B}$，并且简记

$$\left(\prod_{n=1}^{\infty} X_n, \prod_{n=1}^{\infty} \mathscr{A}_n\right) = (\mathbf{C}^{\infty}, \mathscr{B}^{\infty}).$$

这时，$\mathscr{B}^{\infty}$ 中的集合称 $\mathbf{C}^{\infty}$ 上的 **Borel** 集.

8.6 可测性问题

假定 X 是可分的拓扑空间. 如果在 X 上存在完备的度量，那么 X 称 **Polish** 空间.

命题 8.3 假定 $(X, \mathscr{A}, \mu)$ 是完备的测度空间，测度 μ 是有限的，Y 是 Polish 空间. 如果 $X \times Y$ 的子集 C 是 $\mathscr{A} \times \mathscr{B}(Y)$-可测的，那么 C 在 X 上的投影是 $\mathscr{A}$-可测的.

这里 C 在 X 上的投影是集合
$$\{x: 存在 y \in Y, 使得 (x, y) \in C\}.$$
这个命题是 Cohn [107] 中命题 8.4.4 的一种较弱形式.

命题 8.4 假定 $(X, \mathscr{A}, \mu)$ 和 Y 满足命题 8.3 的条件. 如果 $f(x, y)$ 是定义在乘积空间 $(X \times Y, \mathscr{A} \times \mathscr{B}(Y))$ 上的实值可测函数，那么函数 $\inf_{y \in Y} f(x, y)$ 是测度空间 $(X, \mathscr{A}, \mu)$ 上的可测函数.

证 记 $g(x) = \inf_{y \in Y} f(x, y)$. 任取实数 r，记
$$C_r = \{(x, y): f(x, y) < r\}.$$
根据假设，集合 C_r 是 $\mathscr{A} \times \mathscr{B}(Y)$-可测的. 另外，容易看出，
$$A = \{x: g(x) < r\}$$
$$= \{x: 存在 y \in Y, 使得 (x, y) \in C_r\}.$$

这就是说，集合 A 是集合 C_r 在 X 上的投影．因此根据命题 8.3，集合 A 是测度空间 $(X,\mathscr{A},\mu)$ 上的可测集．由此可见，函数 $g(x)$ 是测度空间 $(X,\mathscr{A},\mu)$ 上的可测函数． □

补充说明

第 一 章

Dirichlet 级数的各种收敛域以及各种收敛横坐标的公式,在 20 世纪初已经阐明了. K. Knopp 及 T. Kojma 的公式是一般的,并且能把 E. Cahen 等人的公式作为推论. Knopp[48] 指出这公式可推广到 Laplace 变换. 但似乎迄今在涉及 Dirichlet 级数或 Laplace 变换的专著中,多半只讲了 E. Cahen 等人的公式.

G. Valiron 公式比较简单,在特殊情况下使用比较方便.

第 二 章

用 Dirichlet 级数在垂直直线上的值计算和估计系数,是关于 Taylor 级数的相应结果的推广;这些推广早已得到了. 至于用级数在垂直线段或水平直线上的值估计系数,是由 F. Carlson 及 E. Landau[30],E. Ingham[45] 与 L. Schwartz[58] 开始进行的. J. M. Anderson 及 K. G. Binmore[25] 得到了较精确的结果.

定理 2.2.1 是 S. Mandelbrojt[13] 关于渐近 Dirichlet 的系数估计的一个特例. Mandelbrojt 的结果可以用来解决一些分析问题[13].

第 三 章

Dirichlet 级数奇异点的研究曾经有大量研究工作. 本章中所讲结果是 F. Carlson 与 E. Landau, G. Polya 以及 S. Mandelbrojt 得到的. 关于其他结果, 可参看[2], [3].

Dirichlet 级数所定义的整函数的级是 J. F. Ritt 确定的[15]. 相应可确定下级. 关于级数的系数及指数与上、下级的关系, 曾有不少结果. 可参看参考文献所引的一些论文.

第 四 章

Dirichlet 级数所定义的整函数之值分布的研究, 是由 J. Gergen, S. Mandelbrojt[15]和 G. Valiron[80]开始的. 余家荣[86]和 C. Tanaka(田中忠二)[68],[69],[70]深化了有关工作, 并且得到了关于 Laplace 变换的相应结果[86],[87].

只在半平面内收敛的 Dirichlet 级数值分布的研究, 是余家荣[89],[90]开始进行的.

第 五 章

随机 Taylor 级数及随机 Dirichlet 级数的研究分别是由 H. Steinhaus 及 R. E. A. C. Paley 与 A. Zygmund[57]开始的.

关于随机 Dirichlet 级数, 首先需要研究的是收敛性, 以确定级数的收敛域. 从现有的结果来看, 研究收敛性的方法是: 把 Dirichlet 级数和概率论的收敛性理论相结合, 确定随机 Dirichlet 级数的各种指标, 如收敛横坐标、绝对收敛横坐标以及一致收敛横坐标.

Paley 和 Zygmund[57](1932 年)研究过 Steinhaus-Dirichlet

级数
$$\sum_{n=0}^{\infty} a_n e^{2\pi i \theta_n(\omega)} e^{-s\lambda_n}$$

和 Rademacher-Dirichlet 级数
$$\sum_{n=0}^{\infty} a_n \varepsilon_n(\omega) e^{-s\lambda_n}$$

的收敛性(这里 $\{\theta_n\}$ 是所谓 Steinhaus 序列: θ_n 在区间 $[0,1]$ 上均匀分布,$\{\theta_n\}$ 是独立同分布的;$\{\varepsilon_n\}$ 是所谓 Rademacher 序列:$P\{\varepsilon_n = \pm 1\} = \frac{1}{2}$,$\{\varepsilon_n\}$ 是独立同分布的. 得到的结论是:以概率 1,这两个随机级数都跟 Dirichlet 级数
$$\sum_{n=0}^{\infty} |a_n|^2 e^{-2s\lambda_n}$$

有相同的收敛横坐标.

Arnold[26](1966 年)研究过随机 Taylor 级数
$$\sum_{n=0}^{\infty} A_n(\omega) z^n \tag{1}$$

的收敛性,得到的结果是:如果 $\{A_n\}$ 是一列独立同分布的随机变量,那么
$$R(\omega) = 1 \text{ (a.s.)} \Leftrightarrow E(|A_0|) = +\infty,$$
$$R(\omega) = 0 \text{ (a.s.)} \Leftrightarrow E(|A_0|) < +\infty,$$

这里 $R(\omega)$ 是级数(1)的收敛半径.

余家荣[88](1978 年)研究过随机 Dirichlet 级数
$$\sum_{n=0}^{\infty} X_n(\omega) e^{-s\lambda_n} \tag{2}$$

的收敛性,得到了下述结果:如果序列 $\{X_n\}$ 是独立的,并且
$$\varlimsup_{n \to \infty} \frac{\ln n}{\lambda_n} = D < +\infty,$$

那么
$$\sigma_0 \leqslant \sigma_c(\omega) \leqslant \sigma_0 + D,$$

这里 $\sigma_c(\omega)$ 表示级数(2)的收敛横坐标,指标 σ_0 定义为
$$\sigma_0 = \inf\left\{\sigma: \sum_{n=0}^{\infty} P\{|Z_n| \geqslant e^{\sigma\lambda_n}\} < +\infty\right\}.$$
范爱华[40](1986年)推广了这个结果,取掉了条件"$D<+\infty$".

孙道椿[56]研究过形如(1)的随机 Taylor 级数的收敛半径,得到的结果是:如果系数 $\{X_n\}$ 是独立的,并且
$$E(X_n) = 0, \ E(|X_n|^2) = v_n^2 \in (0, +\infty) \quad (\forall n \geqslant 0),$$
$$\inf\left\{\int_H \frac{|X_n|^2}{v_n^2} dP : n \geqslant 0, \ P(H) \geqslant \gamma\right\} > \frac{1}{2}$$
(其中 γ 为某个正常数),那么
$$R(\omega) = (\varlimsup_{n\to\infty} \sqrt[n]{v_n})^{-1}.$$

孙道椿和余家荣[67](1996年)研究过随机 Taylor 级数
$$\sum_{n=0}^{\infty} a_n X_n(\omega) z^n$$
的收敛性,得到的结果是:如果 $\{X_n\}$ 是对称、独立同分布、方差有限的一列随机变量,并且
$$\varlimsup_{n\to\infty} \sqrt[n]{|a_n|} = 1,$$
那么级数的收敛半径几乎必然为 1.

余家荣与孙道椿[103](1997年)研究过 N-Dirichlet 级数
$$\sum_{n=0}^{\infty} a_n Z_n(\omega) e^{-s\lambda_n} \tag{3}$$
的收敛性,这里 $\{Z_n\}$ 是所谓 N-序列,即独立、对称、同分布、二阶矩有限的一列随机变量,并且存在自然数 k_0,使得
$$E(|Z_0|^{-\frac{1}{k_0}}) < +\infty.$$
得到的结果是:如果 $\varlimsup_{n\to\infty} \frac{\ln n}{\lambda_n} = 0$,那么 $\sigma_c(\omega) = 0$ a.s.

田范基、孙道椿和余家荣[78](1998年)研究过形如(3)的随机 Dirichlet 级数的收敛性,得到了下述结果:

如果 $\{Z_n\}$ 是独立、同分布、二阶矩有限的一列随机变量,并且

$$\varlimsup_{n\to\infty}\frac{n}{\lambda_n}=0,\quad \varlimsup_{n\to\infty}\frac{\ln|a_n|}{\lambda_n}=0,$$

那么 $\sigma_c(\omega)=0$ a.s.

丁晓庆[33](1999 年)在对收敛性的研究中,得到了一些结果. 这些成果总结在本书的第五章.

田范基[73](1998 年)、丁晓庆[33](1999 年)曾研究过系数和指数都是随机变量的 Dirichlet 级数 $\sum_{n=0}^{\infty}A_n(\omega)e^{-s\Lambda_n(\omega)}$ 的收敛性.

关于 B-值随机 Dirichlet 级数的收敛性,得到了类似结果[73],[74].

第 六 章

关于随机 Dirichlet 级数的增长性,目前的研究主要围绕 4 个方面:在水平直线上的增长性、在水平半带形上的增长性、在收敛半平面上及全平面上的增长性、与 Nevanlinna 特征函数有关的增长性.

余家荣[88](1978 年)曾对随机 Dirichlet 级数引入了(R)-级,以研究在收敛半平面上的增长性,得到的结论是:如果随机 Dirichlet 级数

$$F_\omega(s)=\sum_{n=0}^{\infty}X_n(\omega)e^{-s\lambda_n}$$

的系数 $\{X_n\}$ 是独立的、指数 $\{\lambda_n\}$ 满足 $\varlimsup_{n\to\infty}\frac{n}{\lambda_n}<+\infty$,并且收敛横坐标几乎必然为 0,那么随机解析函数 $F_\omega(s)$ 的(R)-级

$$\rho(F_\omega)=\frac{l}{1-l},$$

$$l=\inf\left\{c:0<c<1,\sum_{n=0}^{\infty}P\{|X_n|\geqslant e^{c\lambda_n}\}<\infty\right\}.$$

对 Steinhaus-Dirichlet 和 Rademacher-Dirichlet 级数，得到的结论是：这些级数定义的随机解析函数，在一定条件下，在水平半带形上和在收敛半平面上，有相同的增长性.

Murai[52](1981 年)研究过 Rademacher-Taylor 级数
$$f_\omega(z) = \sum_{n=0}^{\infty} a_n \varepsilon_n(\omega) z^n \quad (\varlimsup_{n\to\infty} \sqrt[n]{|a_n|} = 1)$$
的增长性，得到的结论是：如果 $\varlimsup_{n\to\infty}|a_n|>0$，那么对于任意一个严格单调增收敛于 1 的正数列 $\{r_n\}$，
$$\varlimsup_{n\to\infty}\frac{T(r_n,f_\omega)}{T_0(r_n)} \geqslant \frac{1}{25} \quad \text{a.s.} \quad \left(T_0(r) = \left(\sum_{n=0}^{\infty}|a_n|^2 r^{2n}\right)^{\frac{1}{2}}\right)$$
这里 $T(r,f_\omega)$ 表示 Nevanlinna 特征函数.

余家荣和孙道椿[103](1988 年)根据 (p,q)-级研究了 N-Dirichlet 级数的增长性.

孙道椿和余家荣[64],[65](1990 年)研究过 N-Dirichlet 级数
$$F_\omega(s) = \sum_{n=0}^{\infty} a_n Z_n(\omega) e^{-s\lambda_n} \tag{1}$$
有关 Nevanlinna 特征函数的增长性，得到的结果是：如果
$$\varlimsup_{n\to\infty}\frac{\ln^+\ln^+|a_n|}{\ln\lambda_n} = \frac{\rho}{\rho+1} \ (\rho\geqslant 0), \quad \varlimsup_{n\to\infty}\frac{\ln n}{\ln\lambda_n} < +\infty,$$
那么对于任意的 $t_0 \in \mathbf{R}$，对于任意 $\varepsilon>0$，
$$\varlimsup_{n\to\infty}\frac{\ln T(r,G_\omega)}{\ln\frac{1}{1-r}} = \rho \quad \text{a.s.}$$
这里 $G_\omega(z)$ 是下面的、在单位圆盘内几乎必然解析的函数
$$G_\omega(z) = F_\omega\left(\frac{2\varepsilon}{\pi}\text{sh}^{-1}\frac{1-z}{1+z} + \mathrm{i}t_0\right) \quad (|z|<1).$$
上面关于 λ_n 的条件，见余久曼[104].

余家荣[95],[96],[97]曾研究过 N-Dirichlet 级数(1)在水平直线上、在水平半带形上、在收敛半平面上的增长性，得到的结论是：如果

$$\varlimsup_{n\to\infty}\frac{n}{\lambda_n}<\infty, \quad \varlimsup_{n\to\infty}\frac{\ln|a_n|}{\lambda_n}=0,$$

那么上述三种情形的增长指标(设为 ρ 级)是相等的,并且对于任意一列实数 $\{t_n\}$,

$$\varlimsup_{\sigma\to 0^+}\frac{\ln^+\ln^+|F_\omega(\sigma+\mathrm{i}t_n)|}{\ln\frac{1}{\sigma}}=\rho \quad \text{a.s.}$$

孙道椿和余家荣[67](1996 年)研究过随机 Taylor 级数

$$f_\omega(z)=\sum_{n=0}^{\infty}a_n X_n(\omega)z^n$$

的增长性,得到的结果是:如果 $\{X_n\}$ 是对称、独立同分布、4 阶矩有限的一列随机变量,并且

$$\varlimsup_{n\to\infty}\sqrt[n]{|a_n|}=1, \quad \sum_{n=0}^{\infty}|a_n|^2=+\infty,$$

那么几乎必然有

$$\varlimsup_{r\to 1}\frac{T(r,f_\omega)}{\ln\rho(r)}\geqslant\frac{E(|X_0|^2)}{6E(|X_0|^4)} \quad \left(\rho(r)=\sum_{n=0}^{\infty}|a_n|^2 r^{2n}\right).$$

田范基、孙道椿和余家荣[78](1998 年)研究过随机 Dirichlet 级数

$$F_\omega(s)=\sum_{n=0}^{\infty}a_n Z_n(\omega)\mathrm{e}^{-s\lambda_n}$$

的增长性,得到了下述结果:

1) 如果 $\{Z_n\}$ 是独立、同分布、一阶矩有限的一列随机变量,并且

$$\varlimsup_{n\to\infty}\frac{n}{\lambda_n}=0, \quad \varlimsup_{n\to\infty}\frac{\ln|a_n|}{\lambda_n}=0,$$

那么随机解析函数 $F_\omega(s)$ 的 (R)-级为

$$\rho(F_\omega)=\frac{l}{1-l} \quad \text{a.s.} \quad \left(l=\varlimsup_{n\to\infty}\frac{\ln^+\ln^+|a_n|}{\ln\lambda_n}\right).$$

2) 假设 $\{Z_n\}$ 是独立、二阶矩有限的一列随机变量,并且存

在常数 $\alpha \in (0,1)$，使得
$$E(Z_n) = 0, \ 0 < \alpha\sigma_n \leqslant E(|Z_n|) \quad (\forall n \geqslant 0),$$
其中 $E(|Z_n|^2) = \sigma_n^2$. 如果
$$\varlimsup_{n\to\infty} \frac{n}{\lambda_n} = 0, \quad \varlimsup_{n\to\infty} \frac{\ln|a_n|\sigma_n}{\lambda_n} = 0,$$
那么随机解析函数 $F_\omega(s)$ 的 (R)-级为
$$\rho(F_\omega) = \frac{l}{1-l} \quad \text{a.s.} \quad \left(l = \varlimsup_{n\to\infty} \frac{\ln^+\ln^+|a_n|\sigma_n}{\ln\lambda_n}\right).$$

丁晓庆[32]~[37]（1998~2001 年）、丁晓庆和余家荣[39]（2000 年）、丁晓庆和卢佳华[38]（1999 年）在增长性方面得到的结果，部分总结在本书的第六章中.

田范基[73]（1998 年）、丁晓庆[34]（1999 年）曾研究过系数和指数都是随机变量的 Dirichlet 级数 $\sum_{n=0}^{\infty} A_n(\omega) e^{-s\Lambda_n(\omega)}$ 的增长性.

关于随机 Dirichlet 级数表示整函数增长性的研究见 [102]，[71]，[75]，[76].

关于 B-值随机 Dirichlet 级数的增长性，得到了类似结果[74],[108].

第 七 章

值分布是随机 Dirichlet 级数理论的重要问题. 到目前为止，研究这个问题的基本方法是：通过合适的单叶映射，把由随机 Dirichlet 级数定义的函数变换为单位圆盘上的随机解析函数，再通过函数的增长性并借助于 Nevanlinna 理论研究值分布.

正是由于用了这样的方法，所以对慢增长的函数，还有一些问题没有得到理想的结果. 例如，对 Rademacher-Dirichlet 级数 $\sum_{n=0}^{\infty} a_n \varepsilon_n(\omega) e^{-s\lambda_n}$，假定

$$\overline{\lim_{n\to\infty}}\frac{\ln n}{\lambda_n}=0, \quad \overline{\lim_{n\to\infty}}\frac{\ln|a_n|}{\lambda_n}=0,$$

那么这个级数的收敛横坐标 $\sigma_c(\omega)=0$ a.s. 从而在右半平面上定义了一个随机解析函数；到目前为止，一个没有解决的问题是：如果只假设

$$\sum_{n=0}^{\infty}|a_n|^2=\infty,$$

那么这个随机解析函数的值域是什么样的集合？这个问题参见 Kahane [10]，前言.

下面简要叙述随机解析 Dirichlet 级数值分布理论到目前为止取得的重要成果.

余家荣[88](1978 年)研究了 Steinhaus-Dirichlet 级数

$$\sum_{n=0}^{\infty}a_n e^{2\pi i\theta_n(\omega)}e^{-s\lambda_n}$$

和 Rademacher-Dirichlet 级数

$$\sum_{n=0}^{\infty}a_n\varepsilon_n(\omega)e^{-s\lambda_n}$$

的值分布，得到的结果是：

1) 如果

$$\overline{\lim_{n\to\infty}}\frac{n}{\lambda_n}<\infty, \quad \overline{\lim_{n\to\infty}}\frac{\ln|a_n|}{\lambda_n}=\infty, \quad \overline{\lim_{n\to\infty}}\frac{\ln|a_n|}{\sqrt{\lambda_n}}=\infty,$$

那么以概率 1，收敛轴 $\text{Re }s=0$ 上的每一点，都是两个级数分别定义的随机解析函数的 Picard 点. 这个结果进行本质上的改进，参见丁晓庆和余家荣[39]、丁晓庆[36]、本书定理 7.2.1 (i).

2) 如果

$$\overline{\lim_{n\to\infty}}\frac{n}{\lambda_n}<\infty, \quad \overline{\lim_{n\to\infty}}\frac{\ln^+\ln^+|a_n|}{\ln\lambda_n}=\frac{\rho}{\rho+1}\in(0,+\infty),$$

那么以概率 1，收敛轴 $\text{Re }s=0$ 上的每一点，都是两个级数分别定义的随机解析函数的 Borel 点，并且 Borel 点的级在 ρ 到 $\rho+1$ 之

间. 这个结果也可以在本质上得到改进, 参见孙道椿和余家荣[65]、丁晓庆[35]、本书定理 7.2.1 (ii).

Murai[52] (1981 年) 研究了 Rademacher-Taylor 级数
$$\sum_{n=0}^{\infty} a_n \epsilon_n(\omega) z^n$$
的值域, 得到的结果是: 如果
$$\varliminf_{n\to\infty}|a_n|>0, \quad \varlimsup_{n\to\infty}\sqrt[n]{|a_n|}=1,$$
那么由上述级数定义的随机解析函数的值域, 以概率 1 为整个复数集. Jacob 和 Offord[91] 把这个结论改进为: 如果
$$\inf_{N\geqslant 2}\left\{\frac{1}{\ln N}\sum_{n=1}^{N}|a_n|^2\right\}>0, \quad \varlimsup_{n\to\infty}\sqrt[n]{|a_n|}=1,$$
那么以概率 1, 由上述级数定义的随机解析函数, 以单位圆周上的每一点为没有有限例外值的 Picard 点.

Kahane[10] (1985 年) 研究了 Gauss-Taylor 级数 $\sum_{n=0}^{\infty}a_n Z_n(\omega)z^n$ 的值分布, 得到的结论是: 如果
$$\varlimsup_{n\to\infty}\sqrt[n]{|a_n|}=1, \quad \sum_{n=0}^{\infty}|a_n|^2=\infty,$$
那么这个级数的值域以概率 1 为整个复数集.

余家荣和孙道椿[103] (1988 年), 根据 (p,q)-级研究了 N-Dirichlet 级数的值分布.

孙道椿和刘全升[63] (1990 年) 研究了随机 Taylor 级数
$$g_\omega(z)=\sum_{n=0}^{\infty}X_n(\omega)z^n$$
的亏值问题, 得到的结果是: 如果系数列 $\{X_n\}$ 是独立的, 并且
$$\sup_{n\geqslant 0}\sup_{a\in\mathbb{C}}P\{X_n=a\}<1,$$
$$\varlimsup_{n\to\infty}\sqrt[n]{|X_n|}=1, \quad \varlimsup_{r\to 1}\frac{T(r,g_\omega)}{\ln\frac{1}{1-r}}=\infty \quad \text{a.s.}$$

那么以概率 1, 随机解析函数 $g_\omega(z)$ 没有有限 Nevanlinna 亏值.

高宗升和孙道椿[43](1993 年)研究了收敛轴几乎必然为虚轴、(R)-级为无限的 Steinhaus-Dirichlet 级数和 Rademacher-Dirichlet 级数的值分布, 得到的结论是: 以概率 1, 虚轴上的每一点都是这两个级数的、没有有限例外值的、熊庆来无限级 Borel 点.

孙道椿和余家荣[67](1996 年)研究了随机 Taylor 级数

$$G_\omega(z) = \sum_{n=0}^{\infty} Y_n(\omega) z^n$$

的值分布, 这里的系数 $\{Y_n\}$ 是独立同分布、对称、4 阶矩有限的一列随机变量, 得到的结论是: 这个级数的值域以概率 1 在复平面上稠密; 如果 Y_0 还是连续型随机变量, 并且分布密度是有界函数, 那么这个级数以概率 1 没有有限 Nevanlinna 亏值.

余家荣和孙道椿[103](1997 年)研究了 N-Dirichlet 级数

$$\sum_{n=0}^{\infty} a_n Z_n(\omega) e^{-s\lambda_n}$$

的值分布, 得到的结论是: 如果

$$\varlimsup_{n\to\infty} \frac{n}{\lambda_n} < \infty, \quad \varlimsup_{n\to\infty} \frac{\ln|a_n|}{\lambda_n} = 0, \quad \varlimsup_{n\to\infty} \frac{\ln|a_n|}{\sqrt{\lambda_n}} = +\infty,$$

那么以概率 1, 上述级数以收敛轴 $\operatorname{Re} s = 0$ 上的每个点为没有例外值的 Picard 点.

田范基、孙道椿和余家荣[78](1998 年)研究过随机 Dirichlet 级数

$$\sum_{n=0}^{\infty} a_n X_n(\omega) e^{-s\lambda_n}$$

的值分布, 这里假设 $\{X_n\}$ 是独立、二阶矩有限的一列随机变量, 并且存在常数 $\alpha \in (0,1)$, 使得

$$E(X_n) = 0, \quad 0 < \alpha \sqrt{E(|X_n|^2)} \leqslant E(|X_n|) \quad (\forall n \geqslant 0).$$

并且假设

$$\varlimsup_{n\to\infty}\frac{n}{\lambda_n}=0, \quad \varlimsup_{n\to\infty}\frac{\ln|a_n|E(|X_n|)}{\lambda_n}=0.$$

得到的结论是：

1) 如果

$$\varlimsup_{n\to\infty}\frac{\ln|a_n|E(|X_n|)}{\sqrt{\lambda_n}}=+\infty,$$

那么以概率 1，收敛轴 $\mathrm{Re}\, s=0$ 上的每个点为上述级数的、没有例外值的 Picard 点；

2) 如果

$$\varlimsup_{n\to\infty}\frac{\ln^+\ln^+|a_n|E(|X_n|)}{\ln\lambda_n}=l\in(0,1),$$

那么以概率 1，收敛轴 $\mathrm{Re}\, s=0$ 上的每个点为上述级数的、没有例外值的、级为 $\frac{1}{1-l}$ 的 Borel 点.

丁晓庆[33]~[37]（1999～2001 年）和余家荣[39]（2000 年）研究了随机解析 Dirichlet 级数的值分布，得到了一些结果；这些成果总结在本书的第七章.

随机 Dirichlet 级数所定义的随机整函数之值分布，是余家荣[86]开始研究的.

J. E. Littlewood 及 A. C. Offord[49],[54]对随机幂级数的相应问题，得到了精确的结果. 对随机 Dirichlet 级数，也有待得到类似结果.

20 世纪 80 年代后，高宗升、田范基、余家荣等在有关方面取得了一些成果[42],[75],[100],[101].

本书采用的一些符号

$\forall$	对任意一个
$\exists$	存在着
$\Leftrightarrow$	当且仅当
$\in$	属于
$\subset$ 或 $\supset$	包含于或包含
N	$\mathbf{N} = \{0, 1, 2, \cdots\}$
Z	$\mathbf{Z} = \{0, \pm 1, \pm 2, \cdots\}$
R	实数域
C	复数域
$\{x : A\}$	满足条件 A 的 x 的集合
$\#\{x : A\}$	上集合中元素 x 的个数
$E \cup F$	集 E 及集 F 的并集
$E \cap F$	集 E 及集 F 的交集
∂E	集 E 的边界
$[x]$	实数 x 的整数部分, 即小于或等于 x 的最大实数
$\operatorname{sgn} x$	实数 x 的符号函数: $\operatorname{sgn} x = \begin{cases} 1, & \text{若 } x > 0; \\ -1, & \text{若 } x < 0 \end{cases}$
$\ln x$	x 的自然对数
$\ln^+ x$	$\ln^+ x = \begin{cases} \ln x, & \text{若 } x > 0; \\ 0, & \text{若 } x \leqslant 0 \end{cases}$
$T(r, f)$	全平面或圆心在原点的圆盘内全纯或亚纯

$T_0(r,f)$	函数 $f(z)$ 的 Nevanlinna 特征函数 全平面或圆心在原点的圆盘内全纯或亚纯函数 $f(z)$ 的 Ahlfors-Shimizu 特征函数
$(\Omega,\mathcal{A},P)$ 或 $(\Omega,\mathcal{F},P)$	概率空间,或简称为概率空间 Ω. Ω 中的元素记为 ω, $\mathcal{A}$ 或 $\mathcal{F}$ 表示 Ω 中事件(即子集合)的 σ-代数, P 表示事件的概率.
$E(X)$	随机变量 X 的数学期望
$D(X)$ 或 $V(X)=\sigma^2$	随机变量 X 的方差
$\int_\Omega X(\omega)P(d\omega)$	$E(X)$ 或 EX
$\int_\Omega X(\omega)dP$	$E(X)$ 或 EX

参 考 文 献

一、有关专著

[1] Apostol T M. Modular function and Dirichlet series in number theory. Berlin: Springer, 1976

[2] Bernstein Vl. Leçons sur les progrès récents de la théoric des séries de Dirichlet. Paris: Gauthier-Villars, 1933

[3] Bieberbach L. Analytische Fortsetzung. Berlin: Springer, 1955

[4] 庄圻泰. 亚纯函数的奇异方向. 北京: 科学出版社, 1982

[5] Cohn D L. Measure theory. Boston: Birkhäuser, 1980

[6] Doob J L. Stochastic process. New York: Wiley, 1953

[7] Gihman I I, Skorohod A V. The theory of stochastic process. Berlin: Springer, 1985

[8] Hardy G H, Riesz M. The general theory of Dirichlet series. Cambridge: Camb. Univ. Press, 1915

[9] Hayman W K. Meromorphic functions. Oxford: Oxford Univ. Press, 1964

[10] Kahane J-P. Some random series of functions. 2nd ed. Oxford: Oxford Univ. Press, 1985 (中译本: J-P·卡昂纳. 函数项随机级数. 武汉: 武汉大学出版社, 1993)

[11] Léontiev A F. Ryady exponent (俄文). Moscow: Hayka,

1985
- [12] 李国平. 半纯函数的聚值线理论. 北京：科学出版社, 1958
- [13] Mandelbrojt S. Séries adhérentes. Régularisations des suites. Applications. Paris: Gauthier-Villars, 1952
- [14] ——. Series de Dirichlet. Principes et méthodes. Paris: Gautier-Villars, 1969
- [15] ——. Dirichlet series. Selecta, Paris: Gautier-Villars, 1981
- [16] Nevalinna R. Le théorème de Picard-Borel et la théoric des fonctions meromorphes. Paris: Gautier-Villars, 1929
- [17] Tsuji M. Potential theory in modern function theory. Tokyo: Maruzen, 1959
- [18] Valiron G. Theorie générale des séries de Dirichlet. Paris: Gautier-Villars, 1926
- [19] ——. Directions de Borel des fonctions méromorphes. Paris: Gautier-Villars, 1938
- [20] ——. Théorie des fonction. Paris: Masson, 1948
- [21] 杨乐. 值分布论及其新研究. 北京：科学出版社, 1997
- [22] 严士健, 王隽骧, 刘秀芳. 概率论基础. 北京：科学出版社, 1982
- [23] 余家荣. 狄里克莱级数和随机狄里克莱级数. 北京：科学出版社, 1997
- [24] 张广厚. 整函数和亚纯函数理论——亏值、渐近值和奇异方向. 北京:科学出版社, 1986

二、其他文献

- [25] Anderson J M, Binmore K G. Coefficient estimetes for lacunary power series and Dirichlet series Ⅰ and Ⅱ. 3rd Ser. Bur London Math. Soc., 1968, 18: 36-68

[26] Arnold L. Über die Konvergenz einer zufälligen Potenzreihe. J. reine angew. Math., 1966, 222: 79-112

[27] ——. Konvergenzproblem bei zufälligen Potenzreihe mit Lücken. Math. Z., 1966, 92: 356-365

[28] ——. Wachtumeigenschaften zufälliger ganzer funktionen, 2. Wach.-theoric Werw. Gebiete, 1966, 5: 336-347

[29] Blambert M. Sur la notion de type de l'ordre d'une fonction entière. Ann. Ec. Narm. Sup., 1962, 79: 353-375

[30] Carlson F, Landau E. Neuer Beweis und Verallgemeinerung des Fabrayschen Lückensatz. Gött. Nachr., 1921

[31] 丁晓庆. 零(R)级解析 Dirichlet 级数的 (α, β) 级. 数学年刊, 1993, 14A: 407-414

[32] ——. On random Taylor series. Wuhan Univ. J. Nat. Sci., 1998, 3: 257-260

[33] ——. Random Dirichlet series and its properties. 武汉大学博士学位论文, 1999

[34] ——. The value distribution of a random analytic Dirichlet series of neutral growth (Ⅰ). Acta. Math. Sci., 1999, 19B: 234-240

[35] ——. The value distribution of a random analytic Dirichlet series of neutral growth (Ⅱ). Acta. Math. Sci., 2000, 20B: 504-510

[36] ——. Value distribution of a random Dirichlet series of order zero. Progress Nat. Sci., 2000, 10: 272-279

[37] ——. The value distribution of unbounded random analytic Dirichlet series. Proc. 8th. intern. colloq. 山东: 山东科学出版社, 2001: 16-22

[38] 丁晓庆, 卢佳华. Random Dirichelet series with coefficients satisfying only a moment condition, Wuhan University Jour-

nal of Natural Sciences, 1999, 4: 261-264

[39] 丁晓庆,余家荣. Picard points of random Dirichlet series. Bull. Sci. Math., 2000, 124: 225-238

[40] 范爱华. 随机级数的收敛性与随机多项式零点的分布. 数学年刊, 1986, 7A: 581-589

[41] ——. 简化原理及其应用. 数学年刊, 1989, 10: 379-386

[42] 高宗升. Dirichlet 级数表示的整函数增长性. 数学学报, 1997, 44: 741-746

[43] 高宗升,孙道椿. 无限级随机 Dirichlet 级数的值分布. 数学年刊, 1993, 14A: 677-685

[44] 贺隆贞. Dirichlet 级数所定义的 (p,q) 级及下 (p,q) 级, 武汉大学学报(自然科学版), 1982, 3: 73-89

[45] Ingham A E. A further note on trigonometric inequalities. J. London Math. Soc., 1950, 46: 535-537

[46] Juneja O P, Kapoor G P, Bajpai S K. On the (p,q) order of an entire function. J. reine angew. Math., 1976, 282: 53-67

[47] 金忆丹. (R-H)级数 Dirichlet 级数的一个结果. 浙江大学学报, 1985, 19: 107-112

[48] Knopp K. Über de Konvergenzabscisse des Laplace-Integrals. Math. Z., 1951, 54: 291-296

[49] Littlewood J E, Offord A C. On the distribution of zeros and a-values of a random integral function. Ann. of Math., 1948, 49: 885-952; 1949, 50: 990-991

[50] 刘全升. On the growth of some random hyperdirichlet series. Chin. Ann. of Math., 1989, Ser. B, 10: 214-220

[51] 毛超林. 二重随机级数的奇点性质. 武汉大学学报(自然科学版), 1983, 1: 9-14

[52] Murai T. The value distribution of random Taylor series in

the unit disc. J. London Math. Soc., 1981, 24: 480-494

[53] Nandan K. On the lower order of analytic function represented by Dirichlet series. Rev. Ronmaine Math. Pures Appl., 1976, 21: 1361-1368

[54] Offord A C. The distribution of the values of an entire function whose coefficients are independent random variables. Proc. London Math. Soc., 1965, 4 (14A)

[55] ——. The distribution of the values of a random function in the unit disc. Studia Math., 1972, 41: 71-106

[56] ——. Lacunary entire function. Math. Proc. Camb. Phil. Soc., 1993, 114: 67-83

[57] Paley R E A C, Zygmund A. On some series of functions (1),(2),(3). Proc. Camb. Phil. Soc., 1930, 26: 337-357; 458-474; 1932, 28: 190-205

[58] Schwartz L. Etude sur des sommes exponentielles. Paris: Hermann, 1959

[59] 孙道椿. The growth of Dirichlet series. J. of Anal., 1995, 3: 73-86

[60] ——. 半平面上随机 Dirichlet 级数. 数学物理学报, 1999, 19: 107-113

[61] ——. Common Borel points of a meromorphic function and its derivatives. Acta Math. Scientia, 1989, 4 (2): 227-232

[62] 孙道椿, 陈特为. 无限级 Dirichlet 级数. 数学学报, 2001, 44: 259-268

[63] 孙道椿, 高宗升. 半平面上 Dirichlet 级数的增长级. 数学物理学报, 2002, 22A: 557-563

[64] 孙道椿, 余家荣. Sur la distribution des values de certaines séries aléatoires de Dirichlet (II). C. R. Acad. Sci. Paris, 1989, 308, Sér. I: 205-207

[65] ——. On the distribution of values of random Dirichlet series (Ⅱ). Chin. Ann. of Math., 1990, 11B: 33-34
[66] ——. Sur la distribution des valeurs des séries de Taylor aléatoires. C. R. Acad. Soc. Paris, 1995, 321, Sér Ⅰ: 1405-1408
[67] ——. Some general random Taylor series. Sci. in China (Ser. A), 1996, 39: 1233-1241
[68] Tanaka C (田中忠二). Note on Dirichlet series (Ⅴ). On the integral functions difined by Dirichlet series (Ⅰ). Tôhoku Math. J., 2nd Ser., 1953, 5: 67-78
[69] ——. Note on Dirichlet series (ⅩⅤ). On Valiron's method of summation and Borel's directions. Yokohama Math. J., 1954, 2: 151-164
[70] ——. Note on Dirichlet series (ⅩⅥ). On Borel's curves of the integral function defined by Dirichlet series. Ibid., 1955, 3: 151-164
[71] 田范基. The growth of random series (Ⅰ). Acta. Math. Sci., 2000, 20: 390-396
[72] ——. The growth of random Dirichlet series (Ⅰ). J. Math., 2000, 20: 371-374
[73] ——. 随机狄里克莱级数的一些性质. 武汉大学博士学位论文, 1998
[74] ——. B 值 Dirichlet 级数的增长性. 湖北大学学报, 2000, 22 (增刊): 53-57
[75] ——. 随机 Dirichlet 级数所表示整函数的增长性. 湖北大学学报, 2001, 23: 97-100
[76] ——. 随机 Dirichlet 级数在水平线上的增长性. 湖北大学学报, 2000, 22: 232-238
[77] ——. B 值随机狄里克莱级数的收敛性. 湖北大学学报,

1998, 20 (增刊): 179-189

[78] ──, 孙道椿, 余家荣. Sur les séries aléatoires de Dirichlet. C. R. Acad. Sci. Paris, 1998, 362, Sér. I: 427-431

[79] Valiron G. Points de Picard et points de Borel des fonctions méromorphes dans un cercle. Bull. Sci. Math., 1932, 56: 10-32

[80] ──. Entire functions and Borel's directions. Proc. Nat. Acad. Sci. USA, 1934, 20: 211-215

[81] 王敏, 高宗升. 无穷级 Dirichlet 级数和随机 Dirichlet 级数的下级. 河南师范大学学报(自然科学版), 2002, 3: 10-15

[82] 吴敏. 关于缺项 Dirichlet 级数所表示的整函数的增长性. 数学年刊, 1989, 10A: 8-17

[83] 吴桂荣. 随机 Taylor 级数. 数学物理学报, 1998, 18: 116-120

[84] 肖益民. 随机幂级数与 α-Bloch 函数. 武汉数学杂志, 1988, 8: 61-66

[85] 许全华. Dirichlet 级数所表示整函数的(R)准确级的型. 数学年刊, 1986, 7: 266-277

[86] 余家荣. Sur les droites de Borel de certains fonctions entières. Ann. Ec. Norm. Sup., 1951, 68 (3): 65-104

[87] ──. Laplace-Stieltjes 变换所定义的整函数之 Borel 线. 数学学报, 1963, 13: 471-484

[88] ──. 随机狄里克莱级数的一些性质. 数学学报, 1978, 21: 97-118

[89] ──. Sur la croissance et la distribution des valeurs des séries de Dirichlet qui ne converge que dans un demi-plan. C. R. Acad. Sci. Paris, 1979, Sér. I, 288: 891-893

[90] ──. On the growth and the distribution of value of exponent series convergent only in the right-half plane. 数学年

刊，1982，3：545-554

[91] ——. 指数级数及幂级数的一些拟必然性质. 中国科学，1983：12-20；英文本也在该杂志刊出

[92] ——. Sur la croissance et certaines séries de Dirichlet sur des demi-droites horizontales. C. R. Acad. Sci. Paris, Sér. I, 1983, 296: 187-190

[93] ——. Sur quelques séries gaussiennes de Dirichlet. Ibid, 1985, 300: 521-522

[94] ——. Dirichlet spaces and random Dirichlet series. J. of Amal., 1995, 3: 61-71

[95] ——. Almost sure and quasi-sure growth of Dirichlet series. Chin. Ann. of Math., 1996, 17B: 343-348

[96] ——. The lower orders of Dirichlet and random Dirichlet series. Wuhan Univ. J. Nat. Sci., 1996, 1: 1-8

[97] ——. A theorem of Picard type for Dirichlet series. Ibid., 1997, 2: 129-131

[98] ——. On some random Taylor series and double Dirichlet series. Complex Variables, 2001, 43: 409-415

[99] ——. Sur les droites de Julia des fonction entières aléatoires. C. R. Acad. Sci. Paris, 2000, 331, Sér. I : 115-118

[100] ——. Borel lines of random Dirichlet series. Acta Math. Scientia, 2002, 22B: 1-8

[101] ——. Borel lines of random Dirichlet series of (p,q) (R) order. Proc. 8th Intern. Colloq. on Compl. Anal. 山东：山东科学出版社，2001：268-272

[102] ——. Dirichlet 级数及随机 Dirichlet 级数在水平直线上的增长性. 江西师范大学学报(自然科学版)，1995，19：189-196

[103] ——，孙道椿. On the distribution of values of random

Dirichlet series (Ⅰ). Lectures on Complex Anal., Singapore, World Scientific, 1988

[104] 余久曼. 在右半平面内有零(R)级的解析函数与 Bloch 函数. 数学年刊, 1985, 6A: 669-672

[105] 周红霞. 随机狄里克莱级数在半平面上的增长性和值分布. 数学研究, 2002, 35: 283-287

三、附录中所引文献

[106] Burkholder D L. Independent sequences with the Stein Property. Ann. Math. Statist., 1968, 39: 1282-1288

[107] Chow Y S. Martingale extension of a theorem of Marcinkiewicz and Zygmund. Ann. Math. Statist., 1969, 40: 427-433

武汉大学学术丛书 书目

中国当代哲学问题探索
中国辩证法史稿（第一卷）
德国古典哲学逻辑进程（修订版）
毛泽东哲学分支学科研究
哲学研究方法论
改革开放的社会学研究
邓小平哲学研究
社会认识方法论
康德黑格尔哲学研究
人文社会科学哲学
中国共产党解放和发展生产力思想研究
思想政治教育有效性研究
政治文明论
中国现代价值观的初生历程
精神动力论
广义政治论

国际经济法概论
国际私法
国际组织法
国际条约法
国际强行法与国际公共政策
比较外资法
比较民法学
犯罪通论
刑罚通论
中国刑事政策学
中国冲突法研究
中国与国际私法统一化进程（修订版）
比较宪法学
人民代表大会制度的理论与实践
国际民商新秩序的理论建构
中国涉外经济法律问题新探
良法论
国际私法（冲突法篇）（修订版）
比较刑法原理
担保物权法比较研究

当代西方经济学说（上、下）
唐代人口问题研究
非农化及城镇化理论与实践
马克思经济学手稿研究
西方利润理论研究
西方经济发展思想史
宏观市场营销研究
经济运行机制与宏观调控体系
三峡工程移民与库区发展研究
２１世纪长江三峡库区的协调与可持续发展
经济全球化条件下的世界金融危机研究
中国跨世纪的改革与发展
中国特色的社会保障道路探索
发展经济学的新发展
跨国公司海外直接投资研究
利益冲突与制度变迁
市场营销审计研究
以人为本的企业文化

武汉大学学术丛书 书目

中日战争史
中苏外交关系研究（1931~1945）
汗简注释
国民军史
中国俸禄制度史
斯坦因所获吐鲁番文书研究
敦煌吐鲁番文书初探（二编）
十五十六世纪东西方历史初学集（续编）
清代军费研究
魏晋南北朝隋唐史三论
湖北考古发现与研究
德国资本主义发展史
法国文明史
李鸿章思想体系研究
唐长孺社会文化史论丛
殷墟文化研究
战时美国大战略与中国抗日战场（1941~1945年）
古代荆楚地理新探·续集

随机分析学基础
流形的拓扑学
环论
近代鞅论
鞅与banach空间几何学
现代偏微分方程引论
算子函数论
随机分形引论
随机过程论
平面弹性复变方法（第二版）
光纤孤子理论基础
Banach空间结构理论
电磁波传播原理
计算固体物理学
电磁理论中的并矢格林函数
穆斯堡尔效应与晶格动力学
植物进化生物学
广义遗传学的探索
水稻雄性不育生物学
植物逆境细胞及生理学
输卵管生殖生理与临床
Agent和多Agent系统的设计与应用
因特网信息资源深层开发与利用研究
并行计算机程序设计导论
并行分布计算中的调度算法理论与设计
水文非线性系统理论与方法
拱坝CADC的理论与实践
河流水沙灾害及其防治
地球重力场逼近理论与中国2000似大地水准面的确定
碾压混凝土材料、结构与性能
喷射技术理论及应用
• Dirichlet级数与随机Dirichlet级数的值分布

文言小说高峰的回归
文坛是非辩
评康殷文字学
中国戏曲文化概论（修订版）
法国小说论
宋代女性文学
《古尊宿语要》代词助词研究
社会主义文艺学
文言小说审美发展史
海外汉学研究
《文心雕龙》义疏
选择·接受·转化
中国早期文化意识的嬗变（第一卷）
中国文学流派意识的发生和发展
汉语语义结构研究

中国印刷术的起源
现代情报学理论
信息经济学
中国古籍编撰史
大众媒介的政治社会化功能